Albrecht Darimont

Btx und DFÜ auf dem PC

Albrecht Darimont

Btx und DFÜ auf dem PC

**Ein praxisorientierter Leitfaden
zum Thema Datenfernverarbeitung,
Telekommunikation und Bildschirmtext**

Die Deutsche Bibliothek - CIP-Einheitsaufnahme

Darimont, Albrecht:
Btx und DFÜ auf dem PC: ein praxisorientierter Leitfaden
zum Thema Datenfernverarbeitung, Telekommunikation und
Bildschirmtext / Albrecht Darimont. - Braunschweig ;
Wiesbaden:Vieweg, 1992
    ISBN-13: 978-3-528-05175-4   e-ISBN-13: 978-3-322-83774-5
    DOI: 10.1007/978-3-322-83774-5

Das in diesem Buch enthaltene Programm-Material ist mit keiner Verpflichtung oder Garantie irgendeiner Art verbunden. Der Autor und der Verlag übernehmen infolgedessen keine Verantwortung und werden keine daraus folgende oder sonstige Haftung übernehmen, die auf irgendeine Art aus der Benutzung dieses Programm-Materials oder Teilen davon entsteht.

Gedruckt auf säurefreiem Papier

VORWORT

Zu diesem Buch

Dieses Buch gibt Ihnen einen Leitfaden für die Nutzung moderner Telekommunikationsdienste an die Hand. Sie erhalten darüber hinaus das nötige Hintergrund-
wissen, das Ihnen helfen wird, für die zu erwartende rasante Entwicklung auf dem
Telekommunikationssektor gerüstet zu sein. Es ist ein "Arbeitsbuch", das durch
Praxisbeispiele Anregungen gibt und mit Hilfe der integrierten Tabellen viele
Informationen bietet, die sonst aus vielen unterschiedlichen Quellen zusammengestellt
werden müßten.

- In Teil I finden Sie alle wichtigen Informationen über die Grundlagen der
  Datenfernverarbeitung und die hierzu benötigte Hard- und Software. Kapitel 2
  gibt insbesondere einen Überblick zum aktuellen Angebot an
  Telekommunikationsdiensten.

- Teil II beschreibt das Bildschirmtextsystem. Die Kapitel 5 und 6 ermöglichen
  dem Leser einen direkten Einstieg in Btx.

- Teil III beschreibt drei Btx-Softwaredekoder, die Btx-Anwendungen unter DOS,
  Windows und im ISDN demonstrieren.

- Der Anhang in Teil IV bietet Übersichten, Tabellen und
  Nachschlagemöglichkeiten zu allen Fragen des BTX und der DFÜ.

BTX und DFÜ gestern - heute - morgen

Häufiges Merkmal von Prognosen zur wirtschaftlichen Entwicklung ist, daß sie nicht
zutreffen. Dafür sind sicherlich eine Reihe von Ursachen wie politische Turbulenzen,
Umweltveränderungen, technische Innovationen oder geändertes Kon-
sumentenverhalten verantwortlich. Eines läßt sich jedoch mit ausreichender Sicherheit
prognostizieren. Wir werden uns auf eine Informationsgesellschaft hin bewegen.
Information und edv-gestützte Kommunikation werden in den 90ziger Jahren zum
entscheidenden Wirtschaftsfaktor werden.

Diese Entwicklung begann 1833 mit der Erfindung der Telegraphie, die dann in der
zweiten Hälfte des vorigen Jahrhunderts massiv ausgebaut wurde. Ein nächster Schritt
war die Einführung des Telefons, dessen Verbreitung in zwei Schüben erfolgte und
zunächst den wirtschaftlichen Bereich erfaßte. Erst in einem zweiten Schub, der in der
zweiten Hälfte der sechziger Jahre eine enorme Wachstumsrate aufwies, wurden auch

die Privathaushalte zunehmend mit Fernsprechanschlüssen versorgt. Heute besitzen in den Industrieländern die meisten Haushalte ein Telefon.

1933 wurde in Deutschland mit dem Telex-Dienst das erste Texttelekommunikationssystem eingeführt, das eine direkte Verbindung zwischen den Dienstteilnehmern herstellt. Die Bundesrepublik verfügt heute über das dichteste Telex-Netz der Erde. Können über einen Telexanschluß nur Texte übermittelt werden, so bietet der zur Zeit wachstumsstärkste Kommunikationsdienst, Telefax-Dienst, die Möglichkeit, Bilder von einem Teilnehmer zum anderen über eine direkte Leitungsverbindung zu senden.

Etwa zu Beginn der achtziger Jahr setzte eine rasante Entwicklung im gesamten Kommunikationsbereich ein, deren Ursache im Vordringen der Digitaltechnik, vor allem dem Einsatz von Computern, neuen Kabeltechnologien und zunehmend auch von Satelliten, zu suchen ist. Wichtig ist, daß hier auf dem äußerst dicht ausgebauten Fernmeldenetz aufgesetzt werden kann. Auf die von der Deutschen Bundespost Telekom vorangetriebene und bald flächendeckende Verkabelung mit breitbandigen Koaxialkabeln wird die Verkabelung mit Glasfaserkabeln folgen. Im Zuge dieser Entwicklung werden noch mechanisch arbeitende Vermittlungsstellen im Fernsprechnetz durch digitale Anlagen ersetzt werden. Damit sind dann die Möglichkeiten geschaffen, sehr schnell, sehr sicher und störungsfrei Daten zwischen Rechneranlagen auf der Basis des engmaschigen Telefonnetzes auszutauschen. Von zentraler zukünftiger Bedeutung wird das digitale ISDN-Netz sein, das alle Telekommunikationsdienste in ein digitales Netzwerk integriert.

Damit wird die Kommunikation, der Informationsaustausch, zu einem computergesteuerten Vorgang. Die Tatsache, daß Informationen "computergerecht" ausgetauscht werden, bedeutet, daß diese Daten prinzipiell beliebig erfaßt, gesendet, gespeichert, kombiniert und ausgewertet werden können. Wirtschaftsunternehmen und Haushalte, die über einen Telefonanschluß verfügen, können diesen auch für den Informationsaustausch auf der Basis von Computern nutzen, sind also nicht mehr auf den verbalen Informationsaustausch angewiesen.

Diese Überlegung führte zur Entwicklung von Bildschirmtext, Btx, als einem Kommunikationssystem, das auf der Basis des Fernmeldenetzes die Möglichkeit bietet, Bilder und Textinformationen über das vorhandene Fernmeldenetz auszutauschen. Am 1. Juni 1980 startete eine dreijährige Versuchsphase in Berlin und im Großraum Düsseldorf/Neuss, an der sich 2000 private und 1000 gewerbliche Nutzer beteiligten. Dabei hoffte man, daß diese Kommunikationsmöglichkeit auch und gerade von den privaten Haushalten angenommen und genutzt werde. Offensichtlich haben wir es hier aber mit einer ähnlichen, wenn auch im Zeitverlauf wesentlich rascheren, Entwicklung zu tun, wie sie schon bei der Einführung und Verbreitung des Telefons zu beobachten war. Insgesamt war die Akzeptanz eher niedrig und zunächst wurde Btx überwiegend von der Wirtschaft eingesetzt und kaum von Privathaushalten.

Vermutlich hat dies seine Ursachen in der zur Einführungszeit ungenügenden, weil viel zu teuren und zu langsamen Technik. Die hieraus hervorgegangenen Vorurteile, daß Btx zu langsam und zu umständlich in der Handhabung sei, haben wohl manchen potentiellen Anwender und Anbieter bis heute von Btx abgehalten.

Die Nutzungsdaten für Btx zeigen aber, daß eine Trendwende eingetreten ist. Verbesserte Technologien, insbesondere der Einsatz von Personal Computern, komfortabler Btx-Software und schnellen Modems, machen Btx zunehmend zu einem attraktiven Kommunikations- und Informationsdienst, der gegenüber anderen einen wesentlichen Vorteil besitzt. Prinzipiell ist jeder Haushalt, der einen Fernmeldeanschluß besitzt, erreichbar. Hinzu kommt, daß heute immer mehr Büros und auch Privathaushalte mit Personal Computern ausgerüstet sind. Die Zulassung privater Anbieter auf dem Gebiet der Telekommunikation hat die Preise für die technische Ausstattung sinken lassen, wobei gleichzeitig die Leistungsfähigkeit zunimmt.

Ein weiteres Signal hat der Computerriese IBM gesetzt. Ab April 1991 werden die neuen PS/1-Modelle, die insbesondere auf den privaten Kunden zielen, mit einem kostenlosen Btx-Softwaredekoder ausgeliefert.

Dank

Ich möchte folgenden Unternehmen für ihre Unterstützung beim Zustandekommen dieses Buches danken: elmeg GmbH Kommunikationstechnik (Peine), Siemens Nixdorf Informationssysteme AG (Frankfurt), AVM Computer Systeme Vertriebs GmbH & Co. KG (Berlin), LOGI GmbH (München), BAUSCH datacom (Heinsberg), Interprom Werbegesellschaft mbH (München), Adobe Systems Europe B.V. (Amsterdam), Ventura Software Inc. (Krefeld), COMPUTERGRAPHIX (Essen), gebacom Gesellschaft für EDV- und Btx-Anwendungen (Augsburg), AMARIS Software-Entwicklungs-GmbH (Soest), Steffen & Johann Soft-, Hardware und Organisationsberatung (Hornbach).

Zu großem Dank bin ich außerdem den Herrn Karlheinz Mazet und Herrn Joachim Klohmann von der Oberpostdirektion Saarbrücken verpflichtet, die mich von Beginn an in meinem Vorhaben unterstützten.

HINWEIS

Zum 18.02.1992 hat die Telekom im Btx-System die sogenannte Kürzelsuche eingeführt. Damit besteht für Anbieter die Möglichkeit, ihr Btx-Angebot unter einem eindeutigen Kürzel anzubieten. Diese Umstellung kann in Einzelfällen dazu führen, daß die in diesem Buch beschriebene Handhabung des Btx-Systems sich unwesentlich ändert. Dazu ein Beispiel:

Bis zum 18.02.1992 führte die Eingabe

**Bank#*

zur Ausgabe aller Anbieter, die das Wort *Bank* in ihrem Angebotstitel führten. Diese Eingabe wird nach der Einführung der Kürzelsuche jedoch zur Ausgabe folgender Btx-Meldung führen:

Kein Eintrag, ggf. Suche mit ...#

Die korrekte Sucheingabe ist jetzt:

Bank#

Sollten Sie also bei der Suche nach einem Btx-Angebot mit der Eingabe von

**suchbegriff#*

keinen Erfolg haben, dann geben Sie ein:

suchbegriff#

Ich wünsche Ihnen nun einen erfolgreichen Einstieg in die Welt der Telekommunikation und bin überzeugt, daß Sie sehr großen Vorteil aus Btx ziehen werden.

Albrecht Darimont   Saarbrücken, im März 1992

ÜBERBLICK

Teil I: Grundlagen

Teil II: Bildschirmtext: Systembeschreibung

Teil III: Praxis

Teil IV: Anhang

INHALTSVERZEICHNIS

Teil I: Grundlagen

Teil IV: Anhang

1 Datenfernverarbeitung

Lagen zu Beginn der elektronischen Datenverarbeitung die Aufgaben der Datenverarbeitungsanlagen im wesentlichen in der Bewältigung komplexer Berechnungen für militärische und wissenschaftliche Anwendungen, so treten heute vor allem Aufgaben im kommerziellen Bereich in den Vordergrund. Hier kommt es nicht so sehr darauf an, komplizierte mathematische Probleme zu lösen, vielmehr werden große Datenmengen verwaltet und manipuliert.

Diese Datenbestände können dann zentral in einem hierfür konzipierten Computer, dem Zentralrechner, gespeichert und über Datenleitungen einer größeren Zahl von Anwendern zur Verfügung gestellt werden. Diese sitzen unter Umständen an weit entfernten Arbeitsplätzen und geben Einzeldaten ein, fragen Daten ab oder verändern diese. Es ist also möglich, "aus der Ferne" zentral gespeicherte Daten zu verarbeiten bzw. auf solche Daten zuzugreifen. Ziel dieses einleitenden Kapitels ist es nun, die für unser Thema wichtigen Grundbegriffe zu erarbeiten. Damit wird eine Wissensbasis geschaffen, die zum Verständnis der nachfolgenden Kapitel beiträgt. Da die Datenfernverarbeitung sehr stark mit Anglizismen durchsetzt ist, finden Sie zu den zentralen Begriffen auch die englische Bezeichnung.

Wir wollen zukünftig unter Datenfernverarbeitung (engl. teleprocessing) Anwendungen verstehen, die eine Kommunikation zwischen Datenverarbeitungsanlagen erfordern. Dabei ist Datenfernverarbeitung immer das Zusammenwirken von Datenverarbeitung und Datenübermittlung. Oft wird in diesem Zusammenhang auch von der verteilten Datenverarbeitung, von Stapelverarbeitung (engl. batch processing) oder RJE (engl. Remote Job Entry) gesprochen. Daten in unserem Sinne sind dann Informationen, die von Datenverarbeitungsanlagen gelesen und verändert werden können. Diese Daten liegen in digitaler Form als Folge diskreter Werte vor. Jedes Datum kann dabei genau zwei Zustände annehmen, die durch die Ziffern 1 und 0 dargestellt werden. Diese kleinste Informationseinheit wird auch Bit genannt, eine Zusammensetzung aus den englischen Begriffen binary (zweifach) und digit (Ziffer). Damit bedeutet die Übertragung einer Information auf der Basis digitaler Daten, daß eine Folge von Bits, von Nullen und Einsen, gesendet wird.

Die Verarbeitung digitaler Daten hat gegenüber einer analogen Datenverarbeitung, in der Informationen theoretisch unendlich viele Zustände annehmen können, wie etwa Schall- oder Lichtwellen, enorme Vorteile. Digitale Daten können beispielsweise beliebig oft kopiert oder beliebig weit transportiert werden, ohne daß damit ein Qualitätsverlust einhergehen würde. Jede Art von Information, also Zahlen, Texte, Bilder, Sprache oder auch Musik wird einheitlich als eine Bitfolge dargestellt. Für die Übermittlung dieser Daten ist es daher völlig unerheblich, welche Informationen sie enthalten.

Wichtig ist nur, daß sowohl Sender als auch Empfänger in der Lage sind, diese Form von Informationen zu verstehen, und daß während der Übertragung keine Bits verloren gehen.

1.1 Grundbegriffe der Datenfernverarbeitung

Tauschen zwei Partner Daten und Informationen über Datenwege, z.B. das Telefonnetz, aus, so ist einer der Partner die Datenquelle (engl. source), die die Daten sendet, und der andere der Datenempfänger, auch als Datensenke bezeichnet. Der Daten- bzw. Informationsaustausch wird Datenfernübertragung (engl. data communication) genannt, und für die beiden Kommunikationspartner wird der Begriff Datenendeinrichtung (DEE) (engl. DTE für Data Terminal Equipment) verwendet. Jede Einrichtung, die zum Senden und/oder Empfangen von Daten geeignet ist, ist eine Datenendeinrichtung. Hierzu zählen Großrechner, Personal Computer, Datensichtgeräte, Fernschreiber und Drucker. Häufig wird auch nur der Begriff Endeinrichtung oder TE für Terminal Equipment benutzt. Wenn zwei Teilnehmer Daten austauschen, dann wird die Zeit zwischen Verbindungsaufnahme und Verbindungsabbruch Session oder Sitzung genannt. Während einer Sitzung sind die Kommunikationspartner online. Besteht keine Verbindung, dann wird diese Situation als offline bezeichnet.

Datenendeinrichtungen werden über Datenübertragungswege, Leitungen (engl. lines), miteinander verbunden, die ein Netz (engl. network) bilden. Dabei unterscheidet man, abhängig von der Ausdehnung des Leitungsnetzes, lokale Netze, LAN, (engl. Local Area Networks), und ausgedehnte Netze, (engl. WAN für Wide Area Networks). Ein LAN wird im Nahbereich realisiert und erstreckt sich unter Umständen über ein Stockwerk oder über einige benachbarte Gebäude. WANs hingegen sind ausgedehnte Netze, die Rechner in einzelnen Ländern oder über Ländergrenzen hinweg (kontinental) verbinden. Ein Beispiel hierfür ist das DATEX-P-Netz der Deutschen Bundespost. In den USA sind darüber hinaus sogenannte MANs (engl. für Metropolitan Area Networks) verbreitet, die auf der Basis des Kabelfernsehnetzes für ganze Städte ein Kommunikationsnetz zur Verfügung stellen. Im Gegensatz zu LANs und WANs gibt es hier allerdings noch keine genaueren Normungen. Werden weltweit zwischen den Zentralen internationaler Organisationen und Unternehmen Kommunikationsverbindungen über Standleitungen oder gemietete Satellitenkanäle aufgebaut, dann bezeichnet man diese Netze auch als weltweite Kommunikationsverbindung GAN (engl. Global Area Network). So kann z.B. die Bundesbank auf der Basis eines eigenen globalen Netzes auf einen Knopfdruck eine Verbindung mit 13 ausländischen Zentralbanken herstellen und Informationen in Form von Computerdaten, Telex und Telefax austauschen.

In einem Netz werden zwei Arten der Verbindungsaufnahme zwischen den Netzteilnehmern unterschieden. Die Punkt-zu-Punkt-Verbindung (engl. point-to-pointconnection) ist eine Einzelverbindung zwischen zwei Datenendeinrichtungen. Hier kann jede Datenendeinrichtung unabhängig von einer anderen Einrichtung mit der Gegenstelle direkt in Verbindung treten. Diese Verbindungsform wird als Standleitung und als Wähleinrichtung realisiert. Im Falle von Mehrpunkt-Verbindungen (engl. multipoint-connection) sind in der Regel mehr als zwei Datenendeinrichtungen miteinander verbunden. Für die Übertragung von Daten ist daher eine Leitstation notwendig, die den Datenaustausch steuert. Hier kann immer nur eine Datenendeinrichtung senden oder empfangen. Alle anderen angeschlossenen Stationen sind während dieser Zeit gesperrt.

An einem Netzwerk angeschlossene Datenendeinrichtungen werden als Knoten bezeichnet. Handelt es sich hierbei um EDV-Anlagen, dann unterscheidet man zwischen Servern und User-Stationen. Server stellen dem Netz Dienste wie z.B. die Verwaltung eines Druckers oder das Bereitstellen von Speicherkapazität zur Verfügung. User-Station, oft auch Arbeitsstationen (engl. Workstation) genannt, nutzen das Netz, ohne selbst Leistungen zur Verfügung zu stellen. Reine Bildschirmarbeitsplätze mit Monitor und Tastatur werden als Terminals oder Bildschirmarbeitsplätze oder Datenstation bezeichnet.

Ein Netzwerk kann dem Benutzer neben der Leitung auch sogenannte Dienste (engl. services) zur Verfügung stellen, die von der Zuschaltung von Leitungen bis zur Bereitstellung von Datenbankinformationen reichen können. Ein Beispiel für einen solchen Informationsdienst ist Bildschirmtext. Netzwerke, die Dienste zur Verfügung stellen, werden als VAN (engl. Value Added Network) oder als ISDN (engl. Integrated Services Digital Network) bezeichnet.

Lokale Netze werden privat und in einer Hand, d.h. unter der Regie des Eigentümers betrieben. In diesem Zusammenhang spricht man auch von geschlossenen Netzen (engl. closed networks). Bei WANs hingegen müssen für die Datenübertragung meist fremde Leitungen eingesetzt werden, die in den meisten Ländern von einer staatlichen Fernmeldeverwaltung bereitgestellt und verwaltet werden. Eine Behörde, die das Monopol für die Übertragung von Daten über private Grundstücksgrenzen hinweg besitzt, wird international als PTT (franz. für Post, Télégraphe, Téléphone) bezeichnet. Man spricht in diesem Zusammenhang auch von Telekommunikationsnetzen. Das Telekommunikationsnetz in der Bundesrepublik wird von der Deutschen Bundespost Telekom betrieben und zur Verfügung gestellt. Solche Netze stehen grundsätzlich jedem Anwender zur Verfügung, es sind offene Netze (engl. open networks oder open systems). Dabei ist ein direktes Anschließen oder die Einbindung eines Teilnetzwerkes an das größere WAN möglich.

Die Fernmeldegesellschaften können zwischen zwei Datenendstationen eine Standleitung oder eine Wählleitung zur Verfügung stellen. Bei Standleitungen handelt es sich um festgeschaltete Verbindungen, die dem Benutzer exklusiv zur Verfügung stehen, und für die unabhängig vom Datenübertragungsvolumen eine feste Gebühr zu entrichten ist. Standleitungen werden oft auch als Mietleitungen (engl. leased lines) bezeichnet. Demgegenüber werden Wählleitungen (engl. dialed lines oder switched lines) nur auf Anforderung und für eine bestimmte Zeit aufgebaut. Die Gebühren sind hier zeit- bzw. volumenabhängig. Unser Telefonnetz ist ein typisches Wählnetz.

Jeder an der Datenfernverarbeitung beteiligte Partner benötigt neben der Datenendeinrichtung als weitere Komponente eine Datenübertragungseinrichtung (DÜE) (engl. DCE für Data Circuit-terminating Equipment), die die Datensignale zwischen Datenendeinrichtung und Übertragungsweg anpaßt. Eine solche Datenübertragungseinrichtung ist das Modem. Ein Modem paßt die von der Datenendeinrichtung kommmenden digitalen Signale durch Modulation an die Übertragungsleitung an. Der umgekehrte Vorgang, also die Rückwandlung in digitale Signale, heißt Demodulation. Eine DÜE kann Einrichtungen zur Modulation und Demodulation, zum manuellen oder automatischen Verbindungsaufbau und zur Identifikation enthalten. In **Kapitel 3.1 Modem** werden wir uns eingehenst mit dieser Technik befassen und die für unser Thema wichtigen Leistungsmerkmale kennenlernen.

Die Übergabestelle zwischen Datenendeinrichtung und Datenübertragungseinrichtung, z.B. zwischen Personal Computer und Modem, wird als Schnittstelle oder Interface bezeichnet. Schnittstellen ermöglichen die genormte Übergabe von elektrischen Signalen zwischen Übertragungseinrichtung und angeschlossener Datenendstation.

Ein wichtiges Leistungsmerkmal in der Datenfernverarbeitung ist die Übertragungsgeschwindigkeit. Diese gibt an, wieviel Bits in einer Sekunde übertragen werden können. Die Maßeinheit ist hier bit/s oder bps, Bit in der Sekunde. Man unterscheidet auch Kbit/s, Kilobit in der Sekunde oder kbps, das sind 2^{10} oder 1024 Bit, und MBit/s, Megabit in der Sekunde oder mbps, das sind 2^{20} oder rund eine Million Bit. Die rasante Entwicklung der Datenverarbeitung und der Nachrichtentechnik, hier insbesondere die Einführung digitaler Übertragungsnetze, werden wohl sehr bald dazu führen, daß auch Übertragungsraten im Gigabitbereich, Gbit/s, erreicht werden. Das sind dann mit 2^{30} Bit über eine Milliarde Bits in der Sekunde.

Die Kapazität eines Übertragungsmediums wird durch seine Bandbreite bestimmt. Diese gibt die maximale Schwingungsanzahl oder Frequenz vor, mit der ein Signal über das Medium sicher übertragen werden kann. Die Bandbreite ist abhängig von Material und Entfernung. Für die Übertragung binärer Daten gilt dabei ein einfacher Zusammenhang zwischen der Dichte der Bitfolge in bps und der Bandbreite. Pro

Hertz einer Übertragungsschwingung können höchstens zwei Bit Informationen übertragen werden. Vereinfachend läßt sich festhalten, daß Übertragungsmedien mit hohen erreichbaren Schwingungszahlen Daten schneller übertragen können. Gerade die Bandbreite der Übertragungsmedien ist ein entscheidendes Kriterium für die Entwicklung der Datenfernverarbeitung und damit auch für Btx.

Eine weitere Maßeinheit, die insbesondere für die Übertragungskapazität von Modems gilt, ist das Baud. Diese Einheit gibt die Anzahl der Signalwechsel pro Sekunde auf der Telefonleitung an und wird sehr oft mit der Einheit bps verwechselt. Nur wenn mit jedem Signalwechsel nur ein Bit übertragen wird, stimmen Baud und bps überein. Dies ist bei der Datenübertragung im analogen Telefonnetz allein bei einer Übertragungsgeschwindigkeit von 300 bps der Fall. Dennoch werden Sie in der Praxis oft keine Unterscheidung zwischen Baud und bps finden. Wie wir in **Kapitel 3.1 Modem** noch sehen werden, ist die Übertragungsrate, d.h. die potentielle Geschwindigkeit des Datentransfers, ein entscheidendes Leistungskriterium.

Rechneranlagen, die als Datenendeinrichtung Daten und/oder Programme als Quelle zur Verfügung stellen, werden als Host bezeichnet. Ein Host kann als sogenannte Online-Datenbank Daten auf Abruf zur Verfügung stellen oder von anderen Datenendeinrichtungen eingegebene Daten, z.B. Reisebuchungen, verarbeiten. Verteilt ein Host Informationen und wird als elektronischer Briefkasten verwendet, dann spricht man von einer Mailbox. Der Host verfügt neben Anwendungsprogrammen über Steuerprogramme für die Datenfernverarbeitung und Programme zur Verwaltung der Datenbestände. Datenendeinrichtungen wie z.B. Personal Computer oder Terminals, über die der Benutzer auf den Host zugreift, werden als Datenstation oder auch Remote (engl. für Fernstation) bezeichnet. Da Personal Computer über einen eigenen Arbeitsspeicher und eigene sekundäre Speicher wie Festplatte oder Diskette verfügen und damit eigene Programme laden können, werden diese oft auch als "intelligente" Datenstationen bezeichnet. Terminals hingegen sind "dumme" Datenstationen, die sich wegen fehlender Datenspeicher lediglich für die Datenein- und ausgabe einsetzen lassen.

Wichtig ist in diesem Zusammenhang die sogenannte Terminalemulation, d.h. die Übereinkunft darüber, wie empfangene Zeichen auf dem Bildschirm der Datenstation dargestellt werden und wie Tastatureingaben zu interpretieren sind. Dabei haben sich zwei Standards entwickelt. Im PC-Bereich ist dies die ANSI Bildschirmemulation, die bei entsprechendem Monitor Farbdarstellung und Darstellungsattribute wie fett oder blinkend ermöglicht. Ein entsprechender Bildschirmtreiber ist Bestandteil des Betriebssystems MS-DOS bzw. PC-DOS, das Industriestandard für IBM-kompatible PC ist. In der Großrechnerwelt haben sich die Standards VT52 und VT102 der Firma Digital Equipment Corporation, DEC, durchgesetzt.

1.2 Protokolle und Standards

Als Protokolle werden im Bereich der Datenfernverarbeitung Absprachen über die koordinierte Erbringung eines Dienstes über mehrere Rechner hinweg verstanden. Einfacher gesagt, Protokolle regeln den Austausch von Informationen zwischen den an diesem Austausch beteiligten Instanzen. Es werden insbesondere Darstellung (Syntax) und Bedeutung (Semantik) sowie die zeitliche Abfolge der Übertragung geregelt.

Es liegt auf der Hand, daß eine Datenfernverarbeitung nur möglich ist, wenn Sender und Empfänger das gleiche Protokoll kennen und auch verwenden. Nun wäre es wenig effektiv, wenn für jeden Informationsaustausch jeweils ein spezifisches Protokoll erarbeitet werden müßte, das dann nur den jeweils spezifischen Hardwaregegebenheiten und Kommunikationszielen entspräche. Wesentlich effektiver ist es, Standards vorzugeben, an die sich dann alle an der Datenfernverarbeitung beteiligten Partner per Übereinkunft halten. Erst Standards, synonym dazu wird auch der Begriff Norm verwendet, ermöglichen es, daß Computer und andere Komponenten der Datenfernverarbeitung, die von unterschiedlichen Herstellern stammen, erfolgreich zusammenarbeiten können.

Die für die Datenfernverarbeitung zuständigen Normierungsgremien ist unter anderen das CCITT (Comité Consultatif International Télégraphique et Telephonique). Diese Institution ist eine Unterorganisation der UNO und zuständig für die öffentlichen Fernmeldedienste. Die CEPT (Conférence Européenne des Administrations des Poste et Télecommunication), stellt den entsprechenden Zusammenschluß auf europäischer Ebene dar. Diese Organisation setzt zum Beispiel die Standards für Bildschirmtext und gewährleistet damit, daß alle in Europa realisierten Btx-Systeme untereinander kommunizieren können. CCITT Normen werden in der Literatur und auch im Sprachgebrauch der Organisation selbst als Empfehlungen (engl. recommendations) bezeichnet.

CCITT-Normen können über folgende Adressen angefordert werden:

Union International de Télécommunications
Place des Nations
CH-1211 Genève

oder in Deutschland über

Fernmeldetechnisches Zentralamt
der Deutschen Bundespost
Darmstadt

Eine zentrale Normungsinstanz ist die ISO, International Organization for Standardization, die für allgemeine Normen im Bereich der Datenverarbeitung zuständig ist. Das von dieser Organisation entwickelte Modell für offene Kommunikationssysteme OSI, Open Systems Interconnection, bildet heute das grundlegende Modell für internationale Normungen und Festlegungen im Bereich der Kommunikation. Wegen der besonderen Bedeutung dieses Modells wird dieses in **Kapitel 1.10 Das OSI Referenzmodell** in seinen Grundlagen beschrieben.

ISO-Normen können über folgende Adressen angefordert werden:

ISO Central Secretariat
1 Rue de Varambé
Case Postale 56
CH-1211 Genève 20

Ein weiteres wichtiges Standardisierungsgremium ist das IEEE, Institute of Electrical and Electronic Engineers, in den USA, das vor allem grundlegende Normen für LANs entwickelt. Eine weitere, insbesondere für die Standardisierung von Netzwerken bedeutende Vereinigung, ist die Organisation der europäischen Computerhersteller, ECMA (European Computer Manufacturers Association).

Es würde den Rahmen dieses Buches sprengen, auf die konkreten Methoden und Arbeitsweisen der hier genannten Normungsinstanzen einzugehen. Für unsere Zwecke genügt es, die im Rahmen der Datenfernverarbeitung für den Anwender wichtigen Normen zu kennen. In **Kapitel 2 Telekommunikation** werden Sie zu den hier besprochenen Kommunikationsdiensten wichtige Details über die zugehörigen Standards erfahren. Tabelle 1-1 gibt einen Überblick zu den Empfehlungsreihen des CCITT, die für die Datenkommunikation von Bedeutung sind.

Tabelle 1-1: Die Empfehlungen des CCITT

Serie	Bezug
G-Serie	Fernsprechübertragung über drahtgebundene Verbindungen, Satelliten- und Funkverbindungen
I-Serie	ISDN aus Benutzersicht
Q-Serie	Fernsprech-Zeichengabe, Fernsprechvermittlung
T-Serie	Telematikendgeräte wie Telefax, Teletex oder Bildschirmtext
V-Serie	Datenübertragung über das Fernsprech- und Telex-Netz
X-Serie	Datenübertragung über öffentliche, digitale Datennetze

Für die DFÜ und Bildschirmtext auf dem PC sind vier Standardisierungsgruppen praxisrelevant. Es sind dies

- **Normungen zur Schnittstelle,**

- **Normungen der Übertragungsgeschwindigkeit**

- **Normungen zur Fehlerkontrolle bzw. Datenkompression**

- **Standards zum Wählverfahren in öffentlichen Netzen.**

So beschreibt die CCITT Empfehlung V.24, die in Deutschland identisch ist mit DIN 66020, die Funktionen von Leitungen an den Schnittstellen zwischen Datenendeinrichtungen und Datenübertragungseinrichtungen. Für unser Themengebiet also zwischen PC und Modem. Diesem Standard entspricht die serielle Schnittstelle des PC, die hier nach dem EIA-Standard RS-232-C-Schnittstelle genannt wird. Die EIA (Electronic Industries Association) ist eine Vereinigung amerikanischer Hersteller elektronischer Geräte. Die RS-232-C-Schnittstelle besteht in der Regel aus einer 25-poligen Buchse. Eine Ausnahme bilden hier jedoch viele AT-kompatible PC, die über eine 9-polige Buchse verfügen. Im Handel sind Adapter für beide Arten preiswert zu bekommen, so daß dies keine Probleme aufwirft. Die Telexschnittstelle entspricht der Empfehlung X.20. Die Empfehlung X.21 beschreibt die Schnittstelle zwischen Datenübertragungseinrichtung und Datenendeinrichtung für Synchronverfahren in öffentlichen Datennetzen. Die Empfehlung X.21bis regelt den

Einsatz für Modems mit V.24 Schnittstelle, die im synchronen Verfahren im öffentlichen Datennetz betrieben werden. Mit X.25 wird die Schnittstelle zwischen
Datenendeinrichtung und Datenübertragungseinrichtung an paketvermittelten
öffentlichen Datennetzen beschrieben.

Die Empfehlung des CCITT zur Fehlersicherung von Modem trägt die Bezeichnung
V.42. Da viele Modemhersteller ihre Modems zusätzlich mit diesem Protokoll aus-
statten, finden Sie in **Kapitel 3.1.3.2 Fehlerkorrektur und Datenkompression**
eine detaillierte Beschreibung dieser Norm. Das gleiche gilt für die Datenkompression nach V.42bis.

Zur Standardisierung des automatischen Wählverfahrens im öffentlichen Telefonnetz kommen die Empfehlungen V.25 und V.25bis zum Einsatz. Tabelle 1-2 gibt
einen Überblick.

Tabelle 1-2: Schnittstellenstandards

Standard	Einsatzgebiet
V.24	PC und Terminalschnittstelle, asynchrone Verfahren
X.20	Telexgerät
X.21	öffentliches Datennetz, synchrone Verfahren (siehe Datex-L)
X.25	öffentliches Datennetz, synchrone Verfahren (siehe Datex-P)

Es kann im Einzelfall sehr nützlich sein, zu wissen, welcher Übertragungsstandard
die Grundlage für eine angestrebte Anwendung wie z.B. Btx bildet. Dies gilt insbesondere dann, wenn Sie Hardware wie z.B. ein Modem kaufen. Hier finden Sie in
der Regel eine Auflistung von Standards, die das zu kaufende Gerät unterstützt oder
aber auch voraussetzt. Hier beschreiben Empfehlungen der V-Serie die Übertragungsrate. In **Kapitel 3.1.1 Standards** finden Sie eine Übersicht zu den für unser
Thema relevanten Normungen der V-Serie.

1.3 Übertragungsmedien

Der Transport von Informationen, die Übermittlung zwischen zwei Datenendeinrichtungen, kann über Kabel oder über Satelliten erfolgen. Zur Zeit überwiegen die kabelgebundenen Systeme und wir wollen uns in diesem Kapitel einen kurzen Überblick zu den verwendeten Kabeltechnologien erarbeiten. Dieses Wissen wird Ihnen helfen, die gegenwärtige "Verkabelungsstrategie" der Deutschen Bundespost Telekom und ihre Ziele zu verstehen. Gerade für die Beurteilung der jetzigen und der zukünftigen Leistungsfähigkeit der Telekommunikationsdienste ist es wichtig zu wissen, auf welcher Kabeltechnologie diese Dienste aufbauen bzw. aufbauen werden. Im abschließenden Kapitel werde ich Ihnen einen kurzen Einblick in die Technik der Satellitenübertragung geben, die insbesondere in der kontinentenübergreifenden internationalen Datenübertragung zum Einsatz kommt.

1.3.1 Fernsprechkabel

Andere Bezeichnungen für das Fernsprechkabel sind Niederfrequenzkabel, verdrillte Leitungen oder Kupferdoppelader. Es ist das traditionelle Kupferkabel für Kommunikationszwecke und bildet auch heute noch das Rückgrat des Fernmeldenetzes.

Abbildung 1-1: Das Fernsprechkabel

Hervorstechendes Merkmal dieses Kabels ist, daß seine beiden Adern verdrillt sind. Kupferkabel haben den Nachteil, daß sie elektromagnetische Wellen abstrahlen und selbst von diesen beeinflußt werden. Durch das Verdrillen der Adern werden diese gegenseitigen Beeinflussungen weitgehend ausgeschaltet. Die Datenübertragungsrate hängt von der Qualität des Kabels und der Länge des Übertragungsweges ab und liegt etwa zwischen 10 mbps im Meterbereich und einigen kbps im Kilometerbereich. Es können sowohl digitale als auch analoge Signale übertragen werden.

Den Nachteilen des Fernmeldekabels wie begrenzte Leistungsfähigkeit, Störanfälligkeit und die Tatsache, daß Telefonleitungen sehr leicht anzuzapfen sind, stehen Vorteile wie billig, leicht zu verlegen, geringe Abmessungen und sehr einfache
Anschlußtechnik gegenüber. Daher wird diese Kabeltechnolgie auch für langsame
Datenübertragungen und im unteren Leistungsbereich von lokalen Netzwerken eingesetzt (z.B. das IBM-Verkabelungssystem). Der jahrelange Einsatz im Fernmeldenetz hat gezeigt, daß Fernmeldekabel sehr zuverlässig sind.

1.3.2 Koaxialkabel

Das Koaxialkabel wird auch als Hochfrequenzkabel bezeichnet. Es besteht aus einer
zentralen Innenader aus Kupfer, die durch eine Isolierschicht von der umgebenden
Ummantelung abgetrennt ist. Die Ummantelung selbst ist wiederum durch einen
elektrisch isolierenden äußeren Schutzmantel, der meist aus Plastik besteht, vor Be-
schädigungen geschützt. Man unterscheidet zwischen der Basisbandtechnik, hier besteht die Isolierschicht aus Kupfergeflecht, und der Breitbandtechnik, in welcher
Aluminiumfolie als Isoliermaterial verwendet wird. Kupferkoaxialkabel werden für
das Kabelfernsehnetz verlegt und bei der Verkabelung lokaler Netzwerke eingesetzt.

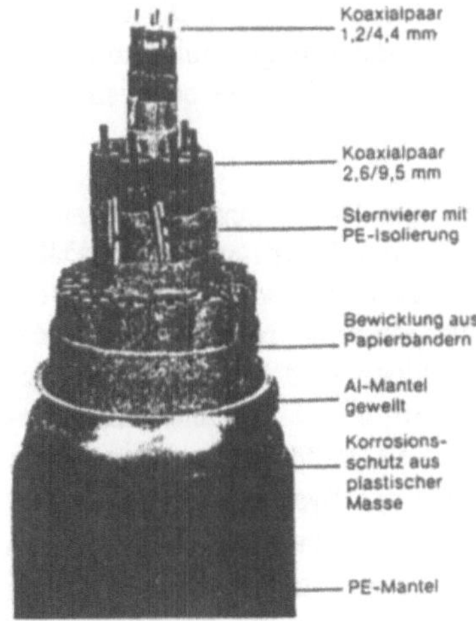

Abbildung 1-2: Koaxialkabel

Koaxialkabel können viel höhere Frequenzen übertragen als verdrillte Leitungen, so daß heute typische Übertragungsraten von 50 mbps über 1,5 Kilometer (Basisbandtechnik) bis zu 300 mbps (Breitbandtechnik) erreicht werden. Das Kabel selbst ist preiswert, sehr leistungsfähig und kann leicht angeschlossen werden. In der Basisbandtechnik kann immer nur ein angeschlossenes Gerät Daten senden. In der Breitbandtechnik werden die Frequenzen, die zwischen 0 bis 500 MHz liegen können, in Frequenzbereiche aufgeteilt, über die dann parallel und unabhängig voneinander Daten übertragen werden können. Ein solcher Frequenzbereich wird dann Kanal genannt. In der Basisbandtechnik steht also ein Übertragungskanal zur Verfügung, in der Breitbandtechnik sind es mehrere.

Das Basisbandkabel wird in der Bürokommunikation aufgrund der geringeren Kosten und der leichteren Handhabung eingesetzt. Die Breitbandtechnologie wird vor allem bei der Verkabelung des Fernsehnetzes verwendet. Nachteilig ist, daß Kupferkoaxialkabel mit 5 bis 10 mm Dicke (zum Vergleich: Verdrillte Kabel sind 1 mm dick) einen hohen Platzbedarf haben und damit umständlich zu verlegen sind.

1.3.3 Glasfaserkabel

Die Glasfasertechnologie, auch Lichtwellenleiter oder optische Faser genannt, basiert auf der Idee, Informationen mit Hilfe von Lichtwellen zu übertragen. Sie ist eine sehr junge Technologie, der jedoch die Zukunft gehören wird. Die Glasfaser wird in den kommenden Jahrzehnten entscheidende Veränderungen auf dem Gebiet der Telekommunikation herbeiführen. Wir wollen uns deshalb etwas näher mit dieser Technologie beschäftigen.

Der Vorteil optischer Übertragungen auf der Basis von Kabeln liegt darin, daß atmosphärische und elektromagnetische Störungen bei der Übertragung von Daten ausgeschlossen sind. Wegbereitend hierfür ist die Entwicklung von Glasfasern, die seit Ende der sechziger Jahre erfolgreich vorangetrieben wird. Nachdem durch die Erfindung des Lasers die Vorraussetzungen für eine leistungsfähige Lichtquelle geschaffen wurde, haben Lichtwellenleiter und die benötigten Sende- und Empfangsbausteine eine rasante Entwicklung durchgemacht. Seit Mitte der achtziger Jahre stehen erprobte und in vielen Bereichen konkurrenzfähige Systeme zur Verfügung. Deutlich wird diese Entwicklung an der Tatsache, daß die Deutsche Bundespost im Fernbereich seit 1987 ausschließlich Glasfaserkabel verlegt, und daß seit 1989 die Aufwendungen für den Ausbau des Glasfasernetzes diejenigen für den Ausbau des Kupferleitnetzes übersteigen. Als sogenanntes Overlaynetz verbindet die Glasfaser heute schon alle großen Fernmeldeämter in den alten Bundesländern und wird für die Übertragung von Fernsehkonferenzen genutzt.

Wie funktioniert nun diese Technologie und welches sind die Leistungsmerkmale, die zu ihrer rasanten Entwicklung führen. Eine ausführliche, technischen Ansprüchen genügende Erläuterung hierzu würde den Rahmen dieses Buches sprengen, so daß ich mich im folgenden auf eine vereinfachende, das Prinzip dieser Technik verdeutlichende Beschreibung beschränken möchte.

Glasfaserkabel werden in mehreren technischen Varianten hergestellt, die für unterschiedliche Zwecke eingesetzt werden. Hierbei werden Übertragungsraten von 100 Millionen bis zu 1 Milliarde Bit in der Sekunde erreichen. Ein Glasfaserkabel besteht in seinem Inneren aus äußerst dünnen Fasern, die mit einem zwanzigstel Millimeter dünner als das menschliche Haar sind und aus hochreinem Silikatglas gezogen werden. Diese Glasfasern werden gebündelt und zum mechanischen Schutz sowie zur Erhöhung der Zugfestigkeit mit weiteren Hüllen umgeben.

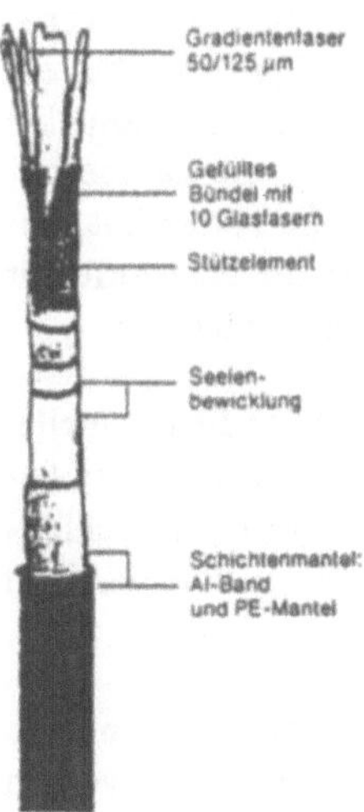

Abbildung 1-3 Das Glasfaserkabel

Man unterscheidet Gradientenfasern und Monomodefasern. Gradientenfasern sind mit 50 bis 100 Mikron Kerndurchmesser (1 Mikron gleich 1 Tausendstel Millimeter) wesentlich "dicker" als Monomodefasern mit 5 bis 10 Mikron. Zur optischen Datenübertragung werden elektrische Signale in Lichtsignale umgewandelt und vom Sender in das Glasfaserkabel eingespeist. Tritt das Licht dabei in einem ungünstigen

Winkel in die Faser ein, dann wird es im Kabel häufiger reflektiert als bei einem geringeren Eintrittswinkel. Dies ist der Grund, warum Gradientenfasern langsamer sind als Monomodefasern. Aufgrund des größeren Faserdurchmessers kann hier das Licht auch in einem größeren Winkel einfallen und wird auch entsprechend häufiger im Kabel reflektiert. Dadurch wird das Licht "gebremst" und muß je nach Übertragungsgeschwindigkeit und Leistungsvermögen des Senders nach ca. 2 bis 20 Kilometern verstärkt werden. Monomodefasern dagegen können ohne Signalverstärkung mehrere 100 Kilometer überbrücken. Beim Empfänger werden die optischen Signale wiederum in elektrische umgewandelt und dann weiterverarbeitet.

Die Vorteile des Glasfaserkabel, gerade für eine Kommunikation auf der Basis von Computern als Datenendeinrichtungen sind enorm. So können bis zu 1 Milliarde Bits in der Sekunde übertragen werden. Die Übertragung erfolgt störungsfrei und ist zudem auch abhörsicher, da Glasfaserkabel nicht angezapft werden können. Das Glasfaserkabel ist gegenüber elektrischen und magnetischen Störungen unempfindlich und produziert selbst keine Störungen. Aufgrund des geringen Durchmessers der Glasfaserkabel, circa 85 mm, kann es vorhandene Fernsprechkabel ohne Mehraufwand beim Verlegen ersetzen. Dabei besitzt ein Kilogramm Glasfaser die Kapazität von 100 Kilogramm des Koaxialkabels. Es hat aber 15000 Sprechkanäle, ein Koaxialkabel nur rund 7600. Ein weiterer Vorteil des Glasfaserkabels im Vergleich zum Kupferkabel liegt darin, daß bei den zur Zeit verlegten Fasern die zu übertragenden Signale nur alle 36 Kilometer verstärkt werden müssen. Im Kupferkoaxialkabel muß dies alle 1,5 Kilometer erfolgen. Hinzu kommt, daß die Rohstoffe für Glas nahezu unbegrenzt zur Verfügung stehen und preiswerter sind als Kupfer.

Allerdings gibt es, zumindest zur Zeit, noch nicht zu unterschätzende Nachteile. Läßt man die höhere Leistungsfähigkeit außer acht, dann sind Glasfaserkabel in der Herstellung (noch) relativ teuer. Hinderlicher ist aber sicherlich, daß die Anschlußtechnik recht aufwendig ist und daß es bisher noch nicht zu einer vollständigen Normierung gekommen ist.

Glasfaserkabel werden heute als Monomodefasern in der Telekommunikation, im Kabelfernsehnetz und vereinzelt als Gradientenfasern auch in lokalen Netzwerken eingesetzt. Gerade in der industriellen Produktion gibt es oft Arbeitsumgebungen mit extremen elektrischen und magnetischen Störquellen, die eine Verkabelung mit Koaxialkabeln nahezu unmöglich machen. Hier kann ein Netz auf der Basis der Glasfaser störungsfrei arbeiten.

1.3.4 Satellitenverbindungen

Bei Satellitenverbindungen handelt es sich um kabelungebundene Übertragungsstrecken, die im Mikro- und Millimeterwellenbereich arbeiten. Solche Verbindungen sind sehr leicht abhörbar und arbeiten daher bei der Benutzung für private Verbindungen mit verschlüsselten Informationen.

Satellitenverbindungen werden über Kommunikationssatelliten hergestellt, die in etwa 35.000 km Entfernung über dem Äquator kreisen und die Verbindung zwischen sehr weit auseinander liegenden Datenendstationen herstellen können. Der Satellit dient als Relaisstation, die die Signale einer Sendeerdfunkstelle empfängt. Diese wiederum erhält die Daten über ein Kabel, das die Verbindung zur Datenendeinrichtung herstellt. Der Satellit wandelt die Signale in Frequenzbereiche um und überträgt sie an eine empfangende Erdstelle, die wiederum über ein Kabel die Daten an den Empfänger weiterleitet. Dabei können Übertragungsgeschwindigkeiten von 64 Kbps bis 1,920 Mbps erreicht werden.

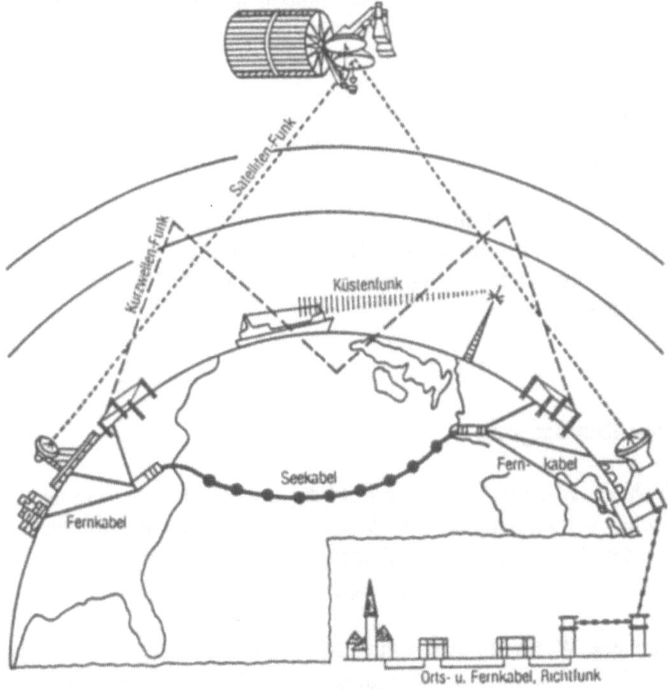

Abbildung 1-4 Satellitenübertragung

Die sehr langen Datenwege führen im Vergleich zu Kabelverbindungen zu relativ langen Übertragungszeiten. Diese können im Falle der Sprachkommunikation bis zu einer halben Sekunde betragen. Satellitenverbindungen sind also recht langsam (wenn man die erreichbaren Geschwindigkeiten in einem Kabel berücksichtigt), haben aber den großen Vorteil, daß durch sie sehr schnell eine leistungsfähige Verbindung zu beliebigen, nicht direkt miteinander verkabelten Orten auf der Erde hergestellt werden kann. Optimal sind Satelliten für die sogenannte Verteilkommunikation, das sind Rundfunk und Fernsehen. Für die Datenkommunikation ergeben sich allerdings neben der oben schon erwähnten geringeren Geschwindigkeit weitere Nachteile. So sind Satellitenverbindungen teuer, können leicht abgehört werden, und die Zahl der zur Verfügung stehenden Kanäle ist begrenzt. Der Trend der Zukunft wird wohl sein, auch sehr lange Übertragungswege über Glasfaserkabel zu realisieren.

In **Kapitel 2.10 Der Satelittendienst DASAT** finden Sie eine Beschreibung des von der Deutschen Bundespost Telekom angebotenen Satellitendienstes DASAT. Hier bietet die Telekom in einem Betriebsversuch über das deutsche Fernmeldesatellitensystem DFS Kopernikus bundesweite Datenverbindungen mit einer Übertragungsrate von 65 kbps an.

1.4 Übertragungsarten

Bisher haben wir in analoge und digitale Übertragung unterschieden, ohne diese beiden Übertragungsarten näher zu erläutern. Beide Übertragungsarten sind grundlegend für die Leistungsfähigkeit eines Datennetzes bzw. für die Realisierung von Telekommunikationsdiensten.

1.4.1 Analoge Datenübertragung

Bei der analogen Nachrichten- bzw. Datenübermittlung erfolgt die Übertragung als eine Abfolge elektrischer Schwingungen. Die Höhe der Schwingung entspricht, d.h. ist analog der Höhe oder der Intensität der übertragenen Information. Wir wollen uns dies am Beispiel der telefonischen Nachrichtenübermittlung verdeutlichen.

Hier erzeugen gesprochene Worte ein bestimmtes Muster von Schallschwingungen, die in der Sprechkapsel des Telefons in entsprechende, und damit analoge elektrische Schwingungen umgewandelt werden. Diese werden über die Telefonleitung transportiert. Beim Empfänger erfolgt eine umgekehrte Umwandlung in Schallschwingungen, und es ensteht wieder eine Reihe von gesprochenen Worten. Die analoge Datenübertragung wird in Hz (Hertz) gemessen. Dabei entspricht 1 Hz einer Schwingung in der Sekunde. Abbildung 1-5 verdeutlicht das hier beschriebene Prinzip.

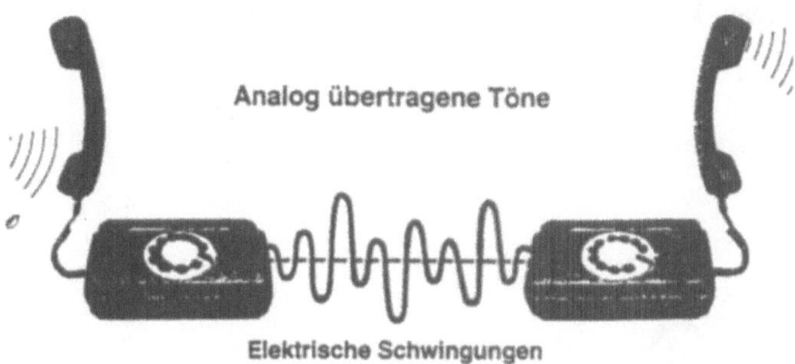

Abbildung 1-5: Analoge Sprachübertragung im Fernmeldenetz

1.4.1 Digitale Datenübertragung

Eine digitale Datenübertragung liegt dann vor, wenn die zu übertragenden Informationen als Bitketten, d.h. als Folge von zwei Zuständen übertragen werden. Diese Bitkette wird auch als Datenstrom oder Bitstrom bezeichnet. Hier wird eine Information im Gegensatz zur analogen Übertragung nicht als elektrische Schwingung übertragen, sondern als Folge elektrischer Impulse. Dabei repräsentiert ein Impuls jeweils einen der logischen Zuständen '1' oder '0'. Bei der Übertragung von digitalen Informationen in einem Netz, das für analoge Übertragung ausgelegt ist, z.B. dem analogen Fernmeldenetz, müssen die digitalen Signale des Senders zunächst in elektrische Schwingungen umgewandelt werden. Ein Gerät, das dies leistet, wird Digital/Analog-Wandler genannt. Beim Empfänger werden die analogen Daten dann wieder in digitale Signale umgewandelt. Ein Gerät, das dies leistet, wird Analog/Digital-Wandler genannt. Abbildung 1-6 zeigt das Arbeitsprinzip eines Analog/Digital-Wandlers. Hier werden mit Hilfe der Puls/Code-Modulation, PCM-Verfahren, elektrische Schwingungen in einem vorgegebenen Zeitintervall abgetastet, gemessen und binär als elektrische Impulse kodiert.

Die digitale Datenübertragung setzt voraus, daß die Bedeutung der übertragenen
Bitmuster in einem Zeichencode festgelegt ist. Für die digitale Darstellung von Zeichen wird in der EDV sehr häufig der ASCII-Code, American Standard Code for
Information Interchange, verwendet. Es handelt sich hier um einen international
genormten Zeichensatz. Es werden sieben Bit zur Darstellung eines Zeichens verwendet. Damit sind mit diesem Code 2^7 oder 128 verschiedene Zeichen darstellbar.
Vor allem im PC-Bereich wird heute in der Regel der erweiterte Zeichensatz mit
acht Bit verwendet. Deshalb können hier 2^8 oder 256 verschiedene Zeichen dargestellt werden.

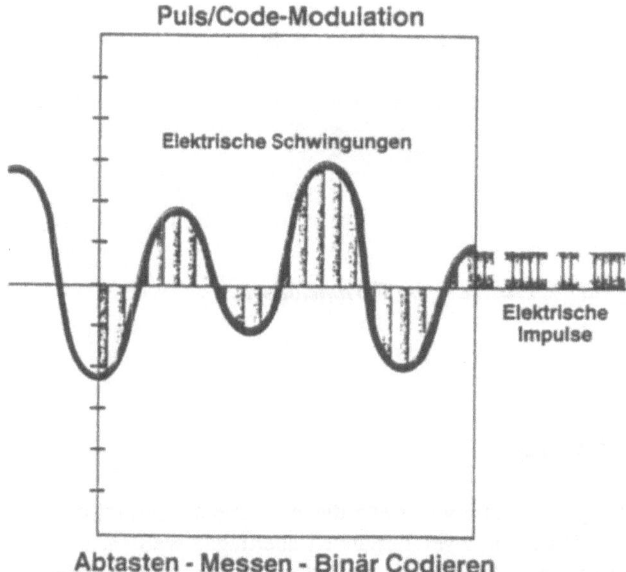

Abbildung 1-6: Umwandlung von analogen Signalen in digitale Signale

1.5 Datenfluß

In diesem Kapitel werden Sie erfahren, nach welchem Prinzip die Datenübertragung
in einem Übertragungsnetz realisiert wird. Wir werden das sogenannte Betriebsverfahren besprechen. Betriebsverfahren definieren die Richtung des Datenflusses.
Technisch sind drei Verfahren realisierbar:

- **simplex oder sx**

- **halbduplex (engl. half duplex) oder hx und**

- **duplex oder vollduplex (engl. full duplex) oder fx.**

1.5.1 Simplex-Betrieb

Im Simplex-Betrieb können Daten immer nur in einer Richtung, unidirektional, übertragen werden. Damit kann z.B. eine Datenstation nur in Richtung Zentralrechner übertragen. Der Host hat keine Möglichkeit zur Rückmeldung. Es ist bei diesem Verfahren also nicht möglich, die Korrektheit der Datenübertragung bzw. Fehler während der Übertragung der sendenden Datenstation zu melden, so daß diese die Gelegenheit hätte, die entsprechenden Daten nochmals zu senden.

Typische Anwendungsgebiete für die Simplex-Betriebsart sind Rundfunk und Fernsehen, die Übertragung von Meßwerten an einen PC oder aber auch das Ausdrucken von Daten. Für die Datenübermittlung im Rahmen der Datenfernverarbeitung wird diese Betriebsart nicht verwendet.

1.5.2 Halbduplex-Betrieb

Eine Alternative zum Simplex-Betrieb bietet der Halbduplex-Betrieb, manchmal auch Wechselbetrieb genannt. Hier fließen die Informationen in wechselnder Richtung, allerdings zur gleichen Zeit immer nur in einer Richtung. Sendet eine Datenendeinrichtung, dann muß die andere warten und umgekehrt. Damit kann der Datenfluß kontrolliert werden. Es handelt sich hier um ein Basisbandverfahren, in dem mit nur einer Frequenz auch nur ein Datenkanal zur Verfügung steht.

Bei Datenübertragungsfehlern wird die empfangende Datenendeinrichtung dies melden, und die Datenquelle wiederholt den Sendevorgang. Allerding kostet dieses Verfahren Zeit, da nicht unmittelbar nach einer Nachricht wieder in die andere Richtung gesendet werden kann. Dies ist erst nach einer gewissen Umschaltzeit möglich.

1.5.3 Duplex-Betrieb

Auch zu Halbduplex-Betrieb gibt es eine Alternative, den Duplex- oder Vollduplex-Betrieb, auch Gegenbetrieb genannt. Hier können gleichzeitig in beide Richtungen Daten gesendet werden, so daß die zeitaufwendige Umschaltung entfällt. Die Datenendeinrichtung sendet und empfängt Daten zur gleichen Zeit. Für die Übertragung stehen mehrere Kanäle zur Verfügung, oder aber die Verbindung wird über getrennte Leitungen aufgebaut. Deshalb spricht man in diesem Zusammenhang auch von einem Breitbandsystem. Im Duplexverfahren hat der Sender die Kontrolle darüber, ob seine Daten fehlerfrei beim Sender angekommen sind. Dazu kann der Empfänger die empfangenen Daten zurückschicken, so daß fehlerhafte oder unvollständige Übertragungen sofort erkannt werden. Dieses Zurücksenden empfangener Daten wird auch Echo genannt.

1.5.4 Datenflußkontrolle

Die Datenflußkontrolle ermöglicht die Verbindung zweier Geräte mit unterschiedlicher Übertragungsgeschwindigkeit. Dabei signalisiert das langsamere Gerät, ob es wieder neue Daten aufnehmen kann oder noch andere Daten verarbeiten muß. Dieses Verfahren wird auch als Handshake bezeichnet. Handshaking kann als Softwarekontrolle oder als Hardwarekontrolle realisiert sein.

Die Softwarekontrolle wird auch als Xon/Xoff-Verfahren bezeichnet. Xoff steht für Transmit Off, d.h. Übertragung aus. Hier sendet die empfangende Station einen speziellen Code, der dem Sender mitteilt, daß der Empfänger mit der Verarbeitung von Daten beschäftigt ist und keine weiteren Daten annehmen kann. Xon steht für Transmit On, d.h. Übertragung ein. Hier bedeutet das Signal, daß der Sender mit der Datenübertragung fortfahren kann.

Die Hardwarekontrolle wird mit Hilfe zweier Signalleitungen realisiert. Diese Form der Flußkontrolle wird bei der Datenübertragung zwischen Modem und PC eingesetzt. Hier signalisiert der Zustand 1 einer Leitung, die RTS, Request to Send, genannt wird, daß der Computer bereit ist, vom Modem Daten zu empfangen. Der Zustand 0 veranlaßt das Modem, keine Daten zu senden. Auf der Leitung CTS, Clear to Send, steuert das Modem den Datenfluß. Eine 1 signalisiert Empfangsbereitschaft, eine 0, daß keine Daten vom Computer gesendet werden sollen.

1.6 Synchronisationsverfahren

Unabhängig davon, wie Signale dargestellt und dann vom Sender zum Empfänger transportiert werden, muß der Empfänger immer wissen, woran er den Beginn einer Übertragung erkennen kann, bzw. wann er mit einer Übertragung rechnen muß. Hierzu dienen die Synchronisationsverfahren. Synchronisationsverfahren sind eine Verständigung darüber, wie Anfang und Ende einer zusammengehörenden Informationseinheit zu erkennen sind. Je nach technischer Realisierung der Datenstation werden unterschiedliche Verfahren eingesetzt.

1.6.1 Asynchrone Verfahren

Beim Asynchronen-Verfahren, das Personal Computer verwenden, wird jedes gesendete Zeichen mit einem Start- und einem Stopbit versehen, so daß für die empfangende Station jedes Zeichen eindeutig abgrenzt ist. Dieses Verfahren wird deshalb auch Start-Stop-Verfahren genannt. Je nach Vereinbarung folgen auf ein Startbit in einem festen Zeitraster sieben bzw. acht Bit, die von der empfangenen Station als Datenbits eines Zeichens verarbeitet werden. Während der Übertragung der Datenbits befinden sich Sender und Empfänger in gleichem Zeittakt, sie sind synchron. Nach Empfang des Stopbits "weiß" die empfangende Station, daß Sie sich solange nicht mehr um eventuell ankommende Daten kümmern muß, solange nicht ein weiteres Startbit registriert wird. Damit kann die Zeit zwischen zwei aufeinanderfolgenden Daten beliebig lang sein.

Dieses Verfahren bedeutet aber, daß relativ viele Steuerzeichen (zwei von neun bzw. zwei von zehn) verschickt werden, und damit Zeit verloren geht. Hinzu kommt, daß aufgrund der Schwankungen der jeweiligen Taktgeber und durch physikalisch bedingte Laufzeitfehler nur verhältmismäßig wenige Daten übertragen werden können, da Sender und Empfänger nach jeder Übertragung wieder synchronisiert werden müssen. Damit sind maximal 9600 bis 19200 bps übertragbar.

1.6.2 Synchrone Verfahren

Anders ist dies bei einem synchronen Verfahren. Hier werden vor einer Datenübertragung Sender und Empfänger in den gleichen Takt gebracht, synchronisiert. In Takt bringen bedeutet dabei, daß die empfangende Station immer dann Daten liest, wenn diese auch tatsächlich ankommen. Vergleichbar ist dies mit einer Fließbandanlage, auf die ein Roboter immer dann zugreift, wenn in seinem Aktionsbereich Ware ankommt. Die im Verlauf der Übertragung auftretenden Taktverschiebungen gleicht die sendende Station durch ein Synchronisationssignal aus, an dem sich die empfangende Station erneut ausrichtet.

Man spricht auch von einer Blocksynchronisation, weil die Daten in größeren Blöcken, als "Pakete", verschickt werden können. Damit wird die verfügbare Leitungskapazität wesentlich besser ausgenutzt. Allerdings ist auch der technische Aufwand größer. Großrechner arbeiten in der Regel im synchronen Verfahren.

1.6.3 Fehlersicherung durch Prüfverfahren

Bei Asynchronen Verfahren werden zur Datensicherung häufig sogenannte Prüfcodes berechnet. Im folgenden werden die bekanntesten Methoden vorgestellt.

Bei der Querparität, häufig auch nur Parität (engl. parity) genannt, wird das achte Bit eines ASCII-Zeichens verwendet. Dieses Paritäts-Bit erlaubt das Erkennen von Übertragungsfehlern. Man unterscheidet zwischen EVEN-Parity (engl. even = gerade) und ODD-Parity (engl. odd = ungerade). Beim ersten Verfahren wird das achte Bit auf 1 gesetzt, wenn dadurch die Anzahl der übertragenen Einsen eines Zeichens gerade wird. Beim zweiten Verfahren wird das Parity-Bit auf 1 gesetzt, wenn dadurch die Anzahl der Einsen ungerade wird. Damit ist es möglich, die Veränderung eines Bit im übertragenen Zeichen festzustellen. Doppelte Bitfehler werden dadurch allerdings nicht erkannt. Dennoch wird die Paritätsprüfung gerade im Großrechnerbereich in der Kommunikation mit PCs verwendet.

Die zyklische Blocksicherung ist sehr viel wirkungsvoller als die einfache Paritätsprüfung. Diese Methode läßt sich auf beliebige Bitfolgen anwenden. Hier werden für einen Datenblock je nach verwendetem Verfahren 16 oder 32 Prüfbits berechnet. Diese Vorgehensweise ist wesentlich komplexer als die einfache Paritätsprüfung, bietet dafür aber eine sehr hohe Datensicherheit.

Die Prüfbits werden mit Hilfe eines Verfahrens berechnet, das Generatorpolynom genannt wird und die Prüfbits als Koeffizienten eines Polynoms interpretiert. Die berechneten Bits werden als CRC, Cyclic Redundancy Check, oder FCS, Frame Check Sequence, bezeichnet. Die gängigsten Verfahren sind:

- **CRC-16**

- **CRC-CCITT**

- **CRT-32.**

1.7 Lokale Netzwerke

Die Verbreitung lokaler Netzwerke nimmt ständig zu und ist nicht von der Entwicklung der über den lokalen Bereich hinausgehenden Telekommunikation in öffentlichen Netzen zu trennen. Ein Überblick hierzu trägt zum Verständnis der Datenkommunikation zwischen PCs bei und bereitet auf die zukünftige Entwicklung vor. Diese wird durch eine zunehmende Vernetzung geprägt sein, im lokalen Bereich durch LANs und im globalen Bereich durch die öffentlichen Telekommunikationsnetze.

Der Vernetzung von PCs liegen vier Überlegungen zugrunde. Zum einen bietet sich dadurch die Möglichkeit, daß teure Peripheriegeräte wie z.B. Laserdrucker von allen im Netz angeschlossenen PCs genutzt und damit besser ausgelastet werden. Der zweite Vorteil liegt darin, daß die im Netz verbundenen Stationen Daten und Nachrichten austauschen können. Als drittes bietet sich an, daß Netzstationen Daten oder Programme gemeinsam nutzen und dadurch eine doppelte Datenspeicherung entfällt. Dabei wird zwischen Servern und User-Stations bzw. Arbeitsstationen oder Workstations, unterschieden. Server sind PCs, die für andere Stationen im Netz Funktionen übernehmen oder diesen Daten zur Verfügung stellen. Server verwalten als File-Server Datendateien und Programme und stellen hierfür ihre Festplatten zur Verfügung. Print-Server steuern und verwalten Netzwerkdrucker, die damit von allen angeschlossenen Arbeitsstationen genutzt werden können. Arbeitsstationen nutzen die Möglichkeiten im Netz, stellen für dieses aber keine Dienste zur Verfügung. An einem Netz angeschlossene PCs können auch Server und Arbeitsstation zugleich sein. Der vierte Grund für die Vernetzung von PCs ist, daß solche Netze nachträglich mit relativ geringen Kosten installiert werden und je nach Bedarf auch "wachsen" können.

Einsatzmöglichkeiten und Leistungsmerkmale von Netzwerken werden entscheidend durch die räumliche Anordnung der Datenendeinrichtungen im Netz mitbestimmt. Diese Anordnung wird auch Topologie oder Netzwerk-Architektur genannt. Im folgenden werden die wichtigsten Basis-Topologien beschrieben.

Das Bus-Netz gilt als die am weitesten verbreitete Netz-Topologie. Merkmal dieses Netzes ist, daß alle Knoten im Netz an eine Datenleitung, die Bus genannt wird, angeschlossen sind. Dadurch ist die Transportgeschwindigkeit in diesen Netzen sehr hoch und kann durch das Betreiben mehrerer Server noch erhöht werden. Da nur ein Kanal für die Nachrichtenübertragung zur Verfügung steht, arbeiten Busnetzwerke nach dem Konkurrenzbetriebsverfahren oder CSMA-Prinzip (engl. Carrier Sense Multiple Access). Dieses Verfahren besagt, daß ein PC in einem Bus-Netz zunächst sicherstellt, daß kein anderer PC Daten übermittelt, bevor er selbst Daten sendet. Was geschieht aber nun, wenn zwei Knoten im Netz gleichzeitig versuchen, Daten zu senden. Solche Kollisionen werden dadurch vermieden, daß jeder PC eine zufällig bestimmte Zeit wartet, bevor er nach einer Kollision wieder zu senden versucht. Durch dieses Verfahren, das Kollisionserkennung und -vermeidung CD/CA (engl. Collision Detection and Collision Avoidence) genannt wird, ist gewährleistet, daß tatsächlich immer nur ein Knoten Zugriff auf den Bus hat.

Ein Merkmal von Bus-Netzen ist die hohe Betriebssicherheit. Fallen Knoten im Netz aus, dann bleibt das übrige Netz voll funktionsfähig. Allerdings kann immer nur höchstens eine Nachricht auf dem Bus sein. Zudem besteht die Gefahr, daß bei hoher Belastung des Netzes die Arbeitsgeschwindigkeit auf den PCs rapide sinkt.

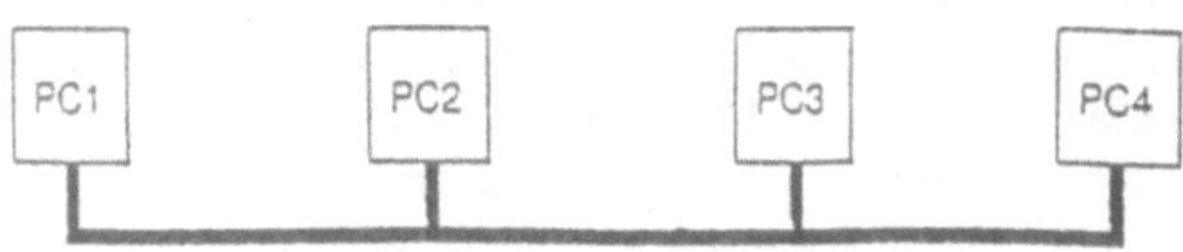

Abbildung 1-7: Bus-Topologie

Marktführer auf dem Gebiet der Bus-Netze ist das Ethernet, eines der ersten kommerziellen Netzwerke überhaupt. Dieses Netz ist im Protokoll IEEE 802.3 normiert und benutzt Basisband-Koaxialkabel. Gängige Netzwerkbetriebssysteme mit Bus-Topologie sind Novell und IBM-Token Bus.

Ring-Netze verbinden jeden angeschlossenen Knoten mit seinem linken und seinem rechten Partner. Dadurch entsteht ein Ring ohne zentralen Knoten. Alle Nachrichten im Ring werden rundgeschickt, bis Sie vom Sender zum Empfänger gelangt sind. Dabei wird ein Token, ein spezielles Bitmuster verwendet. Jede Station, die den Token erhält, schickt diesen nur dann zum nächsten Netzteilnehmer weiter, wenn sie keine Daten übermitteln will. Damit kontrolliert der Token den Zugang zum Netz.

Der große Nachteil dieser Topologie liegt darin, daß durch den Ausfall eines Knotens das gesamte Netz ausfällt. Heute werden deshalb sogenannte Relais eingebaut, die bei Ausfall einer Station die Nachricht an die nächstfolgende Station weiterleiten und damit den Ausfall des Gesamtnetzes verhindern.

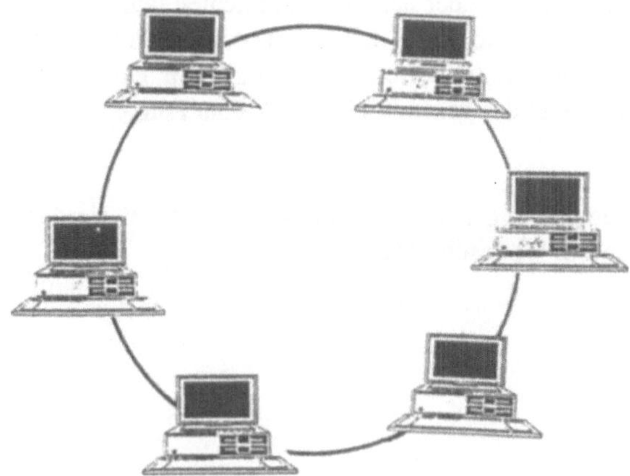

Abbildung 1-8: Ring-Topologie

Der bekannteste Ring ist der IBM-Token-Ring. Auch hier gibt es mit IEEE 802.5 ein standardisiertes Protokoll.

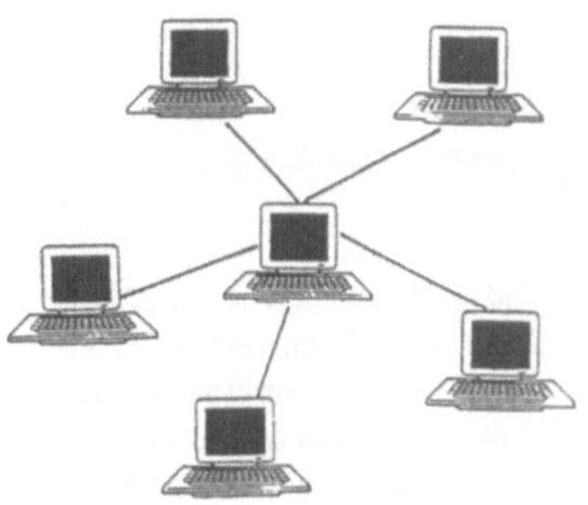

Abbildung 1-9: Stern-Topologie

Stern-Netze besitzen einen zentralen Knoten, über den alle Nachrichten laufen. Dieser Knoten wird auch Host genannt und ermöglicht, daß jede Datenstation im Netz mit jeder anderen über den zentralen Knoten direkt kommunizieren kann. Der Nachteil dieser Topologie liegt darin, daß das gesamte Netzwerk vom Funktionieren des Host abhängt.

Baum-Netze stellen eine Weiterentwicklung der Bus-Topologie da. Dabei werden mehrere Bus-Netze an einen "Hauptbus" angeschlossen.

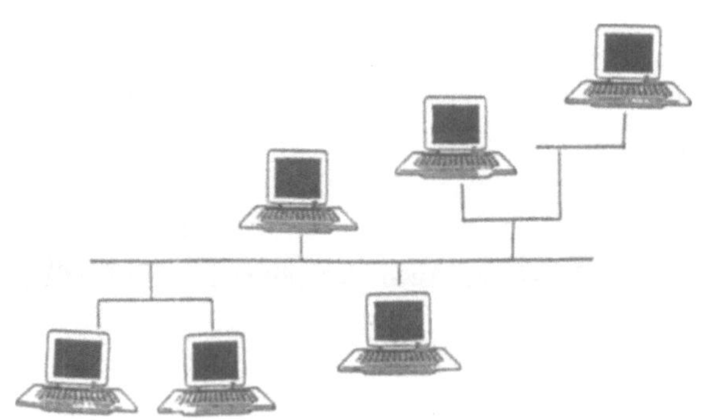

Abbildung 1-10: Baum-Topologie

In der Praxis finden sich häufig Mischformen, d.h. einzelne Netz-Topologien werden kombiniert.

In Zusammenhang mit dem Aufbau von Netzen sind zwei Arten von Netzübergängen zu unterscheiden. Diese Übergänge ermöglichen den Datenaustausch zwischen Teilnehmern verschiedener Netze und Netzarten. Gateways verbinden dabei Netze mit unterschiedlicher Topologie und voneinander abweichenden Protokollen, Geschwindigkeiten und Zeichensystemen. Gleiche Netze werden über eine Bridge oder Brücke miteinander verbunden. Dedizierte Brücken(engl. dedicated bridge) sind PCs, die in einem Netz ausschließlich Brückenfunktion wahrnehmen und nicht als Arbeitsstation zur Abwicklung von Anwenderprogrammen verwendet werden können. Dadurch wird die Betriebssicherheit erhöht. Auf nicht-dedizierten Brücken oder Gateways, die auch als Arbeitsstationen genutzt werden, können Fehler des Anwenders die Leistungsfähigkeit des Netzes erheblich stören.

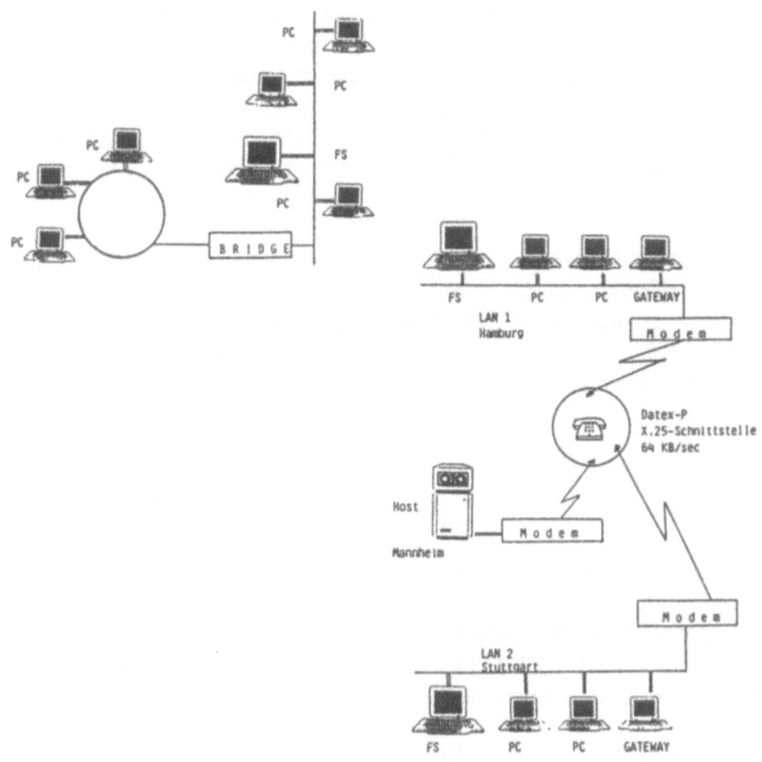

Abbildung 1-11: Netzübergänge: Bridge und Gateway

Wir werden im Zusammenhang mit den öffentlichen Datennetzen sehen, daß zwischen unabhängig voneinander existierenden Netzen über Gateways Verbindungen, sogenannte Übergänge, hergestellt werden.

1.8 Öffentliche Datenübertragungsnetze

Für über den privaten Bereich hinausreichende Verbindungen müssen öffentliche
Leitungen genutzt werden. Für diesen Zweck unterhält die Deutsche Bundespost
Telekom ein Netz mit flächendeckenden Leitungen aus Fernmelde-, Koaxial- und
Glasfaserkabeln. Diese Leitungen sind mit Hilfe von Vermittlungsstellen zu verschiedenen Netzen zusammengeschaltet. Jedes dieser Netze entstand im Zuge der
technischen Entwicklung und versorgt den Teilnehmer mit speziellen Diensten.
Langfristig werden diese Netze und Dienste in ein universelles Netz integriert werden. Dieses Netz ist das ISDN-Netz. Die technische Grundlage hierfür wird die Digitaltechnik sein.

In den nachfolgenden Unterkapiteln werden die einzelnen Netze in ihrem Aufbau
beschrieben. Sie erfahren, welche Übertragungsmedien zum Einsatz kommen, und
zu welchen Zwecken diese Netze genutzt werden können. Aufgrund seiner für die
Zukunft herausragenden Bedeutung wird das ISDN-Netz in **Kapitel 3.5 ISDN**
nochmals ausführlich besprochen.

1.8.1 Fernsprechnetz

Das Fernsprechnetz ist das engmaschigste Kommunikationsnetz weltweit. Es ist für
die Telekommunikation von zentraler Bedeutung und wird durch die Entwicklung
von einem analogen zu einem digitalen Netz auch in absehbarer Zukunft das Rückgrat der modernen Sprach-, Bild- und Datenkommunikation bilden. In diesem
Kapitel finden Sie eine detaillierte Beschreibung dieses Netzes.

Damit zwischen zwei Teilnehmern in diesem Netz eine Verbindung hergestellt werden kann, muß eine physikalische Verbindung zwischen beiden Teilnehmern aufgebaut werden. Diese erfolgt in der Regel über das Fernsprechkabel, die Telefonleitung. Wir wollen uns im folgenden den Wählvorgang anschauen. Dabei werden Sie
einen Überblick zur Funktionsweise und zum Aufbau des Fernsprechnetzes erhalten.
Das Wissen hierüber ist die Basis für das Verständnis der Möglichkeiten, aber auch
der Probleme moderner Telekommunikation.

Die Anwahl eines anderen Fernsprechteilnehmers beginnt mit dem Abheben des
Telefonhörers. Damit wird der Anschluß für andere Anrufer gesperrt. Durch die
Wahl einer Nummer werden in der Regel (noch) analoge Spannungssignale aufge-
baut, die durch ein Impulsmuster die gewählten Ziffern eindeutig identifizieren.
Dieses Verfahren wird auch Impulsverfahren genannt. Andere Länder, wie z.B. die
USA, verwenden das Tonwahlverfahren. Hier werden die gewählten Ziffern als Fre-
quenzen kodiert. Deshalb wird dieses Verfahren auch als Mehrfrequenzwahl oder

Touch Tone Dial bezeichnet. Gerade im Bereich der Datenfernübertragung ist darauf zu achten, daß die hier verwendeten Kommunikationsprogramme auf das landesspezifische Wählverfahren eingestellt wird. Da diese Programme in der Regel für den internationalen Markt entwickelt sind, ist die Voreinstellung hier sehr oft Tonwahlverfahren und muß deshalb für den bundesrepublikanischen Bereich auf Pulswahlverfahren umgestellt werden.

Der eigentliche Verbindungsaufbau erfolgt über sogenannte Vermittlungsstellen. Dabei werden Orts- oder Endvermittlungsstellen und Knoten- oder Fernvermittlungsstellen unterschieden.

Da jeder Teilnehmer direkt jeweils nur mit der Ortvermittlungsstelle, OVST über das Fernmeldekabel verbunden ist, muß die Verbindung zu einem an eine andere OVST angeschlossenen Teilnehmer über die Fernvermittlungsstelle, FVSt (Knotenvermittlungsstelle, KVSt) durchgeschaltet werden. Diese wird über die Vorwahl angewählt. Die Verbindung zum internationalen Fernmeldenetz wird in den alten Bundesländern über 8 Auslandsvermittlungsstellen hergestellt.

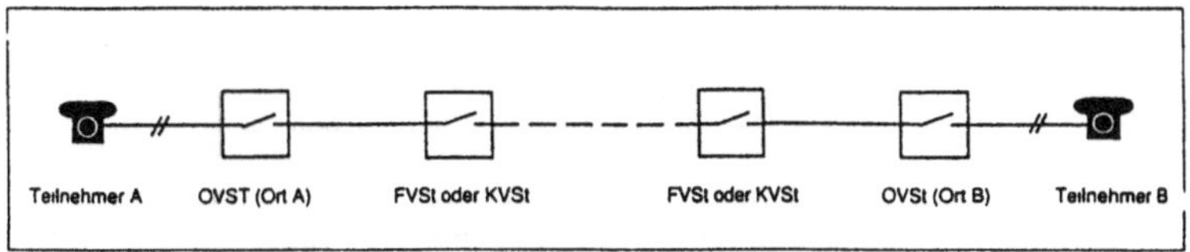

Abbildung 1-12: Das analoge Fernmeldenetz

Die Vermittlung erfolgte zu Beginn der Fernmeldetechnik manuell, später durch elektromechanische Vermittlungstechnik. Der enorm angestiegene Bedarf an Sprachübermittlung und Fortschritte auf dem Gebiet der Informationstechnik führten Mitte der 70er Jahre zur Entwicklung der digitalen Übertragungstechnik. Zunächst wurde die Übertragung zwischen Orts- und Fernvermittlungsstellen digitalisiert. In einer weiteren Phase werden dann die Fernvermittlungsstellen digital verbunden. Es ist nun wichtig, zwischen der Vermittlungs- und der Übertragungstechnik klar zu unterscheiden. Sind Vermittlungsstellen mit elektromechanischer Technologie ausgestattet, dann kann die Vermittlung auch nur auf analoge Weise erfolgen. Um trotzdem eine digitale Übertragung zu ermöglichen, werden in den Ver-

mittlungsstellen Analog/Digital-und Digital/Analog-Wandler eingesetzt. Abbildung
1-13 zeigt das beschriebene Prinzip.

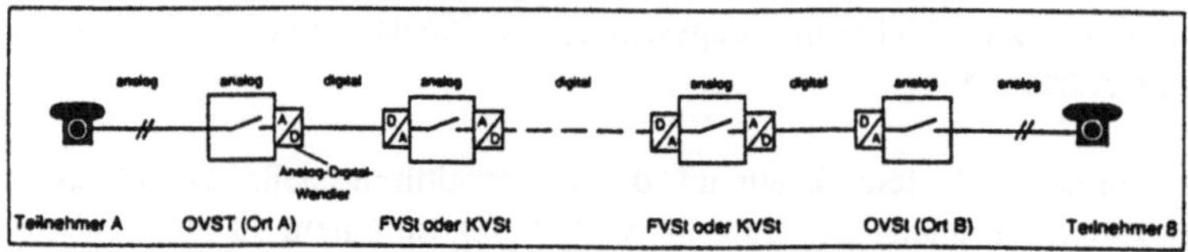

Abbildung 1-13: Digitale Übertragung - analoge Vermittlung

Seit 1985 hat man nun begonnen, auch digitale Vermittlungsstellen einzurichten.
Dabei wird die elektromechanische Technologie durch Computer abgelöst, und es
entsteht ein Netz mit digitaler Übertragungs- und Vermittlungstechnik.

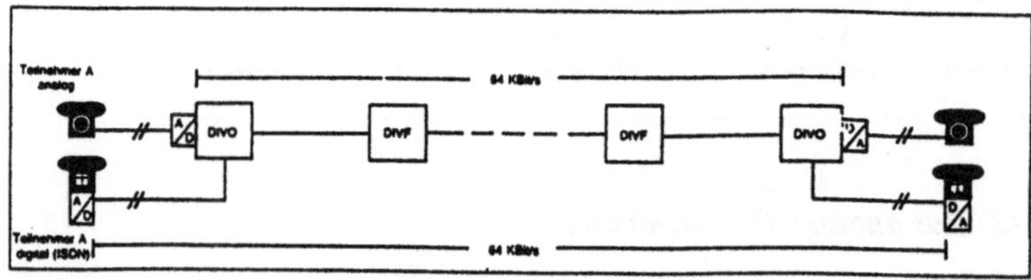

Abbildung 1-14: Digitale Übertragung - digitale Vermittlung

Im Fernvermittlungsbereich ist der Übergang von analogen zu digitalen Vermittlungsstellen in den alten Bundesländern nahezu abgeschlossen. Nahziel ist bis 1993
auch eine flächendeckende Digitalisierung im Ortsbereich. Eine vollständige Digitalisierung des Fernmeldenetzes bis zum Endteilnehmer wird voraussichtlich bis
zum Jahr 2020 dauern. Wir werden auf die Digitalisierung nochmals im Zusammenhang mit dem ISDN-Netz eingehen.

Von großer praktischer Relevanz ist die Anschlußtechnik im Fernmeldenetz. Dieser erfolgt durch die Bundespost, die hierfür eine Steckdose mit der Bezeichnung TAE 6, Telefon-Anschluß-Einheit, installiert. Die Steckdose löst die bei älteren Installationen noch zu findende ADo, Anschluß-Dose, ab. Bei der TAE 6 muß zwischen Anschlußdosen für fernsprechende und für nichtfernsprechende Geräte unterschieden werden. Zu den fernsprechenden Geräten gehören das Telefon und das Modem. An den Anschlußdosen werden die Eingänge für fernsprechende Geräte mit einem F und für nichtfernsprechende Geräte mit einem N gekennzeichnet. Deshalb wird die Anschlußdose für ein fernsprechendes Gerät auch TAE6F genannt. Anschlüsse für nichtfernsprechende Geräte, auch als Zusatzeinrichtungen bezeichnet, heißen entsprechend TAE6N.

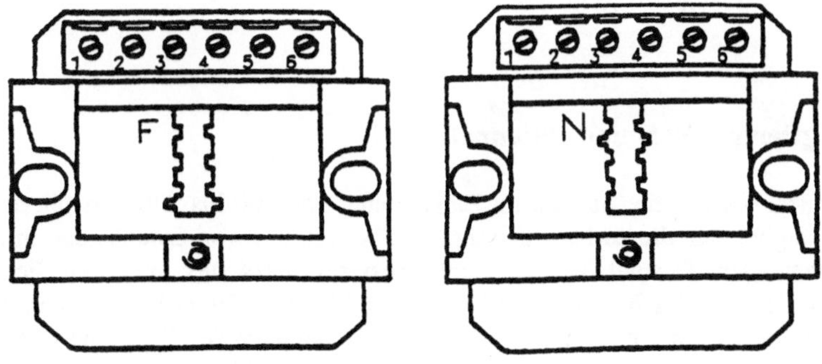

Abbildung 1-15: Telefonsteckdosen: TAE6F und TAE6N

Eine typische Zusatzeinrichtung ist der Anrufbeantworter. Die TAE-Mehrfachsteckdose, TAE2xNF, kann dazu verwendet werden, zwei oder auch drei Geräte gleichzeitig anzuschließen. So bietet sich die Möglichkeit, an einer Dose einen Telefonapparat und bis zu zwei Zusatzeinrichtungen anzuschließen. Die folgende Tabelle 1-3 gibt einen Überblick zu den zur Verfügung stehenden TAE-Dosen.

Tabelle 1-3: TAE-Anschlußdosen

```
 Bezeichnung        Anschlüsse

 TAE  6  F          1 Telefon
 TAE  6  N          1 Zusatz- oder Datenendgerät
 TAE  6  F-F        2 Telefone
 TAE  6  N-F        1 Telefon, 1 Zusatzgerät
 TAE  6  N-F-F      2 Telefone, 1 Zusatzgerät
 TAE  6  N-F-N      1 Telefon, 2 Zusatzgeräte
 C T A E            1 Telefon an ISDN-Kommunikationsdose
```

Seit dem 1. Juli 1990 kann jeder Teilnehmer Telefone und auch Zusatzeinrichtungen nach eigener Wahl an die TAE anschließen. Vorrausetzung ist, daß diese Geräte eine Postzulassung besitzen und über einen passenden Stecker verfügen. Da die Anschlußtechnik international nicht genormt ist, muß beim Kauf eines Anschlußgerätes darauf geachtet werden, daß dieses Gerät mit einem passenden Stecker ausgerüstet ist. In den USA werden z.B. sogenannte Western-Stecker, RJ11-Stecker, verwendet. Durch den Kauf entsprechender Adapter, TAE auf RJ11, können aber auch solche Geräte an die TAE angeschlossen werden.

1.8.2 Integriertes Text- und Datennetz IDN

Im Telefonnetz werden die Signale im Bandbereich von 300 bis 3400 Hz übertragen. Damit eignet sich dieses Netz nur für die Übermittlung von Sprache und mittleren Datenmengen. Deshalb hat die Bundespost seit 1974 das Integrierte Fernschreib- und Datennetz IDN (Akronym für Inegrated Digital Network) aufgebaut. Es handelt sich hierbei um ein digitales Netz, das ausschließlich für Text- und Datenkommunikation konzipiert ist. Hier können Daten in größerer Menge und mit größerer Geschwindigkeit übertragen werden. Im IDN werden zwei Übertragungsnetze zusammengefaßt, das leitungsvermittelte Datex-L-Netz und das paketvermittelte Datex-P-Netz. In den folgenden Unterkapiteln werden die wesentlichen Merkmale dieser Netze beschrieben.

1.8.2.1 Datex-P

Das Kunstwort Datex setzt sich zusammen aus den englischen Begriffen Data und Exchange und bedeutet somit Datenaustausch. Das Datex-P-Netz ist Teil des IDN und bietet Übertragungsgeschwindigkeiten zwischen 300 und 48.000 Bit in der Sekunde. Das Datex-P-Netz verwendet ein Protokoll, das das HDLC, High Data Link Control genannt wird und in der CCITT-Empfehlung X.25 beschrieben ist. Das X.25 Protokoll regelt den Datenaustausch zwischen Datenendgerät und Datenübertragungseinrichtung. Das Datex-P-Netz wird deshalb auch als X.25-Netz bezeichnet.

Im Datex-P-Netz werden Daten synchron übertragen. Der Zugang erfolgt über einen Datex-P-Anschluß, in der Postterminologie Wählanschluß der Gruppe P genannt. Endgeräte, die über eine X.25-Schnittstelle verfügen, werden über den Datex-P-Hauptanschluß oder Datex-P-10-Anschluß an das Netz angeschlossen. Diese Anschlußmöglichkeit wird auch als Basisdienst bezeichnet. Datenendgeräte mit anderen Schnittstellen wie z.B. der PC (V.24-Schnittstelle) können mit einer entsprechenden Erweiterungskarte nachgerüstet werden. Da dies unter Umständen wegen zu geringer Auslastung des Anschlusses zu teuer sein wird, kann der Anschluß auch über eine sogenannte Anpassungseinrichtung erfolgen. Für asynchron arbeitende Geräte wie den PC heißt der entsprechende Dienst Datex-P20-Dienst oder Anpassungsdienst. Damit kann der PC-Benutzer auch mit einem Modem das Datex-P-Netz anwählen. Weitere Anschlußmöglichkeiten bestehen über das Fernsprechnetz oder über das Datex-L-Netz. Die Dienste Datex-P32 und Datex-P-42 ermöglichen einen Zugang für alle IBM-3270 und IBM-2780/3780-kompatiblen Anschlüsse.

Ende 1988 waren in der Bundesrepublik 33000 Teilnehmer an Datex-P angeschlossen.

Das entscheidende Merkmal dieses Netzes ist, daß die zu übertragenden Daten in sogenannten Paketen oder Frames zusammengefaßt und dann an den Adressaten übertragen werden. Dabei wird zwischen Sender und Empfänger keine direkte Verbindung aufgebaut. Vielmehr werden die zu übertragenden Datenpakete mit der Empfängeradresse versehen und dann im Übertragungsnetz über unterschiedliche Zwischenknoten an den Adressaten weitergeleitet. Die Pakete sind 64 Bit groß und werden als Segmente bezeichnet.

Durch das Zwischenspeichern im Netz ist es möglich, daß Datenendeinrichtungen mit unterschiedlicher Übertragungsgeschwindigkeit Daten austauschen können. Datenpakete können direkt von einer Datenendeinrichtung, die nach X.25 im Synchronbetrieb arbeitet, gesendet werden. Für asynchron arbeitende Datenendeinrichtungen, wie z. B. einen PC, müssen die Daten mit Hilfe einer PAD (engl. Packet Assembly/Disassembly Facility) genannten Anpassungseinrichtung zu Paketen gebündelt werden. Danach werden sie an die DVST-P, Datenvermittlungsstelle mit Paketvermittlung, genannte Datex-P-Vermittlungsstelle weitergeleitet. Die Datex-P-Anpassungseinrichtung baut also sendeseitig die empfangenen Zeichen zu Paketen zusammen und zerlegt empfangsseitig die Datenpakete wieder in einzelne Zeichen.

Der PAD kann gekauft und beim Teilnehmer fest installiert werden. In den meisten Fällen bietet sich aber an, die PADs der Bundespost zu nutzen.

Ein weiteres zentrales Merkmal des Datx-P-Netzes ist, daß keine direkte Verbindung zwischen Sender und Empfänger aufgebaut wird. Das Routing, das ist die Suche nach dem bestmöglichen Verbindungsweg im Netz, übernimmt ein Netzrechner der Post, die Datenübermittlungsstelle. Sendet ein PC-Benutzer Daten in das Datex-P-Netz, dann wird der Empfang dieser Daten vom Postrechner und nicht vom Empfänger selbst quittiert. Man spricht in diesem Zusammenhang von einer virtuellen Verbindung.

Bei der virtuellen, scheinbaren, Verbindung werden die Datenpakete immer nur über einen Teilabschnitt der Gesamtverbindung bis zur nächsten Datex-P-Vermittlungsstelle weitergeleitet. Dort werden die Daten solange zwischengespeichert, bis der nächste Teilabschnitt zur folgenden Vermittlungsstelle frei ist. Über eine physikalische Verbindung können bis zu 255 virtuelle Verbindungen gleichzeitig aufgebaut werden. D.h. ein Zentralrechner kann gleichzeitig mit bis zu 255 angeschlossenen Endgeräten eine Verbindung halten.

Ein zentrales Netzkontrollzentrum überwacht und steuert das Datex-P-Netz. Vermittlungsstellen und Verbindungsleitungen sind dabei so ausgerichtet, daß auch bei Spitzenbelastungen ausreichend Reserven zur Verfügung stehen. Abbildung 1-16 zeigt die Standorte der Datex-P-Vermittlungsstellen in den alten Bundesländern. Geplant sind weitere Vermittlungsstellen in Dresden, Chemnitz und Leipzig.

Abbildung 1-16: Standorte mit Datex-P-Vermittlungsstellen

Als Gebühren fallen monatlich eine feste Grundgebühr und Verbindungsgebühren an. Die Verbindungsgebühren hängen nicht von der Entfernung sondern von der übertragenen Datenmenge ab. So kostet eine Datenbankrecherche von 15 Minuten mit etwa 10.000 übertragenen Zeichen ca. 1.05 DM, wobei durch eine mengenabhängige Gebührenstaffel und durch die Tageszeit noch günstige Kosten erzielt werden können. Als weiteres Beispiel soll eine Reisebuchung einschließlich der Ausgabe von 2.500 Zeichen in einem Zeitraum von 2 Minuten dienen. Hier fallen Gebühren von 0,20 DM an. Datex-P ist damit gerade für Verbindungen in das Ausland im Vergleich zu anderen Datennetzen sehr kostengünstig.

Bei einem digitalen Datex-P-Anschluß können folgende Betriebsarten gewählt werden:

Teilnehmerbetriebsklasse

Hier wird der Anschluß so programmiert, daß nur bestimmte Anschlüsse untereinander kommunizieren können. Alle so miteinander verbundenen Anschlüsse bilden eine Teilnehmerbetriebsklasse, ein geschlossenes Netz, das anderen Teilnehmern nicht zur Verfügung steht. Darüber hinaus kann jedoch jeder Teilnehmer zu anderen Teilnehmerbetriebsklassen oder Einzelanschlüssen Verbindungen aufbauen.

Gebührenübernahme

Hier kann vereinbart werden, daß der Gerufene die Verbindungsgebühren bezahlt. Damit können Dienstleistungsrechenzentren und Datenbanken ihre Dienste im gesamten Bereich der Bundespost einheitlich anbieten und zudem durch eine erhöhtes Gebührenvolumen Mengenbegünstigungen in Anspruch nehmen.

Abbildung 1-17 verdeutlicht das Prinzip der Paketvermittlung.

Die gezeigte Abbildung macht nochmals deutlich, daß das Datex-P-Netz als einziges Telekommunikationsnetz die Möglichkeit bietet, geschwindigkeits- und entfernungsunabhängig mit unterschiedlichsten Datenendgeräten zu kommunizieren. Einzige Voraussetzung ist die international genormte X.25-Schnittstelle oder die Benutzung eines PAD. Gerade bei der weltweiten Vernetzung von Großrechnern und Mailboxen wird dieser Dienst genutzt.

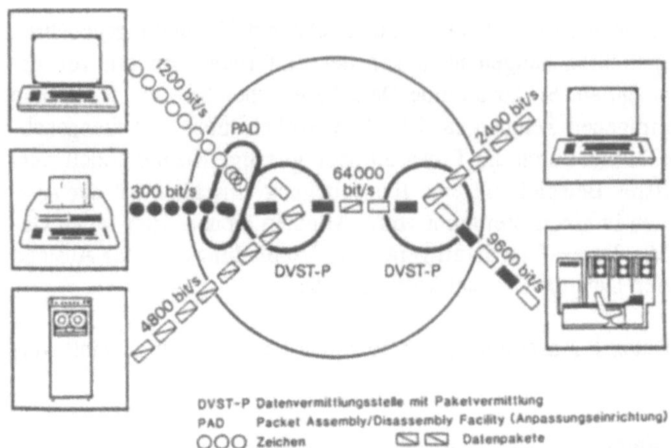

Abbildung 1-17: Das Prinzip des Datex-P-Netzes

Über das Datex-P-Netz ist eine Verbindung mit allen westeuropäischen Ländern, einem Teil Osteuropas, den USA und vielen Ländern in Übersee und Fernost möglich. Mitte 1989 waren 75 Länder mit ca. 160 Netzen angeschlossen. In der folgenden Tabelle finden Sie eine Auswahl der im Ausland erreichbaren Datex-P-Netze.

Tabelle 1-4 Internationale Datex-P-Netze

Netzbezeichnung	Land
EURONET	Europäisches Netz, in vielen europäischen Ländern angeboten
TRANSPAC	Frankreich
PSS	Großbritannien
IPSS	Großbritannien
DATAPAC	Kanada
TYMNET	USA
TELENET	USA
UNINET	USA
DDX-P	Japan

1.8.2.2 Datex-L

Das Datex-L-Netz wird auch als leitungsvermittelndes Netz bezeichnet. Dieses Netz arbeitet auf der Basis der X.21-Empfehlung und wird deshalb auch X.21-Netz genannt. Da Datex-L überwiegend in der Bundesrepublik Deutschland und in den skandinavischen Ländern ausgebaut ist, ist seine Bedeutung für die Datenfernverarbeitung nicht so groß wie die des Datex-P-Netzes. Ende 1989 waren in der Bundesrepublik etwa 22000 Teilnehmer an dieses Netz angeschlossen.

Hauptmerkmal des Datex-L-Netzes ist, daß für den Datenverkehr zwischen zwei Teilnehmern Leitungen durchgeschaltet werden und für die Dauer des Datenaustausches bestehen bleiben. Der Verbindungsaufbau erfolgt innerhalb einer Sekunde. Die Gebühren sind hier wie im Fernmeldenetz zeit- und entfernungsabhängig. Zusätzlich ist eine monatliche Grundgebühr zu entrichten.

Im Datex-L-Netz sind Übertragungsgeschwindigkeiten zwischen 300 und 64000 bps möglich. Je nach erreichbarer Übertragungsgeschwindigkeit werden für den Datex-L-Dienst unterschiedliche Bezeichnungen verwendet. Tabelle 1-5 gibt hierzu einen Überblick.

Tabelle 1-5: Die Datex-L-Dienste

Dienst	Beschreibung
DATEX-L300	Übertragunsgrate von 300 bps, Gegenstellen werden vom Endgerät oder mit Tastenwahl über das posteigene Abschlußgerät aufgebaut, die Übertragung erfolgt asynchron mit dem Internationalen Alphabet CCITT Nr.5
DATEX-L2400	Übertragungsrate von 2400 bps, Gegenstellen werden vom Endgerät oder mit Tastenwahl über das posteigene Abschlußgerät aufgebaut, es kann ein beliebiger Code verwendet werden, die Übertragung erfolgt synchron
DATEX-L4800	Wie DATEX-L2400, mit 4800 bps
DATEX-L9600	Wie DATEX-L2400, mit 9600 bps
DATEX-L64000	Mit 64000 bps können Daten synchron übertragen werden, Schnittstellenprotokolle nach X.21bis und V.25 oder X.21, es ist nur ein automatischer Verbindungsaufbau von der Endeinrichtung aus möglich

Der Zugang zu diesem Netz erfolgt über einen digitalen Wählanschluß der Gruppe
L. Private Datenendeinrichtungen werden über ein Datexnetzabschlußgerät, DXG,
an das Netz angeschaltet. Da dieses Gerät von der Post als Teil des Anschlusses bereitgestellt wird, fallen hierfür keine Gebühren an. Die folgende Abbildung zeigt das
Prinzip der Leitungsvermittlung.

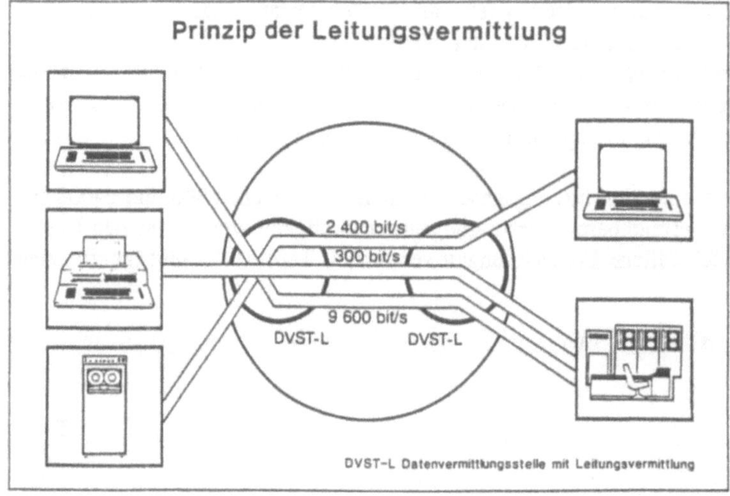

Abbildung 1-18: Das Prinzip der Leistungsvermittlung im Datex-L-Netz

Im Datex-L-Netz können Daten sowohl synchron als auch asynchron übertragen
werden. Der Verbindungsaufbau zu allen am Datex-P-Netz angeschlossenen Teilnehmern ist grundsätzlich möglich, ist aber nur dann sinnvoll, wenn die Teilnehmer
über kompatible Endgeräte mit übereinstimmender Übertragungsgeschwindigkeit
verfügen. Im Unterschied zu Datex-P ist im Datex-L-Netz eine Geschwindigkeitsanpassung zwischen zwei Endgeräten nicht möglich.

Teilnehmer im Datex-L-Netz können zwischen folgenden Betriebsmöglichkeiten
wählen:

Kurzwahl

Hier können Rufnummern im zuständigen Knotenrechner der Post als ein- bis zweiziffrige Nummern gespeichert werden. Die Anwahl erfolgt dann über diese Nummern.

Direktruf

Hier ist nur eine Nummer gespeichert. Dadurch entfällt die direkte Anwahl. Durch
Betätigen der Anruftaste oder eines entsprechenden Signals wird sofort eine Verbindung mit der vorprogrammierten Nummer hergestellt. Diese Betriebsmöglichkeit
schließt jedoch nicht aus, daß der Anschluß selbst von beliebigen anderen Anschlüssen angerufen werden kann.

Anschlußkennung

Hier wird eine zusätzliche Identifizierung der Gegenstelle ermöglicht. Diese Betriebsart ist für Teilnehmer mit besonderen Sicherheitsinteressen wie z. B. Geldinsti-
tute gedacht.

Teilnehmerbetriebsklassen

Hier wird nach dem gleichen Prinzip wie im Datex-P-Netz verfahren. Der Wählanschluß wird auf Wunsch so programmiert, daß nur bestimmte Anschlüsse untereinander kommunizieren können.

Gebührenübernahmem

Auch hier das gleiche Prinzip wie im Datex-P-Netz.

1.8.3 ISDN-Netz

Das ISDN-Netz integriert die Postdienste in einem einzigen digitalen Netz. Über
einen Universalanschluß mit einer Teilnehmernummer können im ISDN alle Netz-
dienste in Anspruch genommen werden. Dieses Netz ist als international genormtes
Netz ausgelegt. ISDN soll mit Ausnahme des Telex-Dienstes weltweit alle anderen
Netze ablösen und die unterschiedlichen Dienste der Fernmeldegesellschaften integrieren.

Die Bundespost begann 1987 mit zwei Pilotprojekten in Mannheim und Stuttgart
und plant eine flächendeckende Versorgung bis 1993. Gerade wegen seiner zukünf-

tigen Bedeutung ist das ISDN ein wichtiges Thema. Deshalb finden Sie in **Kapitel 3.5 ISDN** eine ausführliche Beschreibung dieses Netzes und seiner Dienste.

1.8.4 IBFN

Das Akronym IBFN steht für Integriertes Breitbandfernmeldenetz. Dieses Netz integriert als Glasfasernetz alle schmal- und breitbandigen Dienste. Dabei werden Daten digitalisiert und mit einer Geschwindigkeit übertragen, die die heute erreichbare weit übertrifft. Das IBFN befindet sich noch in der Versuchsphase und wird zur Zeit in Hannover und Berlin getestet. Das IBFN verbindet heute schon als sogenanntes digitales Overlaynetz die großen Fernmeldeämter in der Bundesrepublik.

1.8.5 Direktrufanschluß

Direktrufanschlüsse sind vergleichbar mit Standleitungen, also fest geschalteten Verbindungen zwischen zwei oder mehr Partnern in einem Kommunikationsnetz. Es handelt sich hier um digitale Anschlüsse, die grundsätzlich nur für die Übermittlung von Daten zugelassen sind. Die ältere Bezeichnung für den Direktrufanschluß ist Hauptanschluß für Direktruf, HfD. Dieser Anschluß eignet sich auch für die feste Verbindung zwischen Hostrechnern und PCs und wird häufig für den Aufbau privater Kommunikationsnetze eingesetzt. Die Post unterscheidet zwei Gruppen.

Anschlüsse der Gruppe A werden entweder über ein Direktrufnetzabschlußgerät DAG oder ein Datennetzabschlußgerät DNG mit Übertragungsgeschwindigkeiten von 50 bis 1200 bps im Asynchronbetrieb und 1200 bps bis 1,92 Mbps im Synchronbetrieb realisiert. DAG und DNG eignen sich für den Anschluß von Datenendgeräten mit Schnittstellen nach den CCITT-Empfehlungen X.20, X.20bis, X.21 und X.21bis.

Die anfallenden Gebühren für diesen Anschluß sind geschwindigkeits-, zeit- und entfernungsabhängig. Es besteht die Möglichkeit, mehrere Endgeräte, z.B. PCs, über einen Anschluß an ein weiteres Endgerät, z.B. einen Hostrechner, anzuschließen. Dies geschieht durch sogenannte Schnittstellenvervielfacher. Die Post geht bei der Gebührenerhebung von einer Mindestnutzungsdauer von 80 Stunden aus.

Direktrufanschlüsse der Gruppe B sehen von Seiten der Post keine Netzkomponenten vor und erreichen Übertragungsgeschwindigkeiten bis 1,92 Mbps. Diese Anschlüsse sind für Datenendeinrichtungen mit nichtstandardisierten Schnittstellen vorgesehen und werden von der Post nur im Ortsnetzbereich oder zwischen benachbarten Ortsnetzen angeboten. Sie werden zu Kopplung von Großrechnern benutzt und kommen im PC-Bereich nicht zum Einsatz.

1.8.6 Overlaynetze

Ziel der Telekom ist es, auch das Ortsverbindungsnetz mit Monomodeglasfasern zu realisieren, nachdem die Glasfaserverkabelung im Fernbereich als abgeschlossen angesehen werden kann. Dazu werden sogenannte Glasfaser-Overlaynetze aufgebaut. Hier benutzt die Bundespost mit bereits fertiggestellten Kabelschächten und Gebäuden die vorhandene Infrastruktur und errichtet ein parallel zum bestehenden Netz arbeitendes breitbandiges Glasfasernetz. Da das breitbandige Glasfasernetz auf den kommerziellen Kunden mit Bedarf nach Breitbanddiensten wie z.B. Videokonferenz oder Bildfernsprechen ausgerichtet ist, wurde es ab 1986 zunächst in den Städten Berlin, Hamburg, Bremen, Hannover, Dortmund, Essen, Düsseldorf, Köln, Bonn, Frankfurt, München und Nürnberg aufgebaut. Nach dem Zusammenschluß mit den Ländern der ehemaligen DDR wurde auch dort sofort mit einem entsprechenden Netzausbau begonnen. Im Sommer 1991 ging das erste Netz im Raum Dresden in Betrieb. Abbildung 1-19 zeigt den Ausbau der örtlichen Glasfaser-Overlay-Netze bis 1989.

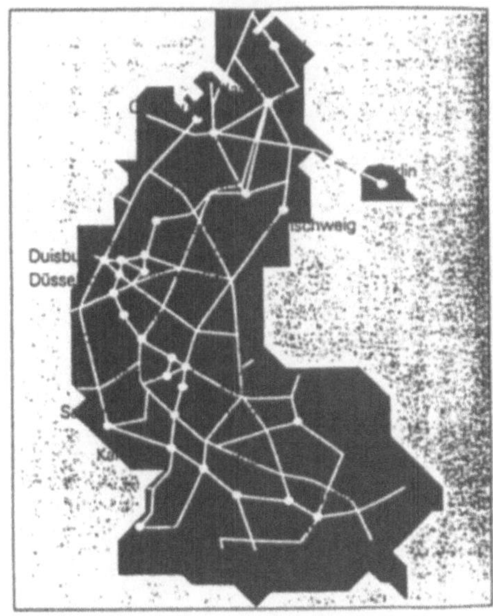

Abbildung 1-19: Overlaynetze in der Bundesrepublik

Das breitbandige Overlaynetz wird etwa Mitte der 90er Jahre in das breitbandige
ISDN überführt werden. Zur Zeit werden die bestehenden Overlaynetze noch überwiegend dazu benutzt, herkömmliche Kupferleitungen zu entlasten bzw. zu ersetzen.

1.8.7 Postnetze im Überblick

Ziel dieses Kapitels ist es, Ihnen einen zusammenfassenden Überblick zu den in den
vorangegangenen Kapiteln beschriebenen Postnetzen zu geben. Die Bundespost un-
terscheidet in diesem Zusammenhang zwischen der Art eines Anschlußes, der
Wählverbindungsgruppe und dem Produktnamen. Der Übergang zu einem anderen
Netz wird als Verbindungsübergang bezeichnet. Die folgende Tabelle gibt eine
Übersicht.

Tabelle 1-6: Anschlüsse und Verbindungen in den Postnetzen

Anschlußart	Wählverbindung	Produktname
analog		
	Gruppe 1	Telefon
	Gruppe 6	Funktelefon
	Verbindungsübergang 1/5	Zugang zu Datex-P
digital		
Gruppe L		
	Gruppe 2	Telex
	Gruppe 3	Datex-L
	Übergang 3/5	Zugang zu Datex-P
Gruppe P		
	Gruppe 5	Datex-P
	Verbindungsübergang 1/5	Zugang vom Telefon
	Verbindungsübergang 3/5	Zugang von Datex-L
Gruppe S		
	Gruppe 4	Satellitenverbindung
Universal anschluß		
	Gruppe 1	ISDN, Telefon
	Gruppe 6	Funktelefon
	Festverbindung Gruppe 3	Semipermanente Verbindung
Direktruf- anschluß		
	Direktrufverbindung	DirAS (früher HfD)

1.9 Elektronische Briefkästen und Datenbanken

Elektronische Briefkästen werden auch als Mailboxen bezeichnet. Es handelt sich hier um Rechner, die Informationen speichern und verteilen. Da diese Systeme auch die Funktion schwarzer Bretter übernehmen, hat sich im englischen Sprachraum die Bezeichnung BBS für Billboard Systems durchgesetzt.

Die Mailbox ist an ein Datennetz, z.B. an Datex-P, oder über Modem an das Fernmeldenetz angeschlossen. Die Aufgaben der elektronischen Briefkästen lassen sich in drei Kategorien fassen. Mailboxen dienen als **Kommunikationssysteme**, über die nicht direkt miteinander verbundene Datenendeinrichtungen Informationen austauschen können. Mailboxen sind **Informationssysteme**, die zentral gespeicherte Informationen auf Abruf zur Verfügung stellen. Mailboxen können auch **Dienstleistungen** wie Übersetzungsdienste und Telesatz anbieten oder weltweite Verbindungen herstellen.

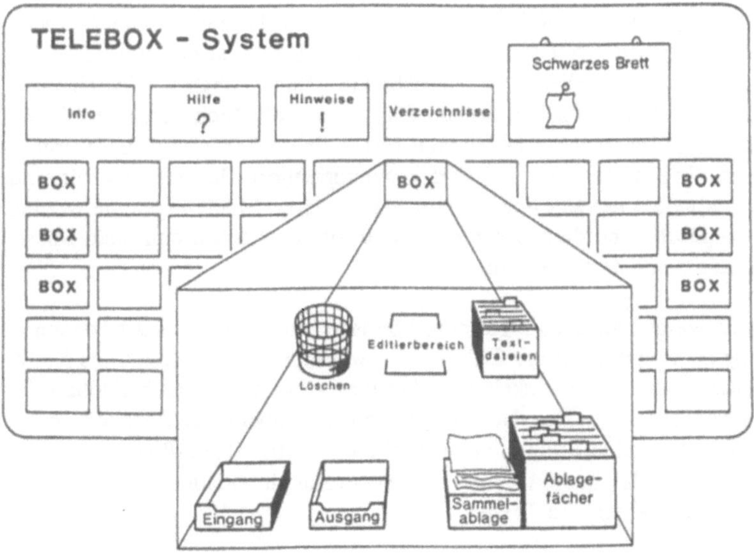

Abbildung 1-20: Aufbau einer Mailbox

Im Prinzip handelt es sich bei einer Mailbox um ein elektronisches Postverteilsystem. Jeder Teilnehmer hat einen eigenen "Briefkasten", hier Fach oder Brett genannt. In diesem persönlichen Brett können Informationen abgelegt und empfangen werden. Dabei kann der Brettinhaber bestimmen, von wem er Nachrichten empfangen möchte. Nachrichten in einem persönlichen Fach können nur vom Fachinhaber selbst gelesen werden. Andererseits kann der Teilnehmer in einer Mailbox Nachrichten an andere Teilnehmer verschicken. Zur Zugriffssicherung muß sich jeder Teilnehmer mit Hilfe eines nur ihm bekannten Paßwortes identifizieren. Der Vorgang des Anwählens und der Legimierung durch ein Paßwort wird als einloggen bezeichnet.

Neben den privaten Fächern existieren sogenannte "Schwarze Bretter" (engl. billboard), die dem allgemeinen Informationsaustausch dienen. Hier kann jeder Nachrichten ablegen und jeder kann diese Nachrichten lesen. Werden in einer Mailbox Fächer eingerichtet, die nur einem bestimmten Personenkreis zum Lesen und zum Informationsaustausch zur Verfügung stehen, dann spricht man von einer Geschlossenen Benutzergruppe GBG.

Von der Zielsetzung her lassen sich kommerzielle, private und betriebsinterne Mailboxen unterscheiden. Private Mailboxen bieten ihre Dienste in der Regel zum Selbstkostenpreis an, werden von Privatpersonen oder nichtkommerziellen Gruppen betrieben und sind oft weltweit miteinander verbunden. Ziel ist hier vor allem der Informationsaustausch zwischen den Teilnehmern. Dabei reichen die Themenschwerpunkte von edv-spezifischen Fragen über wissenschaftliche Themen bis hin zu Umweltfragen. Kommerzielle Mailboxen bieten ihre Dienste vor allem privatwirtschaftlichen Unternehmen an und sind gewinnorientiert. Beispiele hierfür sind die Deutsche Mailbox, Geo-Net und CompuServe. Interne Mailboxsysteme werden firmenintern eingesetzt und dienen der Kommunikation zwischen einzelnen Mitarbeitern, den Filialen und dem Stammhaus.

Mailboxsysteme werden auch als MHS oder Message Handling Systems bezeichnet. Ihre Bedeutung ist so groß, daß die CCITT mit den Empfehlungen X.400 bis X.430 einen weltweiten Standard entwickelt hat. Ziel dieser Norm ist eine herstellerneutrale und netzunabhängige elektronische Kommunikation über einen Rechner. Damit spielt es zum Beispiel keine Rolle, ob eine Verbindung über Datex-P-Netz oder das Fernmeldenetz zustande kommt. Das X.400 Protokoll erlaubt weltweit den Austausch von Dokumenten und Texten.

Die Verbindungsaufnahme eines PCs mit einer Mailbox über ein Modem als Datenübertragungseinrichtung setzt folgende Kenntnisse voraus:

1. Die anzuwählende Nummer
2. Die Übertragungsgeschwindigkeit
3. Das Synchronisationsverfahren

Die folgenden Angaben sind typisch für eine Mailbox und beziehen sich auf die Mailbox KOM-COM des Westdeutschen Rundfunks WDR. Als erstes wird das Synchronisationsverfahren genannt, hier asynchron mit Start- und Stopbits und acht Datenbits. Es folgt das Verfahren zur Fehlersicherung, die Parität und schließlich die Telefonnummern für unterschiedliche Übertragunsgsgeschwindigkeiten. Danach ergibt sich folgendes Bild:

> *1 Startbit*
> *8 Datenbits*
> *1 oder zwei Stopbits*
> *keine Parität*
> *0221 - 210515: 300/1200/2400 Baud*
> *0221 - 210516: 300/1200/2400/9600 Baud*
> *0221 - 210517: 2400/9600 Baud*

Der Unterschied zwischen einer Mailbox und einer Datenbank besteht darin, daß Datenbanken ausschließlich Informationssysteme sind. D.h. in einer Datenbank werden zentral Informationen gespeichert, die dann von Teilnehmern abgerufen werden können. Der Informationsaustausch ist hier einseitig. Der Teilnehmer selbst kann keine Informationen in der Datenbank speichern. Typische Beispiele für Datenbanken sind Wirtschaftsinformationsdienste oder die juristische Datenbank JURIS.

In der Regel sind Datenbanken für jeden offen. D.h. jeder kann Informationen abfragen, muß dafür aber eine Gebühr bezahlen, die sich nach Umfang und Art der Information richten kann. Es besteht aber auch die Möglichkeit, eine Datenbank permanent in Anspruch zu nehmen. In diesem Falle wird eine Grundgebühr entrichtet, die in der Regel die Kosten für das Abfragen von Informationen abdeckt.

1.10 Das OSI Referenzmodell

Ich möchte dieses einführende Kapitel mit einem Kurzbeschreibung des OSI-Referenzmodells für offene Kommunikationssysteme abschließen. Damit haben Sie einen umfassenden Überblick zur Datenfernverarbeitung.

Das OSI-Referenzmodell ist ein theoretisches Modell für den Aufbau von offenen Kommunikationssystemen, Open System Interconnection. Dieses Modell wurde von der ISO entwickelt und bildet heute die Grundlage aller Standardisierungen für Telekommunikationssysteme. Die CCITT hat das Modell in der Empfehlung X.200 übernommen. Aufgrund der großen Relevanz des Modells möchte ich dieses im folgenden in seinen Grundzügen beschreiben.

Ziel des OSI-Modell ist es, Normen aufzustellen, die eine entfernungs- und systemunabhängige, offene, Kommunikation zwischen Netzwerkteilnehmern ermöglicht. Es handelt sich hier um ein Gedankenmodell, das den Kommunikationsvorgang in 7 Schichten (engl. layer) aufteilt. Deshalb wird auch häufig vom OSI-Schichtenmodell gesprochen.

Die ersten vier Schichten übernehmen den Transport der Kommunikationsdaten. Hier werden Transportprotokolle abgewickelt. Die Schichten 5 bis 7 dienen der Anwendung, werden deshalb auch als Anwendersystem bezeichnet. Das Modell macht keine Aussagen, wie jede dieser Schichten in der Realität zu realisieren ist. Jede Schicht erfüllt für die folgenden Schichten Funktionen, die Dienste (engl. service) genannt werden, und nimmt Dienstleistungen der unteren Schichten in Anspruch. Die Gesamtheit aller von den Schichten erbrachten Dienste ermöglicht dann die Kommunikation zwischen Netzteilnehmern. Die nachfolgende Abbildung gibt einen Überblick.

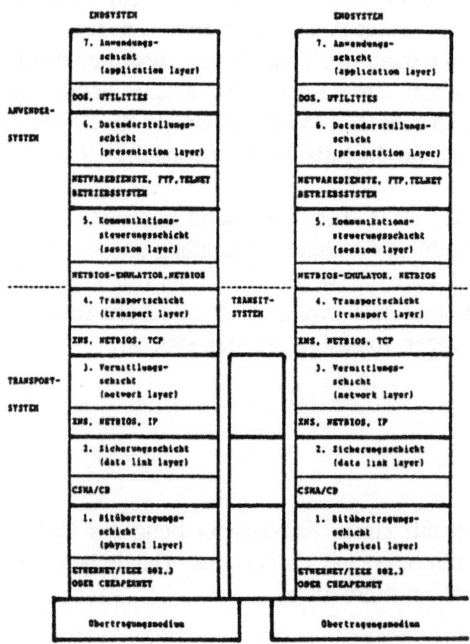

Abbildung 1-21: Das OSI-Referenzmodell

Von besonderer Relevanz für das Thema dieses Buches sind die Schichten 1 bis 4. Der Schicht 1 sind im Bereich der Telekommunikation die Protokolle V.24 und X.21 zugeordnet. Diese Protokolle legen im Sinne des Modells die physikalischen

Eigenschaften der Übertragungsmedien fest. Die Dienstleistung für die nächsthöheren Schichten besteht in der Übertragung von Daten. Die Schicht 1 ist die einzige Schicht, in der auch eine physikalische Verbindung aufgebaut wird. Die Verbindungen der nachfolgenden Schichten sind logischer Art und werden deshalb auch als virtuelle Verbindungen bezeichnet.

Die Empfehlungen X.25 für Datex-P, X.75 für Telex und X.21 für Bildschirmtext sind Empfehlungen der Schicht 2 und dienen dazu, in der Schicht 1 aufgetretene Übertragungsfehler zu erkennen und zu korrigieren. Weitere Dienste für die nachfolgenden Schichten sind Aufbau, Erhalt und Abbau einer Verbindung.

Die Hauptfunktion der Schicht 3 besteht darin, für Datenpakete im Netz den richtigen Weg zu finden. Wichtige CCITT-Empfehlungen für diese Funktion sind X.25 für Datennetze und V.25 für das Fernsprechnetz.

In der Schicht 4 werden auf der Basis der von den unteren Schichten bereitgestellten Dienste Transportverbindungen aufgebaut, gesteuert und beendet. Damit führt die Einhaltung der in den Schichten 1 bis 4 verankerten Protokolle dazu, daß Informationen in einem Netzwerk fehlerfrei übertragen werden.

Bis hierhin werden allerdings keine Angaben gemacht, wie z.B. die übertragenen Daten interpretiert und dargestellt werden sollen. Diese Dienste werden in den Schichten 5 bis 7 zur Verfügung gestellt. Ab hier werden die Leistungen von den Kommunikationspartnern erbracht. So wird in der Schicht 5 eine Kommunikation eröffnet, durchgeführt und beendet. Die Schicht 6 legt fest, wie Daten dargestellt werden. Dies umfaßt die Beschreibung von Daten-, Druck- und Bildschirmformaten.

In der letzten, der 7. Schicht werden dann die Anwendungsprogramme der Netzteilnehmer ausgeführt. Als Dienste werden hier Netzwerkhilfsprogramme und Hilfsprogramme auf Betriebssystemebene zur Verfügung gestellt.

2 Telekommunikation

In diesem Kapitel erhalten Sie einen Überblick zu den in der Bundesrepublik von der Telekom angebotenen Telekommunikationsdiensten. Der Schwerpunkt liegt hier bei den Diensten, die auch im Btx-System genutzt werden können. Es sind diese Telefax, Telex und Cityruf. Eine ausführliche Beschreibung des Datex-P-Dienstes erfolgt aufgrund der großen Bedeutung, die dieser Dienst gerade in der weltweiten Telekommunikation besitzt.

Telekommunikation ist ein Sammelbegriff für alle Formen der Kommunikation zwischen Menschen und Geräten mit Hilfe nachrichtentechnischer Übertragungsverfahren. Dabei erfolgt eine Unterteilung in schmalbandige Dienste wie Fernsprechen, Telex, Teletex, Telefax und Bildschirmtext und breitbandige Dienste wie Fensehkonferenz oder Bildfernsprechen. Es werden Sprach-, Text-, Bild- und Datenkommunikation unterschieden. Eine weitere Klassifizierungskategorie ist der Kommunikationsfluß. Die Kommunikation erfolgt ein- oder zweiseitig. Tabelle 2-1 gibt einen Überblick:

Tabelle 2-1: Telekommunikation

Kommunikationsform	einseitig	zweiseitig
Sprachkommunikation	Hörfunk	Fernsprechen
Textkommunikation	Videotext	Telex Telefax Teletex Bildschirmtext
Bildkommunikation	Fernsehen	Fernsehkonferenz Bildfernsprechen Kabelfernsehen mit Rückkanal
Datenkommunikation	Fernsteuern	Datenfernverarbeitung Fernüberwachung

Für die Deutsche Bundespost Telekom ist die Telekommunikation jede Art der Nachrichtenübermittlung im Sinne des Gesetzes über Fernmeldeanlagen, d.h. über Einrichtungen des Fernmeldewesens. Gesetzliche Grundlage ist die Telekommunikationsordnung TKO, die Bedingungen und Gebühren für die Benutzung der Einrichtungen des Fernmeldewesen regelt. Das Telekommunikationsnetz ist ein öffentliches Netz, d.h. jeder kann zu gleichen Bedingungen dieses Netz und die von der Telekom als Betreiber zur Verfügung gestellten Dienstleistungen in Anspruch nehmen. Die Telekommunikationsdienstleistungen sind im einzelnen:

- Datenübermittlungsdienste

- Bereitstellung des öffentlichen Telekommunikationsnetzes für sonstige Telekommunikationszwecke des Teilnehmers wie z.B. Bildübertragungen

- Überlassung von nicht zum öffentlichen Telekommunikationsnetz gehörenden Fernmeldeanlagen wie z.B. posteigene Stromwege oder Rechner.

- Nutzung privater Endstelleneinrichtungen und Leitungen mit Endpunkten auf nichtbenachbarten Grundstücken innerhalb des öffentlichen Telekommunikationsnetzes.

2.1 Telex

Der Telexdienst, auch Fernschreib- oder Telegrafendienst, bietet die Möglichkeit, über normale, analoge Telefonverbindungen national und international Texte zu verschicken und zu empfangen. Dieser Dienst wurde 1933 als öffentlicher Dienst in Deutschland eingeführt. Weltweit wird er in 210 Ländern mit insgesamt etwa 1,5 Millionen Anschlüssen angeboten. Voraussetzung für die Teilnahme am Fernschreibdienst ist eine Teilnehmernummer und ein telexfähiges Endgerät.

Die Grundfunktionen haben sich seit der Einführung dieses Dienstes kaum verändert. Der Telexteilnehmer kann direkt den gerufenen Teilnehmer anwählen. Die Anwahl erfolgt über eine 3 bis 10-stellige Nummer, der bei Bedarf die internationale Landesnummer vorangestellt werden muß. Es folgt die Telexkennung des Telex-Empfängers und eine Landeskennung. Für die Bundesrepublik ist dies der Buchstabe d. Ist die Empfangsstation bereit, schaltet sich dort automatisch das Gerät ein und sendet seine von der Post festgelegte und nicht veränderbare Kennung, meist eine Kurzform des Empfängernamens, an die Gegenstelle. Diese wiederum identifiziert sich durch das Senden der eigenen Kennung. Der Sender gibt über die Tastatur des Fernschreibers oder durch Einlesen eines Datenträgers, z.B. einer

Diskette, einen Text durch, der vom gerufenen Gerät ausgedruckt wird, ohne daß hierfür eine Bedienungsperson nötig ist. Beendet der rufende Teilnehmer die Verbindung, dann schaltet sich auch das gerufene Gerät automatisch aus. Zusätzlich ist ein Dialog möglich. Dabei tippt der gerufene Teilnehmer in der Sendepause selbst Texte ein. Diese werden dann beim rufenden Teilnehmer mitgedruckt. Gesendeter und empfangener Text werden unterschiedlich dargestellt. Meist werden hierfür zwei Farben verwendet, z.B. schwarz für Texte des Senders und rot für Texte des Empfängers.

Die Textübertragung erfolgt mit dem internationalen Telegrafenalphabet Nr. 2 und einer Geschwindigkeit von 50 bps, was einer Übertragung von ca. 6 Zeichen in der Sekunde entspricht. Die Gerätekennungen fungieren im kaufmännischen Geschäftsleben und auch vor Gericht als Unterschriftenersatz. Und hier liegt auch die große Bedeutung des Telexdienstes. Schriftliche kaufmännische Vereinbarungen können billig und schnell getroffen werden.

Da das Telexnetz ein Netz mit digitalen Vermittlungsstellen ist, sind folgende Leistungen möglich:

Kurzwahleinrichtung

In der Vermittlungsstelle werden zwischen 8 und 64 Langrufnummern des Teilnehmers gespeichert, die dann durch eine ein- bzw. zweistellige Zahl für den Aufbau einer Verbindung ersetzt werden.

Direktruf

Durch Betätigen der Anruftaste wird sofort die Verbindung zu einem in der Vermittlungsstelle gespeicherten Endgerät hergestellt. Dabei kann der mit Direktruf ausgestattete Anschluß nur den gespeicherten Teilnehmer erreichen, aber von beliebigen anderen Teilnehmern angewählt werden.

Rundschreiben

Hier kann ein Schreiben an 3 bis 30 Teilnehmer gleichzeitig verschickt werden.

Geschlossene Benutzergruppen - Teilnehmerbetriebsklassen

Nur Verbindungen zu vorprogrammierten Teilnehmeranschlüssen werden aufgebaut. Die Zuordnung für Senden und Empfangen kann dabei unterschiedlich sein.

Gebührenübernahme

Hier kann die angerufene Endstelle die Gebühren für die Textübertragung übernehmen.

Ankommende Sperre mit Hinweisgabe

Der Telex-Hauptanschluß wird vorübergehend für ankommende Anrufe gesperrt. Während dieser Zeit kann den anrufenden Teilnehmern eine vorbereitete Nachricht übermittelt werden.

Zuschreiben von Datum und Uhrzeit

Für ankommende bzw. abgehende Verbindungen werden Datum und Uhrzeit mit übertragen.

In der Bundesrepublik und auch in Österreich ist es im Gegensatz zu vielen anderen Ländern nicht möglich, PCs mit entsprechender Software als Telexendgeräte einzusetzen. Die ehemals mechanischen Fernschreiber werden heute durch elektronische Geräte ersetzt, die leiser und auch sicherer arbeiten.

Schätzungen gehen in der Bundesrepublik von 160.000 bis 200.000 Telexgeräten aus. Weltweit gibt es etwa 1,7 Millionen Anschlüsse. Damit ist Telex der am meisten genutzte Textdienst. Allerdings dürfte die Nutzung im Lauf der nächsten Jahre deutlich zurückgehen. Andere Dienste wie Telefax und Teletex werden aufgrund der größeren Flexibilität bezüglich des zur Verfügung stehenden Zeichensatzes und leistungsfähigerer Endgeräte, wie z.B. einem PC, den Fernschreiber verdrängen. Auch Bildschirmtextteilnehmer können Telexmitteilungen senden und empfangen.

2.2 Teletex oder Bürofernschreiber

Der Teletexdienst ist eine technische Weiterentwicklung des Fernschreibdienstes. Er wurde 1981 in der Bundesrepublik eingeführt und verbindet Textverarbeitung und Telekommunikation. Wesentliches Leistungsmerkmal dieses Dienstes ist die formtreue und qualitativ hochwertige Wiedergabe von gesendeten Texten. Die Normung dieses Dienstes erfolgt durch die CCITT-Empfehlungen der T. und F.-Serie. Teletex wird über das Datex-L-Netz mit einer Übertragungsgeschwindigkeit von 2400 bps angeboten. Damit dauert die Übertragung einer DIN A4 Seite etwa 10 Sekunden. Im ISDN-Netz wird sich diese Zeit auf 1 Sekunde reduzieren.

Von der Grundkonzeption her soll der Teletex-Dienst das Verschicken von Briefen für die Geschäftskorrespondenz überflüssig machen, da Texte zwischen Textverarbeitungssystemen ausgetauscht werden können. Damit kann der Empfänger Teletexnachrichten je nach Bedarf ausdrucken oder aber im eigenen Textverarbeitungssystem direkt weiterverarbeiten. Dazu verfügt der Teletexdienst über einen international genormten Grundzeichenvorrat von 308 Zeichen. Damit stehen alle Zeichen zur Verfügung, die in lateinisch geschriebenen Sprachen verwendet werden. Wie im Telexsystem hat auch hier jedes Teilnehmerendgerät eine Gerätekennung zur eindeutigen Identifizierung.

Teletexendgeräte benötigen eine ZZF-Zulassung. In der Bundesrepublik waren 1989 10000 Geräte im Einsatz. Damit hat dieser Dienst noch nicht den erwarteten Nutzungsgrad erreicht, obwohl sich gerade für die kommerzielle Korrespondenz große Vorteile bieten. Verglichen mit Telex ist Teletex leistungsfähiger und kostengünstiger. Auch im Vergleich zur Briefpost ist dieser Dienst wesentlich schneller und in vielen Fällen ebenfalls auch kostengünstiger. Demgegenüber fallen zwei Einschränkungen ins Gewicht. Zum einen können keine grafischen Elemente verwendet werden. Zum zweiten benötigt die Gegenstelle ebenfalls ein Teletexendgerät. Laut Statistik werden aber über 50% der Geschäftskorrepondenz mit Privatkunden abgewickelt, die in der Regel nicht über ein Teletexendgerät verfügen und damit auch nicht über diesen Dienst erreicht werden können.

Telex- und Teletexteilnehmer sind im AVerzTxTtx, dem amtlichen Verzeichnis für Telex- und Teletexteilnehmer, aufgeführt und können über die automatische Telex- und Teletexauskunft der Deutschen Bundespost mit der Rufnummer 1188 abgefragt werden.

2.3 Telefax

Der Telefaxdienst, auch Fernkopieren oder Faksimile genannt, ist der weltweit wachstumsstärkste Kommunikationsdienst. Er wurde 1979 in der Bundesrepublik eingeführt und erreichte 1989 schon eine Anschlußzahl von 375.000 Teilnehmern. Telefaxgeräte ermöglichen die Übertragung jeglicher Form von Texten und Grafiken über einen Telefonanschluß. Die Übertragung kann dabei sowohl zu einem weiteren Telefaxgerät als auch direkt in einen PC erfolgen. Die technische Entwicklung auf diesem Gebiet und die daraus sich ergebenden Anwendungsmöglichkeiten sind so bedeutend, daß ich in diesem Kapitel auch auf die Möglichkeit der Nutzung von PCs als Faxgerät eingehen werde. Eine praktische Anwendung des Telefax-Dienstes im Bildschirmtext finden Sie in **Kapitel 5.4.6.1 Fax**.

Das Absetzen einer Fax-Seite erfolgt nach folgendem Prinzip:

Der Sender wählt einen Empfänger an und schiebt die zu sendende Seite in das Fax-Gerät. Für die Anwahl der Gegenstelle wird entweder ein Telefonapparat verwendet oder aber eine in das Faxgerät integrierte Tastatur. Die zu sendende Seite wird elektronisch abgetastet, als elektrische Signale über das Telefonnetz übermittelt und beim Empfänger wieder in der ursprünglichen Form auf Papier gebracht. Bei der Übertragung von Fotos wandelt das Faxgerät die Farben in Grautöne um. Dadurch wird die zu übertragende Datenmenge größer, da zu jedem Punkt zusätzlich eine Graustufe übertragen werden muß. Entsprechend länger dauert auch die Übermittlung.

2.3.1 Fax-Geräte

Telefaxgeräte sind von der CCITT in vier standardisierte Gruppen eingeteilt. Die Geräte der Gruppen 1 und 2 haben faktisch keine Bedeutung mehr. Zur Zeit werden überwiegend Geräte der Gruppe 3 eingesetzt. Diese können folgende Leistungsmerkmale haben:

- Datenkompression, daher Übertragung einer DIN A4 Seite in weniger als einer Minute

- Übertragungsgeschwindigkeiten von 2400 bis 9600 bps

- Fallback, d.h. kann ein sendendes Gerät die Verbindung nicht mit höchstmöglicher Geschwindigkeit aufbauen, wird die nächstniedrigere Geschwindigkeit eingestellt

- hohe Auflösung

- Teilnehmerkennung

- automatischer Empfang und automatisches Senden

- Wähleinrichtung im Gerät integriert

- Anschluß an das analoge Fernsprechnetz

- Kompatibilität zu Faxgeräten der Gruppen 1 und 2

- Speichern von bis zu 50 Telefonnummern

- Anschlußmöglichkeit für einen Scanner

Entscheidende Leistungsmerkmale eines Telefaxgerätes sind Auflösung und Übertragungsgeschwindigkeit. Die Auflösung legt fest, in wieviele Punkte das Gerät eine Vorlage in vertikaler und horizontaler Richtung auflösen kann. Sie wird in **dpi** für **dots per inch**, Punkte je Inch, gemessen. Standard ist meist eine horizontale Auflösung in 203 dpi. Dies entspricht etwa 8 Linien pro Millimeter. In vertikaler Richtung ist der Standard 98 dpi oder 3,85 Zeilen pro Millimeter. Diese Auflösung kann im sogenannten Feinmodus in der Vertikalen auf 196 dpi erhöht werden.

Faxgeräte der Gruppe 4 werden an digitale Fernsprechanschlüsse im ISDN-Netz angeschlossen. Sie bieten einen höheren Bedienungskomfort und äußerst hohe Auflösungen von bis zu 400 x 400 dpi. Allerdings sind diese Geräte zur Zeit mit etwa 10.000 DM noch recht teuer und müssen auf niedrige Werte zurückschalten, wenn die Gegenstation diese Auflösung nicht beherrscht. Telefaxgeräte der Gruppe 4 sind für ISDN-Anschlüsse entwickelt. In **Kapitel 3.5.4 Digitales Telefon, Telekommunikationsanlagen und Faxgeräte der Gruppe 4** finden Sie weitere Einzelheiten zu diesen Geräteklassen.

2.3.2 Fax-Karten - Der PC als Fax-Endgerät

Die Tatsache, daß auch PCs als Telefaxendgeräte zugelassen sind, hat zur Entwicklung leistungsfähiger Telefax-Karten und diese unterstützender Software geführt. Telefax-Karten sind Erweiterungskarten für den PC, die zusammen mit einer Telefax-Software aus einem PC ein Telefaxgerät machen. Zusätzlich benötigen Sie einen freien Telefonanschluß, den Sie mit der Schnittstelle der Fax-Karte über ein Anschlußkabel mit TAE-Stecker verbinden.

Eine Telefax-Karte verhält sich beim Senden und Empfangen wie ein Telefaxgerät. Die für die Steuerung der Fax-Karte zuständige Software sorgt für die Aufbereitung zu sendender Texte und Grafiken und für das Speichern empfangener Dokumente. Auf dem Markt sind Fax-Karten mit unterschiedlichem Leistungsvermögen zu finden. Das Angebot reicht von kleinen, nicht postzugelassenen Systemen für 300 DM bis zu Faxkarten mit ZZF-Nummer und Netzwerkfähigkeit für einen Preis um die 1000 DM. Teurere Systeme können zu kompletten Fax-Stationen mit mehreren Karten und mehreren Telefonanschlüssen ausgebaut werden. Entscheidend für das Leistungsvermögen der Karten ist die mitgelieferte Software. Tabelle 2-2 gibt einen Überblick zu Leistungsmerkmalen von Telefax-Programmen.

Tabelle 2-2: Funktionsübersicht Telefax-Software

Leistungsmerkmal	Kurzbeschreibung
zeitversetzes Senden	Die Übertragung erfolgt zu einem vom Sender festgelegten Zeitpunkt, z.B. bei Nacht zu einem günstigeren Tarif
mehrere Dateien an einen Empfänger	Mehrere als Dateien gespeicherte Texte bzw. Grafiken werden an einen angewählten Empfänger automatisch gesendet
unterschiedliche Auflösung	Die Auflösung kann variabel eingestellt werden
Rundsenden	Eine Datei wird in einem Vorgang gleichzeitig an mehrere Empfänger gesendet
Darstellung auf dem Bildschirm	Empfange Grafiken werden in hoher Auflösung auf dem Bildschirm dargestellt
Einsatz im Netzwerk	Alle Rechner eines Netzwerkes können eine auf dem Server installierte Fax-Karte nutzen
Einlesen von Vorlagen	Vorlagen, z.B. Briefbögen, können mit einem Scanner einkopiert werden
Konvertierung von Grafikformaten	Mit unterschiedlichen Programmen erstellte Grafikformate wie PCX, IMG oder TIFF können versendet werden
Telefonbuch	Die Nummern von Fax-Gegenstellen werden gespeichert und automatisch abgerufen
Journal	Über alle bearbeiteten Fax-Aufträge wird eine Informationsdatei erstellt und verwaltet
Unterstützung von Peripheriegeräten	Unterstützung unterschiedlicher Druckermodelle und Scanner
Hintergrundbetrieb	Auch dann, wenn ein anderes Programm aktiv ist, können Mitteilungen empfangen bzw. gesendet werden
Benutzerführung	Übersichtliche Befehlsauswahl, gutes Benutzerhandbuch, Hilfsfunktionen

2.4 Videokonferenz

Die Videokonferenz wurde 1985 von der Bundespost als Betriebsversuch eingeführt. Eine andere Bezeichnung für diesen Dienst ist Fernsehkonferenz. Die Teilnehmer einer Videokonferenz sitzen in mit mehreren Monitoren ausgestatteten Studios und können über die installierten Bildschirme miteinander sprechen. Dabei werden die Fernsehbildschirme auch für die Übertragung von schriftlichen Unterlagen und Bewegtbildern eingesetzt. Zusätzlich können Kopien übertragen werden und es besteht die Möglichkeit, einzelne Fensehbilder farbig auszudrucken.

Wegen der erforderlichen hohen Übertragungskapazitäten sind die Studios an das Glasfaser-Overlaynetz angeschlossen. Orte, die nicht durch dieses Netz erreichbar sind, werden über Fernmeldesatelliten eingebunden. Bis 1987 wurden 13 öffentliche Studios bei den Fernmeldeämtern aufgebaut und 65 von Großunternehmen betrieben. Ende 1988 waren es insgesamt 118 Studios.

Die Videokonferenz kann nicht den persönlichen Kontakt ersetzen. Sie bietet aber gerade für Unternehmen mit nationalen und internationalen Verflechtungen sowie für Forschungsorganisationen in einzelnen Fällen erhebliche Zeit- und Kostenvorteile.

2.5 Bildfernsprechen

Bildfernsprechen stellt eine Erweiterung des Telefondienstes dar. Die Erweiterung besteht im wesentlichen darin, daß die beiden Kommunikationspartner sich zusätzlich auch auf einem Bildschirm sehen können. Grundlage des Bildfernsprechens ist ein breitbandiges Übertragungsnetz oder aber das ISDN-Netz, in dem dann auf zwei Nutzkanälen Sprach- und Bilddaten gleichzeitig übertragen werden.

Der Postdienst Bildfernsprechen steht heute noch vor dem Problem, daß für die Übertragung von Bildern in Fernsehqualität und mit einer üblichen Frequenz von 25 Hz eine Übertragungsrate von 165 Mbps erforderlich ist. Dies ist auch im digitalen Fernmeldenetz nicht möglich. Daher müssen Verfahren eingesetzt werden, die die zu übertragenden Daten reduzieren, ohne dabei einen nicht mehr zu verantwortenden Qualitätsverlust zu erzielen. Zur Zeit ist noch nicht absehbar, welche Entwicklung dieser Dienst nehmen wird.

2.6 Cityruf

Cityruf ist eine Erweiterung des flächendeckenden Funkrufdienstes Eurosignal. Erweiterte Leistungsmerkmale sind die wahlweise Übermittlung von Tonsignalen, Ziffern oder auch kurzen Texten. Die Darstellung erfolgt über ein Empfänger-Display, das einem Taschenrechner ähnlich ist. Der Empfänger ist scheckkartengroß und ermöglicht auch innerhalb von Gebäuden einen sicheren Empfang. Funkrufempfänger können sowohl bei der Post als auch im Fachhandel gekauft werden. Nachrichten können bundesweit eingegeben werden. Als Eingabegeräte sind Telefon, Btx, Telex- und Teletexgeräte geeignet. Cityruf wird regional in sogenannten Rufzonen angeboten. Diese umfassen in der Regel mehrere Stadtgebiete und das nähere Umland. Jede Rufzone besitzt eine zweistellige Kennzahl.

Der Cityruf-Dienst unterscheidet entsprechend der Leistungsmerkmale der Empfangsgeräte drei Rufklassen. Die gewünschte Rufart wird mit der Anmeldung des Funkrufempfängers festgelegt und kann jederzeit auch geändert werden.

In der Nur-Tonruf-Klasse können bis zu vier Tonsignale übertragen werden, die optisch und akustisch angezeigt werden. Dabei muß die Bedeutung der Tonsignale vorher vereinbart werden. Solche Vereinbarungen könnten wie folgt aussehen:

Funkrufnummer	Bedeutung
6452386	"Im Büro anrufen"
6452387	"Zu Hause anrufen"
6452388	"Fahrt abbrechen und umkehren"
6452389	"Lager anfahren"

In der Numerikruf-Klasse werden bis zu 15 beliebige Ziffern und die Zeichen ()- sowie das Leerzeichen gesendet. Es lassen sich dabei mehrere Nachrichten speichern und auf Tastendruck abrufen. In der Alphanumerikruf-Klasse können bis zu 80 Zeichen auf dem Display des Empfängers dargestellt werden. Auch hier ist es möglich, mehrere Nachrichten zu speichern und dann über Tastendruck abzufragen.

Cityruf bietet unterschiedliche Rufadressierungsarten. Im Einzelruf wird nur an ein Empfangsgerät gesendet. Im Sammelruf können bis zu 20 Einzelrufnummern über eine Sammelrufliste nacheinander angerufen werden. Die Zusammenstellung dieser Liste kann jederzeit geändert werden. Im Gruppenruf werden mehrere Empfänger über eine Rufnummer erreicht. Die Empfängergruppe kann beliebig groß sein. Über

den Zielruf ist jede gewünschte Rufzone durch Hinzufügen der zweistelligen
Rufzonenkennzahl erreichbar.

Im folgenden finden Sie eine Übersicht mit den Zugangsnummern zum Cityruf.
Dabei ist zu beachten, daß Sie für die Eingabe über das Telefon ein besonderes
Eingabegerät benötigen oder aber die Nachricht über den zuständigen
Auftragsservice weiterleiten müssen.

Tabelle 2-3: Zugang zum Cityruf über das Telefonnetz

Eingabegerät	Nur-Ton	Numerik	Alphanumerik
Telefon	0164		
Tel.+EGN /MFV-Tel.	0168	0168	
Telefon + EGA	01691	01691	01691

Tabelle 2-4: Zugang zu Cityruf über andere Dienste

Dienst	Telefonnummer
Auftragsservice	016951
Btx	*1691#
Telex	1691 cityruf d
Teletex	2627-1692=Cityruf

2.7 Telebox - Elektronischer Briefkasten

Mit der Telebox bietet die Telekom einen elektronischen Briefkastendienst an. Hier
können Daten und Texte solange gespeichert werden, bis der Empfänger diese zu
einem von ihm bestimmbaren Zeitpunkt abruft. Damit muß der Empfänger nicht
mehr ständig empfangsbereit sein. Die Kommunikation der Teleboxbenutzer erfolgt
über einen zentralen Großrechner, der aus allen Netzen heraus direkt angewählt
werden kann. Tabelle 2-5 gibt eine Übersicht hierzu. Zusätzlich finden Sie hier für
jeden Zugang die Telebox-Rufnummer.

Tabelle 2-5: Zugangsmöglichkeiten zum Teleboxsystem

Netz	Übertragung-rate	Anwahl
Telefonnetz Datex-P Datex-L	2400 bps	062141731 456210-40000 621113

Der Benutzer der Telebox erhält eine eigene Adresse und ein persönliches Paßwort, welches ihn zur Benutzung der Mailbox legitimiert. Er besitzt einen elektronischen Briefkasten mit Posteingang, -ausgang und einer Ablage. Mit einem Editor können in der Mailbox Texte erstellt werden. Mitteilungen werden direkt an einen anderen Teleboxteilnehmer gesendet und in dessen persönlichem Fach abgelegt. Über eine Gruppenadresse besteht darüber hinaus die Möglichkeit, eine Nachricht in einem Arbeitsgang an mehrere Teilnehmer abzusetzen. Eingegangene Nachrichten werden mit einer Kopfzeile versehen, die das Durchsehen mehrerer eingegangener Mitteilungen erleichtert. Besonders wichtige Nachrichten sind vom Absender entsprechend gekennzeichnet. Das Telebox-System wird dann beim Absender eine Meldung darüber ausgeben, daß der Empfänger diese Mitteilung gelesen hat. Zusätzlich zu den privaten Briefkästen, oft werden diese auch Brett genannt, erlaubt ein "schwarzes Brett" das Anbringen von Nachrichten und Mitteilungen, die dann von allen Teleboxteilnehmern gelesen werden können.

Die Telebox ist über weltweite Datennetze mit vielen Mailbox-Systemen verbunden. Damit kann ein Telebox-Teilnehmer mit internationalen Partnern über einen elektronischen Briefkasten kommunizieren.

2.8 Datex-P-Dienst

Der Datex-P-Dienst wird in zwei Versionen angeboten. In der ersten Variante heißt dieser Dienst Datex-P-10. Hier wird der Datenaustausch über ein posteigenes Datenübertragungsgerät durchgeführt. Dieses Gerät gibt es als externe Einrichtung und heißt in der Postterminologie DNG19K2-12. Die Bezeichnung für das Einbaumodell ist DNB19K2-12. Für Datex-P-10 benötigen Sie eine Datex-P-Steckdose und einen PC mit X.25-Karte. Hier sind dann Übertragungsraten von bis zu 48000 bps möglich. In der zweiten Variante, dem Datex-P-20-Dienst oder Datex-P-Verbindung, erfolgt der Zugang über eine Wählverbindung der Gruppe 5 oder

mit Hilfe von Verbindungsübergängen aus dem Telefonnetz bzw. aus Datex-L.
Dabei können maximal 2400 bps übertragen werden.

Im folgenden wird kurz beschrieben, wie Sie als PC-Anwender mit einem Modem
Zugang zum Datex-P-Netz erhalten und welche Dienste Sie hier nutzen können.
Dazu benötigen Sie zuerst eine Datex-P-Teilnehmerkennung NUI. Diese Network
User Identification identifiziert den Teilnehmer eindeutig und dient als Paßwort für
den Zugang zum Datex-P-Netz. Für eine Grundgebühr von 15 DM im Monat wird
die NUI von der Telekom zugeteilt. Jetzt können Sie mit Hilfe eines Modem und
eines Kommunikationsprogrammes die nächste Datex-P-Vermittlungsstelle, den
PAD, anwählen. Die Nummern sind hier für die Übertragungsgeschwindigkeiten
von 300 bps bis 2400 bps unterschiedlich. Welche Nummer für Ihren Standort die
nächste ist, erfahren Sie bei der örtlichen Telekom.

Vor der Anwahl müssen Sie Ihr Kommunikationsprogramm auf die
Übertragungsparameter 7E1 einstellen. Also 7 Datenbits, gerade Parität und 1
Stopbit. Nachdem Sie den PAD angewählt haben, erhalten Sie eine
Verbindungsbestätigung. Bei einer Anwahl mit 2400 bps wird z.B. die Meldung
CONNECT 2400 ausgegeben. Danach drücken Sie die Taste für <.> und <Return>.
Der Punkt dient als "Dienstanforderungssignal" und wird vom PAD mit der
Ausgabe der NUI bestätigt. Jetzt müssen Sie das persönliche Paßwort eingeben.
Danach können Sie durch die Eingabe einer Zielnummmer, der sogenannten
Network User Adress, NUA, eine Datex-P-Gegenstelle anwählen. Die NUA
entspricht etwa der Telefonnummer einer Gegenstelle im Telefonnetz. Viele
Mailboxen stellen Listen mit NUAs zur Verfügung.

Tabelle 2-6: Kosten im Datex-P-Netzes

Kostenkategorie	Kostenart	Kosten
Fixe Kosten	Zuteilung der NUI	15 DM / Monat
Zeitabhängige Kosten	Telefongebühren	23 Pf./ Einheit
	Zugangsgebühr zum PAD	1 Pf./ Minute
	Anpassungsgebühr	6 Pf./ Minute
Verbindungsgebühr		5 Pf.

Die Kosten des Datex-P-Dienstes setzen sich zusammen aus fixen Kosten,
zeitabhängigen und volumenabhängigen Kosten. Zeitabhängige Kosten werden auf
Minutenbasis abgerechnet. Die Basis für die volumenabhängigen Kosten ist ein

Segment. Das ist ein Datenpaket von 512 Bits. Hier gelten drei Tarifstufen. Der Normaltarif, ein Billigtarif 1 in der Zeit von 6-8 und 18 - 22 Uhr und ein Billigtarif 2 zwischen 22 und 6 Uhr. Die nachfolgende Tabelle gibt einen Überblick zu den Kosten bei der Benutzung eines PAD.

Eine preiswerte Alternative gerade für gelegentliche Nutzer des Datex-P-Dienstes, die z.B. mit Gegenstellen in den USA kommunizieren möchten oder gelegentlich Datenbanken und Mailboxen abfragen, ist eine R-NUA. Das ist die Nummer einer Datex-P-Gegenstelle, die bei einem Anruf alle Kosten der Kommunikation übernimmt. Dazu muß der Teilnehmer beim Anbieter der R-NUA angemeldet sein. Dieser berechnet für seine Dienste einen Betrag, der in der Regel deutlich unter den Kosten liegt, die bei direkter Datenkommunikation im Datex-P-Netz entstehen würden. So kosten eine Stunde Kommunikation mit den USA über eine R-NUA beim kommerziellen Mailboxanbieter CompuServe 14,50 Dollar zuzüglich der Telefonverbindungsgebühren zum nächstgelegenen PAD. Teilnehmer, die eine R-NUA anwählen, benötigen keine NUI.

Die Dienstleistungen im Datex-P-Netz reichen von Datenbanken über Rechenzentrumsleistungen und kommerzielle Mailboxen bis zu privaten Mailboxen, die einen weltweiten Informationsaustausch ermöglichen. Das folgende Praxisbeispiel ist einem Vortrag anläßlich der ISDN-Infotage in Saarbrücken vom 12. bis zum 14.9.1990 entnommen und zeigt, daß Datex-P eine sehr effektive Komponente der Telekommunikation darstellt. Danach benötigt der Autor Prof. Dr. Zimmermann, Universität des Saarlandes, bei einem bestehenden Datex-P-Hauptanschluß 20 Minuten, um 10 DIN A4 Seiten von Saarbrücken nach Paris zu übermitteln, dort von einem Rechner übersetzen zu lassen und dann wieder nach Saarbrücken zurückzuholen. Dabei ergeben sich Transportkosten von 7,- DM.

2.9 TEMEX

TEMEX ist ein Kunstwort aus Telemetry-Exchange, was man etwa mit Meßdatenaustausch übersetzen könnte. Dieser Telekommunikationsdienst der Deutschen Bundespost ist für das Überwachen und Steuern von Anlagen und Gebäuden über vorhandene Anschlußleitungen des Telefonnetzes konzipiert. Dazu benötigt der Teilnehmer einen Temex-Netzabschluß, in der Postterminologie TNA genannt.

Überwachung und Steuerung erfolgen mit Hilfe geeigneter Sensoren, die elektrische Meßgrößen oder Zustandsangaben erzeugen und an eine Zentrale übermitteln. Umgekehrt werden auch Signale von der Zentrale an eine oder mehrere

Außenstellen weitergeleitet. Hier können dann Geräte ein- bzw. ausgeschaltet, mit vordefinierten Werten eingestellt oder Daten abgerufen werden.

Die im Rahmen von TEMEX ausgetauschten Daten werden als Fernwirkinformationen bezeichnet. Sie werden auf einer Frequenz gesendet, die nicht für die Übertragung von Sprache benutzt wird. Fernwirkinformationen werden zur Temexzentrale der Bundespost gesendet, die diese wiederum an private Leitzentralen weiterleitet. Der Temexdienst kann für folgende Funktionen eingesetzt werden:

- **Zählerablesung (Gas, Wasser, Strom)**

- **Feuermeldesysteme**

- **Einbruchmeldesystem**

- **Tanküberwachung**

- **Sammeln von Wetter- und Umweltdaten**

- **Überwachung auf auftretendes Gas.**

2.10 DASAT - Datenübertragung über Satellit

Die Telekom bietet DASAT im Rahmen eines Betriebsbereichs als Datenübertragungsdienst über den Fernmeldesatelliten DFS Kopernikus an. Eine Datenübertragung über Satellit ist dann von Vorteil, wenn große Datenmengen schnell an unterschiedliche Gegenstellen übertragen werden sollen. Dabei ist auch eine gleichzeitige Übertragung möglich. Typische Anwendungen sind:

- **Die Übertragung von CAD-Anwendungen**

- **Druckdatenübertragungen. z.B. in Zeitungswesen**

- **Rechner-zu-Rechner-Kommunikation**

- **Festbildübertragungen**

Vorerst sind im DASAT-Dienst nur nationale Verbindungen möglich. Ein europaweites Verbindungsangebot wird derzeit geprüft.

Die Endeinrichtungen von DASAT-Kunden werden über terrestische Zubringerleitungen an eine Erdfunkstelle der Telekom angeschaltet. Hier befindet sich eine Vermittlungseinrichtung, die über den Fernmeldesatelliten Kopernikus die Verbindung zur gewünschten Gegenstelle herstellt.

Die Verbindung kann wahlweise mit Übertragungsraten von 64 kbps bis 1920 kbps im Synchronbetrieb erfolgen. Dabei sind Verbindungen nur zwischen Anschlüssen mit gleicher Übertragungsgeschwindigkeit möglich. Als Datenübertragungseinrichtung wird bei 64 kbps das Datenfernschaltgerät DFGT64 eingesetzt, bei mehr als 64 kbps das Nachrichtenfernschaltgerät NFGTT2048UE. Die Schnittstelle zwischen Endgerät und Datenübertragungsgerät entspricht einer Modifikation der CCITT-Empfehlung X.21, die an die Besonderheiten der Satellitenübertragung angepaßt wurde.

Satellitenverbindungen können auf Wunsch als Wählverbindung und als Reservierungsverbindung oder Festzeitverbindung aufgebaut werden. Dabei sind im Duplex-Betrieb und Simplex-Betrieb Punkt-zu-Punkt-Verbindungen möglich. Mehrpunkt-Verbindungen erfolgen im Simplex-Betrieb. Hier können maximal 16 Gegenstellen angewählt werden.

Während der DASAT-Teilnehmer Wählverbindungen selbst herstellen kann, müssen Reservierungsverbindungen bei einer zentralen Stelle angemeldet werden. Die Vermittlungsstelle reserviert dann für den gewünschten Zeitraum Übertragungskapazitäten. Der DASAT-Teilnehmer kann innerhalb des angemeldeten Reservierungszeitraumes zu einem beliebigen Zeitpunkt einen Verbindungswunsch signalisieren. Bei der Verbindungsreservierung wird zwischen Einzelreservierung, zyklischer Reservierung und Dauerreservierung unterschieden.

Damit können zeitlich terminierte Übertragungsaufträge durchgeführt werden. Der große Vorteil der Zeitreservierung liegt darin, daß im Reservierungszeitraum die Datenübertragung ohne Wartezeit erfolgt.

Tabelle 2-7 auf der folgenden Seite gibt einen Überblick.

Tabelle 2-7: Reservierungsverbindungen DASAT-Satellitenübertragung

Verbindungsart	Zeitraum
Einzelreservierung	5 Minuten bis > 24 Stunden
Dauerreservierung	mehr als 24 Stunden
Zyklische Reservierung	täglich werktäglich wöchentlich

3 Technik

In der Regel benötigen Sie für eine sinnvolle Softwareanwendung wenige oder keine Hardwarekenntnisse. So ist es für die Verwaltung von Datenbeständen mit Hilfe eines Datenbanksystems nicht notwendig, Kenntnisse zur technischen Realisierung der Datenbank zu besitzen. Im Vordergrund steht die Software und ihre Handhabung. Etwas anders ist dies in der Datenfernverarbeitung und der Telekommunikation. Hier ist die Software noch so konzipiert, daß beim Anwender zumindest Grundkenntnisse der Hardware gefordert sind. Die gilt insbesondere für die Installation und Konfiguration von Soft- und Hardware. Als Hardware kommen hier Modem, Akustikkoppler, Terminaladapter und ISDN-PC-Karten in Frage.

Unter den oben genannten Geräten ist das Modem als Datenübertragungseinrichtung im noch überwiegend analogen Fernmeldenetz das bedeutendste. Die Hardwarekomponenten für digitale Übertragungsnetze sind der V.24 Terminaladapter oder die ISDN-PC-Karte. Technik und Konfiguration von Modems werden einen der Schwerpunkte dieses Kapitels bilden. Die ISDN-Hardware mit Schwerpunkt PC-Ausrüstung wird intensiv in Kapitel 3.4 besprochen. Dabei sollen kleine Praxisbeispiele erste Orientierungshilfen bieten. Die hier vermittelten Kenntnisse werden Ihnen helfen, die von Ihnen eingesetzte oder geplante Telekommunikationssoftware optimal an Ihre Bedürfnisse anzupassen und zu nutzen. Sie werden darüber hinaus in der Lage sein, eine Ihren Verwendungszwecken angepaßte Entscheidung bei der Anschaffung von Hardware zu treffen.

3.1 Modem

Das Wort Modem leitet sich aus den Begriffen Modulator und Demodulator ab. Das Modem wird zwischen PC und Fernmeldenetz geschaltet. Es verbindet also eine Datenendeinrichtung, die digitale Informationen verarbeitet und damit auch sendet, mit einem analogen Übertragungsnetz. Das Modem wandelt die digitalen Signale des PC in analoge elektrische Schwingungen um. Dieser Vorgang wird Modulation genannt. Da die Umwandlung auf direktem elektrischen Weg erfolgt, spricht man auch von einer galvanischen Kopplung. Die so erzeugten elektrischen Schwingungen können dann über das Telefonnetz übertragen werden. Beim Empfänger werden die analogen Schwingungen wieder mit Hilfe eines Modems zurückgewandelt und an die angeschlossene Datenendeinrichtung weitergeleitet. Dieser Vorgang heißt dann Demodulation. Ohne ein Modem können Datenverarbeitungsanlagen keine Informationen über das analoge Fernmeldenetz austauschen.

In der Terminologie der Post werden Modems als "Anpassungseinrichtungen" bezeichnet. Die folgende Abbildung zeigt das Prinzip der Datenübertragung im analogen Fernmeldenetz.

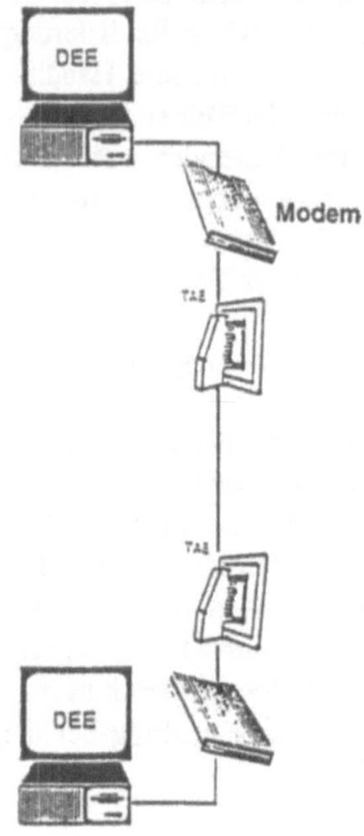

Abbildung 3-1: DFÜ über ein Modem

Ein Modem kann gleichzeitig senden und empfangen. Für die gleichzeitige Datenübertragung wird das im Fernmeldenetz zur Verfügung stehende Frequenzband in
zwei getrennte Datenkanäle aufgeteilt. Für diese Kanäle haben sich die Bezeichnungen Low-Band und High-Band durchgesetzt. Im Duplexbetrieb können beide
Modem gleichzeitig senden und empfangen. Im Halbduplexbetrieb dagegen hat das
jeweils empfangene Modem keine Möglichkeit, das sendende Modem zu unterbrechen.

Wenn ein Modem ein anderes Modem anwählt, dann befindet es sich im sogenannten Originate-Modus. Dabei sendet es im Low-Band und empfängt im High-
Band. Das angerufene Modem befindet sich entsprechend im Antwort-Modus. Es
sendet im High-Band und empfängt im Low-Band. Beide Modem müssen mit der
gleichen Übertragungsgeschwindigkeit arbeiten. Das bedeutet, daß ein schnelleres
Modem auf die Übertragungsgeschwindigkeit zurückschalten muß, die vom langsameren Modem noch erreicht werden kann. Diese Fähigkeit wird als

Abwärtskompatibilität bezeichnet und ist in der CCITT-Empfehlung V.100 beschrieben.

Man unterscheidet interne und externe Modem. Ein externes Modem wird über ein Kabel an eine serielle Schnittstelle, V.24, des PC angeschlossen. Sind externe Modems sehr klein, dann werden diese auch als Pocketmodem bezeichnet. Interne Modem, auch Modemmodule genannt, werden als Steckkarten in den PC eingebaut und verfügen über eine eigene serielle Schnittstelle. Interne Modem sind in der Regel preisgünstiger als externe Modem und haben den Vorteil, daß sie keine serielle Schnittstelle belegen. Sie eignen sich daher auch besonders für den Einbau in tragbare PCs, den sogenannten Laptops. Nachteilig ist jedoch, daß keine Kontrollanzeigen vorhanden sind. Einige Module werden speziell für bestimmte Laptop-Geräte entwickelt.

Externe Modem verfügen über eine Kontrollanzeige, die den Anwender zu jeder Zeit über den aktuellen Status des Modem informiert. Die Entscheidung für ein externes oder ein internes Modem ist verwendungsabhängig. Soll die Datenfernverarbeitung von einem stationären Rechner aus erfolgen, dann bietet sich ein externes Modem an. Werden aber z.B. Außendienstmitarbeiter mit Laptops ausgestattet, und sollen diese regelmäßig und an wechselnden Standorten Daten übertragen oder abfragen, dann bietet sich die Ausrüstung mit einem internen Modem an.

Die zunehmende Verbreitung von Laptop-Rechnern, die nicht immer über einen freien Steckplatz für eine Modemkarte verfügen, hat zur Entwicklung des Pocket-Modem geführt. Diese Modem können mit zum Teil nur 200 Gramm Gewicht und beispielsweise einer Größe von 120mm x 65mm x 35 mm bequem transportiert werden und ergänzen so die Ausrüstung mit einem Laptop. Taschenmodem können über die Leistungsfähigkeit eines Tischmodem verfügen und werden ebenso wie dieses an die serielle Schnittstelle angeschlossen.

In der Bundesrepublik dürfen nur Modem an das öffentliche Fernmeldenetz angeschlossen werden, die eine Zulassung der Deutschen Bundespost Telekom haben. Hierbei erhält das Modem eine Fernmeldetechnische Zulassungsnummer FTZ, die vom Zentralamt für Zulassungen im Fernmeldewesen ZZF in Saarbrücken vergeben wird. Modem können von der Post gemietet oder auch gekauft werden. Modem privater Anbieter sind in der Regel leistungsfähiger und kosten auch weniger. Beim Kauf ist allerdings darauf zu achten, daß das Modem des privaten Anbieters mit einer FTZ-Nummer versehen ist. Mit Einführung des EG-Binnenmarktes 1993 wird damit gerechnet, daß in der Bundesrepublik jedes Modem angeschlossen werden darf, das in einem EG-Land eine fernmeldetechnische Zulassung hat.

3.1.1 Standards

Damit zwei Modem sich auch über größere Entfernung "verstehen" können, müssen Modulationsverfahren, Sendefrequenz, Übertragungsrate und Datenfluß übereinstimmen. Diese Werte sind in den CCITT-Empfehlungen der V-Serie festgehalten. Sie können daher Leistungsvermögen und Einsatzmöglichkeiten eines Modems mit Hilfe der Standards, die ein Modem unterstützt, beurteilen. Sie finden hierzu in der folgenden Tabelle einen Überblick.

Tabelle 3-1: Modemstandards - CCITT-Empfehlungen der V.-Serie

Empfehlung	Übertragungsrate	Betriebsverfahren
V.21	300 bps	vollduplex
V.22	1200 bps	vollduplex
V.22bis	2400/1200 bps	halb-/vollduplex
V.23	1200/75 bps	halbduplex
V.27ter	4800 bps	halbduplex
V.32	9600 bps	vollduplex
V.32bis	14400 bps	vollduplex

Mit Ausnahme der V.23 Übertragung können in allen Fällen Daten in beiden Richtungen mit der gleichen Geschwindigkeit übertragen werden. V.23-Modem empfangen entweder mit 1200 bps und senden mit 75 bps oder umgekehrt. Diese Norm wird heute praktisch nur noch bei Bildschirmtext eingesetzt. Hier unterscheiden sich die Datenmengen in beiden Richtungen sehr stark. So sendet der Bildschirmtextteilnehmer ausschließlich Tastatureingaben. Hierfür ist dann eine Übertragungsrate von 75 bps vollkommen ausreichend. Die Erweiterung "bis" bedeutet, daß die entsprechende Norm auch "älteren" Datenendeinrichtungen, die noch mit Schnittstellen der V-Serie arbeiten, den Zugang zu digitalen Datennetzen mit X.-Schnittstellen ermöglicht, ohne daß hierfür Änderungen erforderlich werden.

Heute werden Modem mit V.22bis am häufigsten eingesetzt. Dabei werden in der Regel alle darunterliegenden Standards und damit auch Übertragungsraten unterstützt. Modem nach V.32 werden auch als Hochgeschwindigkeitsmodem oder Trail Blazer bezeichnet. Bei der Verbindungsaufnahme zwischen V.22- bzw. V.22bis-Modem und V.32-Modem kann es aufgrund des für Trail Blazer typischen Antworttons, der nach einigen Sekunden dann in einen normalen Antwortton übergeht, zu Fehlinterpretationen durch das langsamere Modem kommen. In Kapitel 3.1.2.3 finden Sie eine Anwahlsequenz, die dieses Problem löst.

3.1.2 Befehlssatz

Jedes Modem versteht Befehle, die zur Ausführung von Aktionen oder zur Konfiguration des Modem dienen. Die Summe aller zur Verfügung stehenden Befehle wird als Befehlssatz bezeichnet. Der Befehlssatz des US-amerikanischen Modemherstellers Hayes hat sich zum weltweiten Standard entwickelt. Modem, die über diesen Befehlssatz verfügen, werden deshalb auch als Hayes-kompatible Modem bezeichnet. Dabei kann der Umfang der zur Verfügung stehenden Befehle von Modem zu Modem unterschiedlich sein. Sehr einfache, kostengünstige Modem verfügen über einen eingeschränkten Befehlssatz, der jedoch zur Steuerung der Grundfunktionen des Modem völlig ausreicht. Kaum praxisrelevant ist der CCITT-Befehlssatz nach V.25bis, der nicht kompatibel zum Hayes-Befehlssatz ist. Wir werden uns in diesem Buch auf die Beschreibung des Hayes-Befehlssatzes konzentrieren. Dieser wird auch in Zukunft Standard bleiben.

Der Hayes-Befehlssatz läßt sich in drei Gruppen einteilen. Es sind dies

- **AT-Befehle**

- **Befehle zur Einstellung der Konfiguration**

- **und der erweiterte AT-Befehlssatz.**

Die Bezeichnung AT-Befehl erklärt sich aus dem allgemeinen Aufbau von Hayes-Befehlen. Diese werden immer mit der Zeichenfolge AT für das englische attention eingeleitet. Es folgt der eigentliche Befehl, der dann mit der Eingabetaste <Return> abgeschlossen wird. Sie können auch mehrere Befehle nach AT eingeben. Viele Befehle verfügen über mehrere Ausführungsalternativen, die dann durch das Anhängen von Ziffern festgelegt werden. So benutzt das Modem z.B. den gleichen Befehl zum Auflegen und zum Abheben. Dabei werden die beiden Ausführungsalternativen durch die Ziffern 0 und 1 gekennzeichnet. Generell können Sie die Ziffer 0 auch weglassen. Damit ist eine Eingabe wie

AT B0 <Return>

identisch mit der Eingabe

AT B <Return>

Für die Steuerung des Modem ist die Betriebsart, der Modus, von entscheidender Bedeutung. Im Befehlsmodus werden alle empfangenen Daten vom Modem als Befehle interpretiert. Im Datenmodus hingegen interpretiert das Modem alle empfangenen Daten als Daten, die weitergeleitet werden. Es muß jedoch die Möglichkeit bestehen, ein sich im Datenmodus befindendes Modem zu steuern und in den Befehlsmodus zurückzuschalten. Diese Aufgabe übernimmt die Escape-Sequenz. Das ist eine Zeichenfolge, die das Modem veranlaßt, in den Befehlsmodus zu wechseln. Standardmäßig besteht diese Zeichenfolge aus drei hintereinander gesendeten Pluszeichen. Damit setzt die Eingabe von

    +++ <Return>

das Modem in den Befehlsmodus. Generell schaltet sich ein Modem nach einer Verbindungsaufnahme in den Datenmodus.

Im folgenden werden die wichtigsten Hayes-Befehle beschrieben. An Hand von Praxisbeispielen wird die Umsetzung dieser Befehle demonstriert. Damit werden Sie in die Lage versetzt, ein Modem zu steuern und individuell an Ihre Bedürfnisse anzupassen.

3.1.2.1 Modemtest und Modemeinstellungen

Der einfachste Hayes-Befehl besteht in der Eingabe der Zeichenfolge AT, die dann mit <Return> abgeschlossen wird. Damit paßt sich ein Modem an die eingestellte Übertragungsgeschwindigkeit an. Gleichzeitig können Sie damit auch die Funktionsfähigkeit des Modem testen. Nach Eingabe von

    AT <Return>

meldet das Modem

    ok

Ist dies nicht der Fall, dann liegt ein Fehler vor. Mögliche Ursachen können hier falsche Modemeinstellungen sein oder aber Fehler in der Verbindung zwischen PC und Modem. Hier empfiehlt es sich, das Modem mit dem Befehl Z auf die Grundeinstellung zurückzusetzen. Geben Sie also ein

    AT Z <Return>

    AT <Return>

Jetzt muß das Modem mit

    ok

antworten. Der Befehl B legt die Betriebsart des Modem fest, wobei B0 europäische CCITT-Norm bedeutet und B1 die US-amerikanische Bell-Norm. Damit schaltet die Eingabe

AT B <Return>

auf CCITT und

AT B1 <Return>

auf Bell. Beide Normen unterscheiden sich in der Höhe des Antworttons, der vom Modem gesendet wird. Dieser liegt für die CCITT-Norm bei 2100 Hz, für die BELL-Norm bei 2250 Hz.

Durch die Eingabe von

AT A/

wird der letzte Befehl wiederholt. Diese Eingabe wird nicht mit <Return> abgeschlossen. Über den Befehl

AT E1 <Return>

wird das Modem so eingestellt, daß alle Befehle, die vom Datenendgerät kommen, an dieses zurückgegeben und auf dem Bildschirm angezeigt werden. Dadurch kann die Eingabe und Ausführung von Befehlen vom Anwender verfolgt und damit auch geprüft werden. Dieser Vorgang wird als Echo bezeichnet. Sehr wichtig ist unter Umständen, wie das Modem Statusmeldungen ausgibt. Hier kann das Modem über den Befehl

AT V1 <Return>

dazu veranlaßt werden, den aktuellen Status als englische Wortmeldung auszugeben. Ohne diese Einstellung wird der Status als Zifferncode angezeigt.

Die folgende Befehlssequenz stellt ein Modem so ein, daß es

- **nach CCITT arbeitet**

- **Befehle auf den Bildschirm ausgibt**

- **und Statusanzeigen als Textausgabe vornimmt.**

Eingabe:

AT B0E1V1 <Return>

Sie müssen immer darauf achten, AT-Befehle entweder durchgängig in Großbuchstaben oder in Kleinbuchstaben einzugeben. Sie können auch Leerzeichen in die Befehlsfolge einbauen. Sie wird damit übersichtlicher. Die obige Eingabe könnte auch so aussehen:

AT B0 E1 V1 <Return>

In der folgenden Tabelle finden Sie eine Übersicht zu Befehlen für die Modemeinstellung.

Tabelle 3-2: Modem einstellen - Befehlsübersicht

Befehl	Funktion
B0	Arbeiten nach CCITT-Norm
B1	Arbeiten nach BELL-Norm
E0	Kommandoecho ausschalten, Befehle werden nicht auf dem Monitor angezeigt
E1	Kommandoecho ein
L0	Lautsprecher leise
L1	Lautsprecher mittel
L2	Lautsprecher laut
M0	Lautsprecher aus
M1	Lautsprecher an bis Verbindung besteht
M2	Lautsprecher immer an
M3	Lautsprecher nach Wählen der letzten Ziffer an, nach Verbindungsaufbau aus
V0	Rückmeldungen des Modem werden als Ziffern ausgegeben
V1	Rückmeldungen des Modem werden als Text ausgegeben
X0	Rückmeldungen des Modem werden als Ziffern ausgegeben
X1	Rückmeldungen des Modem werden als Text ausgegeben
Z	Modem zurücksetzen, Reset
+++	Escape-Sequenz
-	1 Sekunde warten

3.1.2.2 Wählen mit dem Modem

Hayes-kompatible Modem verfügen über komfortable Wählmöglichkeiten. Jeder Wählvorgang wird mit Hilfe des Befehls D eingeleitet. Die folgende Übersicht zeigt die zur Verfügung stehenden Steueranweisungen für die automatische Anwahl einer Gegenstelle.

Tabelle 3-3: Wählen mit dem Modem: Befehlsübersicht

```
 Befehl        Funktion

   P           Pulswählverfahren (Deutschland)
   T           Mehrfrequenz-Wählverfahren (USA)
   R           Im Antwortmodus anrufen
   W           Signal von der Amtsleitung abwarten
   ,           2 Sekunden Pause
   :           Nach dem Anwählen in Kommandomodus wechseln
   !           Modem für eine halbe Sekunde auflegen
   @           Vor dem Wählen auf Ruhe warten
   S           Eine gespeicherte Nummer wählen
```

Im weiteren finden Sie einige Befehlssequenzen, die das Wählen über ein Modem demonstrieren.

> *AT DP 049 W 0681 54410 <Return>*

Das Modem wählt die Vorwahl für die Bundesrepublik, wartet auf eine Amtsleitung und wählt dann durch. Dabei wartet das Modem in der Regel 30 Sekunden.

Sollten Sie von einer Telefonnebenstellenanlage aus mit Hilfe des Modem wählen wollen, dann müssen Sie in der Regel nach der Vorwahl einer 0 auf den Wählton warten. Mit der folgenden Befehlssequenz veranlassen Sie das Modem, vier Sekunden zu warten und dann mit der Wahl der folgenden Rufnummer fortzufahren:

> *AT DP 0- „ - (0681) - (11223344) <Return>*

Die hier aufgeführte Eingabesequenz soll Ihnen zeigen, daß beim Wählen über das Modem Trennzeichen wie die Klammern oder Bindestriche zur besseren Darstellung der Telefonnummer verwendet werden können. Das Modem wird nach dem Wählbefehl alle nichtnumerischen Zeichen ignorieren. Damit könnte die oben abgebildete Anwahlsequenz auch wie folgt aussehen:

ATDP0,,068111223344 <Return>

Nach einem Besetzt-Zeichen kann die Anwahl durch Eingabe des Befehles

A/

wiederholt werden. Dieser Befehl wiederholt generell den letzten Modembefehl und wird ohne Eingabe von <Return> abgeschlossen.

Die folgende Eingabesequenz bewirkt, daß das Modem aus einer Nebenstellenanlage heraus im Antwortmodus anruft. Dies ist dann notwendig, wenn Sie z.B. eine Datenbank anwählen, die nur im Originate Modus Anrufe entgegennimmt.

ATDP 0 , 040 - 88999 R <Return>

Die unten abgebildete Anwahlsequenz dient dazu, mit einem langsameren Modem ein Hochgeschwindigkeitsmodem anzuwählen. Dazu wird nach der Anwahl eine Zeitverzögerung eingestellt. Das Ergebnis ist, daß das Modem solange wartet, bis das Hochgeschwindigkeitsmodem vom typischen V.32-Ton in den normalen Antwortton wechselt.

AT DP 0681 - 5555,,, <Return>

Außerhalb des Zuständigkeitsbereichs der Telekom finden Sie auch Modem, die eine Telefon- und eine Amtsleitung haben. D.h. Sie können ein solches Modem direkt über den LINE-Ausgang an die Telefonsteckdose anschließen und an das Modem selbst über den PHONE-Ausgang ein Telefon. Damit können Sie das Modem wählen lassen und nach Verbindungsaufbau auf das angeschlossene Telefon umschalten. Die folgende Befehlssequenz zeigt, wie eine entsprechende Eingabe erfolgen muß:

AT DP 0681 - 007;H0 <Return>

Das Modem wählt, wechselt nach Verbindungsaufnahme in den Befehlsmodus und legt auf. Dies ist identisch mit dem Umschalten des Ausganges von LINE auf PHONE.

Nach Verbindungsaufbau gibt das rufende Modem eine der folgenden Meldungen aus. Die zweite Meldung signalisiert, daß eine Verbindung zwischen zwei Modem mit 2400 bps Übertragungsrate aufgebaut wurde.

CONNECT, d.h. Verbindung hergestellt

CONNECT 2400, d.h. Verbindung mit 2400 bps hergestellt

Kommt keine Verbindung zustande, dann wird die mögliche Ursache hierfür als Modemmeldung ausgegeben. Tabelle 3-4 zeigt die entsprechenden Modemmeldungen.

Tabelle 3-4: Modemmeldungen bei fehlgeschlagenem Verbindungsaufbau

Meldung	Bedeutung
NO CARRIER	Gegenstelle besetzt
NO DIALTONE	Kein Trägerton auf der Leitung
BUSY	Gegenstelle besetzt
ERROR	nicht näher bestimmbarer Fehler, Verbindungsaufbau nicht möglich

3.1.2.3 Unterbrechung der Datenübertragung

Jede Datenübertragung kann direkt unterbrochen werden. Dazu sendet man die Escape-Sequenz und wechselt damit in den Befehlsmodus. Danach kann über die Eingabe des Befehls

AT H0 <Return>

die Verbindung ganz unterbrochen werden. Wenn gewünscht, wird die Verbindung mit

AT O <Return>

wieder aufgenommen.

3.1.2.4 Erweiterter AT-Befehlssatz

Bisher haben wir den "Grundwortschatz" der Hayes-Befehle kennengelernt. Viele Modem besitzen zusätzlich einen erweiterten Befehlssatz. Voraussetzung hierfür ist,

daß das Modem einen internen Speicher besitzt, der auch nach Ausfall der Stromversorgung Informationen zur Modemeinstellung speichern kann. Ein solcher Speicher wird **CMOS-RAM** oder nichtflüchtiger Speicher **NVRAM** (engl. Non Volatile
RAM) genannt. Erweiterte AT-Befehle werden mit dem Symbol & eingeleitet. So
bewirkt die Eingabe von

AT&V

daß die aktuellen Modemeinstellungen ausgegeben werden. Abbildung 3-2 zeigt
eine für Hayes-kompatible Modem typische Konfiguration.

```
ACTIVE PROFILE:

B1 E1 L2 M1 Q0 V1 X1 Y0 &C1 &D0 &J0 &L0 &P0 &X0 &G0 &Y0
S00:000 S01:000 S02:043 S03:013 S04:010 S05:008 S06:002 S07:030
S08:002 S09:006 S10:014 S11:095 S12:050 S14:AAH S16:00H S18:000
S21:20H S22:46H S23:15H S25:005 S26:001 S27:40H

STORED PROFILE 0:

B1 E1 L2 M1 Q0 V1 X1 Y0 &C1 &D0 &J0 &L0 &P0 &X0 &G0
S00:000 S14:AAH S18:000 S21:20H S22:46H S25:005 S26:001 S27:40H
S23:17H

STORED PROFILE 1:

B1 E1 L2 M1 Q0 V1 X4 Y0 &C1 &D0 &J0 &L0 &P0 &X0 &G0
S00:000 S14:AAH S18:000 S21:20H S22:76H S25:005 S26:001 S27:40H
S23:07H

TELEPHONE NUMBERS:

&Z0=068111223344
&Z1=0681372626
&Z2=
&Z3=
```

Abbildung 3-2: Konfiguration eines Modem

Mit Hilfe des Kommandos &W werden die aktuellen Modemeinstellungen in den
nichtflüchtigen Speicher geschrieben. Eine Übersicht zu weiteren Befehlen finden
Sie in Tabelle 3-5. Dabei ist zu beachten, daß nicht alle Befehle von jedem Modem
unterstützt werden. Hier sind Sie darauf angewiesen, das zum Modem mitgelieferte
Handbuch zu studieren.

Tabelle 3-5: Die wichtigsten erweiterten AT-Befehle

```
 Befehl │ Funktion

 &D1    │ Modem wechselt in Kommandomodus
 &D2    │ Modem legt auf
 &D3    │ Modem wird auf Standardwerte zurückgesetzt, Reset
 &H     │ keine Kontrolle der Sendedaten
 &H1    │ Hardwarekontrolle der Sendedaten mit CTS
 &H2    │ Softwarekontrolle der Sendedaten mit Xon/Xoff
 &H3    │ Kontrolle der Sendedaten durch Hard- und Software
 &I     │ Keine Kontrolle der Empfangsdaten
 &I1    │ Hardwarekontrolle der Empfangsdaten mit CTS
 &I2    │ Softwarekontrolle der Empfangsdaten mit Xon/Xoff
 &I3    │ Kontrolle der Empfangsdaten durch Hard- und Software
 &V     │ Aktuelle Modemkonfiguration auf den Bildschirm
        │ ausgeben
```

3.1.2.5 Registerbelegung

Modem werden im wesentlichen durch die Belegung interner Speicher eingestellt. Solche Speicher werden Register genannt und können durch direkte Eingabe von Werten belegt werden. Die dreizehn Modemregister werden mit S0 bis S12 angesprochen. Der Befehlssatz stellt für das Arbeiten mit diesen Registern zwei Befehle zur Verfügung. So kann durch die Eingabe von

AT S0 ? <Return>

der Inhalt des Registers mit der Nummer 0 abgefragt werden. Mit

AT S0=2 <Return>

wird das Register Nummer 0 mit dem Wert 2 belegt. Die folgende Tabelle gibt eine Übersicht zur Funktion der Modemregister. Es folgen dann einige Einstellungsbeispiele.

Tabelle 3-6: Modemregister in der Übersicht

Register	Funktion
S0	Anzahl der Klingelimpulse bevor ein Modem abhebt
S1	Anzahl der Klingelzeichen
S2	Zeichen für Escape-Sequenz, Voreinstellung +++
S3	Zeichen für CR <Return> am Ende einer Zeile
S4	Zeichen für LF Zeilenvorschub
S5	Code für das Löschen eines Zeichens
S6	Warten auf Amtszeichen (in Sekunden)
S7	Warten auf eine Verbindung (in Sekunden)
S8	Länge der Pause vor dem Rückkehr in Befehlsmodus (in Sekunden)
S9	Zeit zur Carriererkennung (in Zehntelsekunden)
S10	Pausezeit nach einem Komma im Wählbefehl (in Zehntelsekunden)
S11	Dauer und Pause zwischen zwei Wählimpulsen in Tausendstelsekunden (nur für Mehrfrequenzwahlverfahren)
S12	Zeitdauer, für die das Modem bei einer Verbindung ohne Carriert sein darf (in 0,02 Sekunden)

Die Einstellung

S0 = 0

bewirkt, daß das Modem nicht abhebt. In der Regel wird man hier den Wert 1 einstellen. Nach der Eingabe von

AT S0 = 1 <Return>

hebt das Modem nach dem ersten Klingelzeichen ab.

3.1.3 Leistungsmerkmale

Die folgenden Unterkapitel werden ihnen einen Überblick zu den in der Praxis relevanten Leistungsmerkmalen eines Modem geben. Von herausragender Bedeutung
sind hier die Geschwindigkeit, die Fähigkeit zur Fehlerkorrektur und Datenkompression, die Betriebssicherheit des Modem und eine über den Betriebszustand
des Modem Auskunft gebende Statusanzeige.

3.1.3.1 Übertragungsgeschwindigkeit

Wesentlicher Indikator für die Übertragungsgeschwindigkeit eines Modem sind die vom Modem unterstützten CCITT Empfehlungen. Als Mindestvoraussetzung kann hier die Realisierung der Empfehlungen V.22 mit 1200 bps und V.22bis mit 2400 bps angesehen werden. Solche Modem können in der Regel auch mit 300 bps nach V.21 übertragen. Standard sind heute 2400 bps. Hochgeschwindigkeitsmodem mit 9600 bps nach V.32 oder 14400 bps nach V.32bis werden die V.22bis-Modem jedoch sehr bald ablösen. Solche Geräte werden in den USA schon für unter 800 Dollar angeboten (Stand Oktober 1991).

Ein weiteres wichtiges Leistungsmerkmal ist die Kompatibilität, d.h. die Geschwindigkeitsanpassung. Damit ist gewährleistet, daß schnelle Modem sich automatisch an die geringere Übertragungsrate einer langsameren Gegenstelle anpassen. Die langsamere Geschwindigkeit, in die ein Modem zurückschalten kann, wird als Rückfallgeschwindigkeit (engl. fallback) bezeichnet. Die nachfolgende Tabelle gibt hierzu einen Überblick.

Tabelle 3-7: Genormte Modem-Übertragungsgeschwindigkeiten nach CCITT

Norm	Geschwindigkeit	Rückfall-geschwindigkeit
V22bis	2400	1200
V32	9600	4800
V32bis	14400	12000/9600/7200/4800

Die Fähigkeit, sich automatisch an die Geschwindigkeit des ankommenden Anrufes anzupassen, wird auch als Auto-Adjust bezeichnet.

3.1.3.2 Fehlerkorrektur und Datenkompression

Die tatsächlich erzielte Datenübertragungsrate hängt nicht allein von der erreichbaren Übertragungsgeschwindigkeit ab. Die Übertragung im Telefonnetz ist relativ störanfällig, so daß die bei einem Fehler notwendigen Übertragungswiederholungen dazu führen können, daß es länger als 1 Sekunde dauert, um tatsächlich die in der Norm vorgesehenen Bits zu übertragen.

Die amerikanische Firma Microcom hat mit ihrem **MNP-Protokoll** (Microcom Net-
working Protocol) eine Standard für die Optimierung der Datenübertragung geschaffen. Dieses Protokoll erhöht die Datenübertragungsrate durch eine Kombination von
Fehlerüberwachung und Datenkompression. Das MNP-Protokoll arbeitet, ohne daß
der Modem-Benutzer hiervon etwas merkt. In der Fachsprache wird dies auch als
transparente Betriebsart bezeichnet.

Die Entwicklung des MNP erfolgte in Stufen, die als Klassen bezeichnet werden.
Praxisrelevant sind heute die Klassen 3 bis 5. In der Klasse 3 werden die zu übertragenden Daten in Datenblöcke zusammengefaßt und mit einer 16 Bit großen Prüfzahl
übertragen. Diese Prüfzahl wird CRC-Character, Cyclic Redundancy Check, genannt. Die Größe der Datenpakete ist variabel. Durch die blockorientierte Übertragung entfallen die im asynchronen Betrieb notwendigen Start- und Stopbits. Die
Prüfzahl ermöglicht der Gegenstelle das Erkennen von Übertragungsfehlern. Bei
auftretenden Fehlern fordert das empfangende Modem den Datenblock ein weiteres
Mal an. Das Prüfzahlverfahren (16-Bit-CRC-Verfahren) bewirkt, daß die Wahr-
scheinlichkeit einer fehlerhaften Übertragung gleich 0 ist. Damit kann eine Stei-
gerung der Übertragungsrate auf 108 Prozent erreicht werden.

Das MNP-Protokoll der Klasse 4 bringt gegenüber der Klasse 3 eine weitere Effek-
tivitätssteigerung. Diese wird durch ein Verfahren erreicht, das die Länge der Datenpakete an die Qualität der Übertragungsleitung anpaßt. Hier gilt das Prinzip:
schlechte Leitung, kleine Pakete, gute Leitung, große Pakete. Dadurch sinkt die Zahl
der Übertragungsfehler und die Übertragungsrate kann auf bis zu 120 Prozent ge-
steigert werden.

Die Klasse 5 ist die vorerst letzte und damit auch leistungsfähigste Entwicklungs-
stufe. Hier werden die zu übertragenden Daten zusätzlich komprimiert.
Datenkompression bedeutet in diesem Zusammenhang, daß sich wiederholende Zeichen oder Zeichenkombinationen durch spezifische Bitmuster ersetzt werden. Damit
verringert sich die Zahl der zu übertragenden Zeichen. Datendateien können damit
maximal in einem Verhältnis von 2 zu 1 verdichtet werden. Bei Programmdateien
ist die Verdichtungsmöglichkeit allerdings sehr gering. Datenkompression und
Fehlerkorrektur können die Effektivität der Übertragung von Texten auf bis zu 200
Prozent steigern. Die Effektivität sinkt allerdings unter 100%, wenn die zu
übertragenden Dateien bereits komprimiert sind. Hier sollte die Datenkompression
durch den entsprechenden AT-Befehl ausgeschaltet werden.

Wird eine Verbindung zwischen Modem mit unterschiedlichen MNP-Klassen aufgebaut, dann "einigen" sich beide Modem auf die höchstmögliche gemeinsame
Klasse. Dieses Leistungsmerkmal wird Automatic Feature Negotiation genannt, was
man etwa mit "automatischer Leistungsanpassung" übersetzen kann.

Die CCITT hat zwei Normen zur Fehlerkorrektur und Datenkompression entwickelt, die 1987 verabschiedet wurden. Die Empfehlung V.42 ist weitgehend kompatibel zu MNP-1 bis MNP-4, verfügt aber über eine bessere, weil schnellere Fehlerkorrektur. Die Empfehlung V.42bis ist eine Weiterentwicklung, die jedoch nicht mit MNP-5 kompatibel ist. Die Vorteile liegen hier in der höheren Datenkompression des CCITT-Protokolls. Darüber hinaus erkennt die Empfehlung V.42bis nicht-komprimierbare Dateien selbständig. Deshalb statten viele Hersteller ihre Geräte mit MNP-Protokoll und V.42 bzw. V.42bis aus. Einige Hersteller bieten V.42-kompatible Modem an. Solche Modem können zwar mit V.42-Modem kommunizieren, haben aber selbst kein V.42-Protokoll implementiert. Die Kommunikation wird dann über MNP abgewickelt.

Modem mit Fehlersicherung können auch mit Modem Daten austauschen, die nicht über ein entsprechendes Protokoll verfügen. Dazu muß das Modem mit Fehlerkorrektur in den Auto-Reliable-Modus geschaltet werden. Das Modem wird dann immer zuerst den Aufbau einer fehlergesicherten Verbindung versuchen. Ist dies nicht möglich, dann schaltet es in den ungesicherten Normalbetrieb zurück. Erfolgt der Verbindungsaufbau durch ein Modem ohne Fehlersicherung, dann kann dieses Modem nach Verbindungsaufnahme und damit nach der Meldung CONNECT durch Betätigen der Taste <Return> der Gegenstelle mitteilen, daß keine Fehlersicherung möglich ist. Diese wird dann in den Normalbetrieb zurückschalten. Die folgende Tabelle gibt eine Übersicht zu den MNP-Klassen und CCITT-Empfehlungen mit zu erwartender Effizienz.

Tabelle 3-8: Übertragungsoptimierung mit MNP- und V.42-Protokoll

Klasse /Norm	Übertragungs- art	Effizienz	Erweiterung
MNP 3	vollduplex	108%	
MNP 4	vollduplex	120%	Protokolloptimierung
MNP 5	vollduplex	200%	Datenkompression
V.42	vollduplex		kompatibel zu MNP bis Klasse 4
V.42bis	vollduplex		verbesserte Fehler-korrektur, höhere Datenkompression, nicht kompatibel zu MNP-5

Befehle nach V.42 werden mit einem Backslash "\" eingeleitet. Die folgenden Tabellen geben einen Überblick zu MNP- und V.42-Befehlen. Zugleich finden Sie hier eine kurze Erläuterung des Befehls.

Tabelle 3-9: MNP-Befehlssatz

Befehl	Funktion
&K	Datenkompression aus
&K1	Automatische Datenkompression
&V2	Anzeige der MNP- bzw. V.42- Parameter

Tabelle 3-10: V.42-Befehlssatz

Befehl	Funktion
\C0	Datenkompression nicht aktiv. Wird verwendet, wenn bereits komprimierte Dateien übertragen werden sollen.
\C1	Datenkompression wenn möglich. Ist im MNP-5-Protokoll wirksam. Hier findet wann immer mögliche eine Komprimierung statt
\J0	Geschwindigkeit des Datenendgerätes verwenden
\J1	Verwendung der Verbindungsgeschwindigkeit. Diese wird durch die CONNECT-Meldung angezeigt
\J2	Übertragungsgeschwindigkeit auf 9600 bps einstellen
\L0	MNP benutzen. Modem versucht zuerst eine Verbindung nach MNP 2 bis 5 aufzubauen
\L1	V.42 oder MNP. Modem versucht hier zuerst eine Verbindung nach V.42 aufzubauen
\N0	Normale Verbindung. Datenendeinrichtung kann höhere Übertragungsgeschwindigkeit haben als das Modem, Speedmatching. Es erfolgt keine Fehlerkontrolle
\N1	Normale Verbindung, keine Speedmatching
\N2	Nur Verbindungen mit Fehlerkorrektur akzeptieren, Auto-Reliable-Mode
\N3	Modem erkennt automatisch, welche Verbindung aufgebaut werden kann
\T0	Timeout inaktiv. Modem bricht Verbindungen nicht automatisch ab
\T1	Timeout aktiv. Modem bricht Verbindungen dann ab, wenn 5 Minuten keine Signalübertragung stattfindet

3.1.3.3 Betriebssicherheit

Gute Geräte reagieren beim Verbindungsaufbau nur auf Signale, die auch für sie gedacht sind. Solche Signale besitzen eindeutige Trägerfrequenztöne. Es handelt sich hier um das typische "Pfeifen", mit dem sich ein angerufenes Modem meldet. In der DFÜ werden diese Signale Carrier genannt. Modemsignale unterscheiden sich von Frequenztönen eines Faxgerätes oder eines Telefons. Nur wenn ein Modem einen Carrier erkannt hat, wird es versuchen, eine Verbindung herzustellen. Nach Verbindungsaufbau werden zum Trägersignal die Datensignale hinzugemischt. Das empfangende Gerät trennt die Signale wieder auf. Empfängt eines der Modem das Trägersignal nicht korrekt, dann bricht es die Verbindung ab.

Eine weitere Technik, die zur Erhöhung der Betriebssicherheit beiträgt, ist das Fallback. Hierbei wird die Qualität der Telefonleitung überprüft. Ist diese so schlecht, daß die eingestellte Übertragungsgeschwindigkeit nicht mehr aufrecht erhalten werden kann, dann erfolgt ein "Rückfall". Die Modem schalten auf die nächstniedrigere Übertragungsgeschwindigkeit zurück. Dieser Vorgang kann sich in mehreren Schritten wiederholen. Ist die niedrigste Übertragungsstufe erreicht und kann dennoch keine Übertragung erfolgen, dann brechen die Modem die Verbindung ab.

3.1.3.4 Statusanzeige und Statusmeldungen

Beim Einsatz eines Modem ist es für den Anwender besonders wichtig, ständig über den aktuellen Betriebszustand des Modem informiert zu sein. Dazu verfügen externe Modem auf der Frontseite über ein Anzeigefeld, das mit Hilfe von Leuchtanzeigen, LEDs, den Modemstatus anzeigt. Wir werden im folgenden Unterkapitel diese Statusanzeige an einem konkreten Beispiel, dem Bausch Modem CN-3522 SA Plus, beschreiben.

Im folgenden werden zunächst die wichtigsten Betriebszustände und Statusmeldungen eines Modem und ihre Bedeutung für die Datenübertragung beschrieben. Die Statusanzeige ermöglicht die Kontrolle der Vorgänge während der Kommando- und Verbindungsphase. Sie sind damit in der Lage, jedes dem Standard entsprechende Modem in kurzer Zeit zu bedienen und einzusetzen.

An der Frontseite des Modems muß erkennbar sein

a) Die **Betriebsbereitschaft des Modem**. Diese wird durch die LED-Anzeige dann angezeigt, werden das Modem eingeschaltet ist und mit Spannung versorgt wird.

b)   Die **Betriebsbereitschaft der Datenendeinrichtung**. Diese wird angezeigt,
       wenn ein Kommunikationsprogramm die Verbindung zum Modem erfolg-
       reich hergestellt hat.

c)   Die **Geschwindigkeitsanzeige**. Immer dann, wenn die höchstmögliche
       Übertragungsgeschwindigkeit eingestellt ist, leuchtet die entsprechende An-
       zeige.

d)   Die **Verbindungsanzeige**. Diese leuchtet auf, wenn eine Verbindung zu ei-
       ner Gegenstelle besteht.

e)   Der **Datenempfang**. Diese Anzeige leuchtet auf, wenn das Modem Daten zur
       Datenendeinrichtung sendet.

f)   Das **Senden von Daten**. Diese Anzeige leuchtet auf, wenn die Datenendein-
       richtung Daten zum Modem sendet.

g)   Die **Kanalwahl**. Diese Anzeige leuchtet auf, wenn das Modem in den Ruf-
       modus geschaltet ist.

h)   Der **Leitungszustand**. Diese Anzeige ist eingeschaltet, wenn das Modem
       "abgenommen" hat. Dies ist immer beim Wählen oder während einer Ver-
       bindung der Fall.

Die Anzeige des Leitungszustands muß unbedingt beachtet werden. Legt das Modem nach Beenden einer Verbindung nicht auf, dann besteht die gebührenpflichtige
Verbindung dennoch weiter. Solche Situationen können bei Programmabstürzen
oder Bedienungsfehlern auftreten.

3.1.4 Installation und Inbetriebnahme

In den folgenden Unterkapiteln wird beispielhaft die Installation und Inbetriebnahme eines externen und eines internen Modems beschrieben. Bei der Beschreibung der Installation und Inbetriebnahme eines externen Modems wird der Schwerpunkt auf der Erläuterung der Statusmeldungen des Modem liegen. Mit dem damit
erworbenen Wissen werden Sie in der Lage sein, jedes Modem, das dem Hayes-
Standard entspricht, schnell und effektiv für Ihre Zwecke einzusetzen.

3.1.4.1 Hayes-kompatibles externes Modem

Das externe Modem wird über ein serielles Kabel mit einer seriellen Schnittstelle des PC verbunden. Dieses Kabel wird oft auch als Modem-Kabel oder V.24-Kabel bezeichnet und ist nicht immer im Lieferumfang des Modems enthalten. Der Anschluß an das Telefonnetz erfolgt über ein Kabel mit TAE-Adapter. Modem mit ZZF-Zulassung besitzen hierzu nur einen mit LINE beschrifteten Ausgang, in den das Verbindungskabel zwischen Modem und TAE gesteckt werden muß. Die Stromversorgung des Modem wird über ein externes Steckernetzteil gewährleistet. Serielle Schnittstelle, LINE-Ausgang und der Ausgang für die Stromversorgung sind so eindeutig, daß eine falsche Verkabelung ausgeschlossen ist.

Nachdem das Modem sowohl mit dem PC als auch mit dem Telefonnetz verbunden ist, kann es direkt von einer geeigneten Kommunikationssoftware verwendet werden. Laden Sie für einen ersten Funktionstest die Kommunikationssoftware und geben Sie dann den Befehl

AT <Return>

ein. Wenn das Modem mit

OK

antwortet, dann ist die Installation und Inbetriebnahme erfolgreich abgeschlossen. Die folgende Abbildung 3-3 zeigt die Frontseite eines Hayes-kompatiblen Modem. Diese erlaubt die Kontrolle der Vorgänge während der Kommando- und Verbindungsphasen.

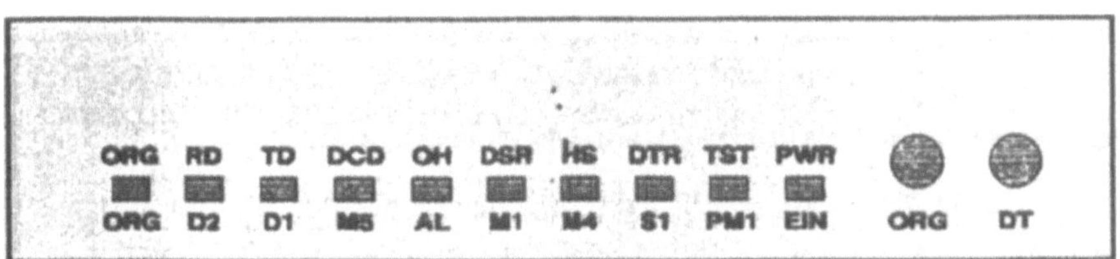

Abbildung 3-3: Frontseite eines Modem mit Statusanzeige

Sie finden hier die wichtigsten Anzeigen beschrieben. Diese Beschreibung trifft für die überwiegende Mehrzahl von Modem zu. Damit Sie einen umfassenden Überblick erhalten, sind in Klammern auch alternative Anzeigenbeschriftungen aufgeführt.

Die Anzeige **ORG** leuchtet auf, wenn sich das Modem im Originate- oder Rufmodus befindet. **RD** zeigt an, daß das Modem Daten zum PC sendet. Dies können empfangene Daten, Ergebnismeldungen oder geechote Befehle sein. Die Anzeige **TD** (SD) bedeutet, daß Daten vom PC zum Modem gesendet werden. Mit **CD** (DCD) zeigt das Modem an, daß eine Verbindung zu einem anderen Modem aufgebaut ist. Die Statusanzeige **OH** leuchtet auf, wenn das Modem "den Hörer aufgenommen hat". Diese Anzeige schaltet sich aus, wenn das Modem "auflegt", d.h. eine Verbindung oder einen Wählvorgang abbricht. Mit **HS** zeigt das Modem an, daß die Datenübertragung mit höchstmöglicher Geschwindigkeit erfolgt. Die existierende Verbindung zwischen Modem und PC wird durch die Anzeige **DTR** (TR) angezeigt. Die Anzeige **AA** zeigt an, daß sich das Modem im Antwortmodus befindet, d.h. es wartet auf einen Anruf. Wird ein ankommender Anruf registriert, dann blinkt die Anzeige. Ist die Stromversorgung eingestellt, dann leuchtet die Diode **PWR** (MR) auf.

Mit Hilfe der Statusanzeige lassen sich die Vorgänge während einer DFÜ-Sitzung sehr gut verfolgen. Wenn Sie z.B. eine Gegenstelle anwählen, dann leuchtet sofort die Anzeige **OH** auf. Nach Verbindungsaufnahme wird zusätzlich **CD** angezeigt. Wird eine Verbindung durch den Befehl zum Auflegen

AT ~~~+++~~~H0

abgebrochen, dann werden beide Anzeigen gelöscht. Hier sollte man sehr vorsichtig sein. Solange diese LEDs aufleuchten, besteht eventuell eine gebührenpflichtige Verbindung. Dies kann auch dann noch der Fall sein, wenn die Gegenstelle von sich aus schon aufgelegt hat.

3.1.4.2 Hayes-kompatibles internes Modem in einem Laptop

Die im folgenden dargestellte Installation eines internen Modems beschreibt unter anderem auch die Konfiguration der seriellen Schnittstelle mit Hilfe von sogenannten Dip-Schaltern und Jumbern. Die hier gewählte Vorgehensweise können Sie prinzipiell auf jede Modemkarte übertragen und natürlich auch für den Einbau in einen Tischrechner verwenden. In einem weiteren Schritt werden beispielhaft einige Einstellungen vorgenommen, die über Hayes-Befehle gesetzt werden. Auch hier gilt, daß die beschriebenen Einstellungen auf jede Modemkarte übertragen werden können.

Interne Modem werden in einen freien Steckplatz, Slot, des Rechners gesteckt. Abbildung 3-4 zeigt eine Modemkarte, die sowohl in einen 8-Bit als auch in einen 16-Bit Slot paßt.

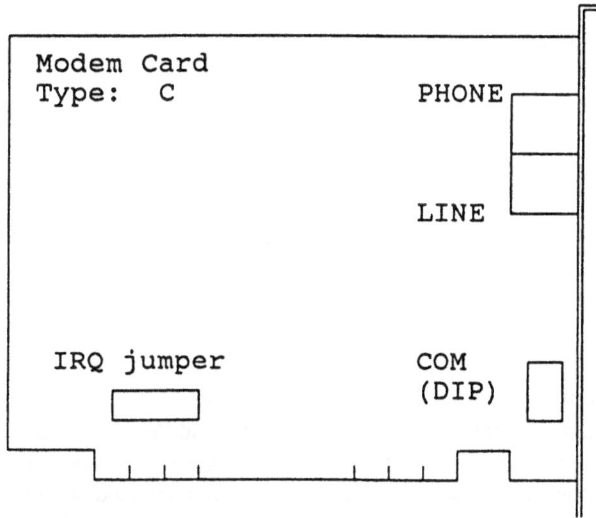

Abbildung 3-4: Abbildung einer Modemkarte

Da jedes interne Modem über eine eigene serielle Schnittstelle verfügt, bedeutet der Einbau, daß der Rechner jetzt mit mindestens zwei Schnittstellen COM1 und COM2 ausgestattet ist. Da COM1 in der Regel die eingebaute Schnittstelle des Laptop ist, muß die Modemkarte auf COM2 eingestellt werden. Dabei sind zwei Werte zu setzen, die Nummer der seriellen Schnittstelle und die Adresse des IRQ, des Interrupt Request. Da Sie in der DFÜ sehr oft mit der seriellen Schnittstelle konfrontiert werden und diese auch unter Umständen konfigurieren müssen, möchte ich an dieser Stelle auf das Problem der Schnittstellenkonfiguration eingehen.

Standardmäßig verfügt ein PC über eine serielle und eine parallele Schnittstelle. Diese werden oft auch als Ausgang oder Port bezeichnet. Der Name der ersten seriellen Schnittstelle ist COM1, der der parallelen Schnittstelle, des Druckerausgangs, LPT1. Serielle Ausgänge entsprechen der V.24-Empfehlung. Durch Erweiterung können bis zu vier serielle Schnittstellen eingebaut werden, die dann mit COM1 bis COM4 bezeichnet werden. Jede einzelne Schnittstelle wird durch einen sogenannten Interrupt Request, IRQ, überwacht. Dieser Interrupt steuert den Datenfluß zur und von der Schnittstelle. Durch die eindeutige Zuordnung eines IRQ zu einem Ausgang wird ein reibungsloser Datenfluß gewährleistet. Damit durch den IRQ auch die richtige Schnittstelle kontrolliert wird, wird jedem IRQ die Adresse des Port zugeordnet. In der folgenden Tabelle sehen Sie eine Übersicht, die zeigt, welche IRQ mit welchen Adressen den Schnittstellen COM1 bis COM4 zugewiesen werden können. Die Adressen sind hier in der üblichen hexadezimalen Notation angegeben.

Tabelle 3-11: Schnittstelle, IRQ und zugeordnete Adresse

Schnittstelle	IRQ	Adresse
COM1	IRQ4	3F8
COM2	IRQ3	2F8
COM3	IRQ4 oder IRQ5	3E8
COM4	IRQ3 oder IRQ2	2E8

Nun können wir auch die Konfiguration der oben abgebildeten Modemkarte durchführen. Dazu müssen Sie Einstellungen an den sogenannten Dip-Schaltern vornehmen und die Jumber für den IRQ umstecken. Dip-Schalter sind kleine Schalter, die auf die Positionen On oder Off gesetzt werden können. Jumber sind kleine steckbare Drahtbrücken, die zwei Metallstifte miteinander verbinden. Über die Dip-Schalter wird eingestellt, welche Ausgangsnummer der Modemschnittstelle zugeordnet werden soll.

Wie Sie an Hand der folgenden Abbildung 3-5 sehen, können auf der hier vorgestellten Modemkarte COM1 bis COM4 eingestellt werden.

Da die Laptop-Schnittstelle schon als COM1 konfiguriert ist, sollte man hier auf COM2 einstellen. Dazu müssen die Dip-Schalter Nummer 1, 4 und 6 auf Off und die Nummern 2, 3 und 5 auf On gestellt werden. Wie Abbildung 3-5 weiter zeigt, sind jeder Schnittstelle eindeutige IRQ zugewiesen. Dabei gibt es für COM3 und COM4 jeweils zwei Alternativen. Damit ist gewährleistet, daß auf jeden Fall jeder Schnittstelle ein anderer IRQ zugeordnet wird. Für die Schnittstellen COM1 und COM2 sind die IRQ4 bzw. IRQ3 zwingend vorgeschrieben. Für COM2 muß also der Jumber so gesteckt werden, daß er die Pins 1 und 2 verbindet.

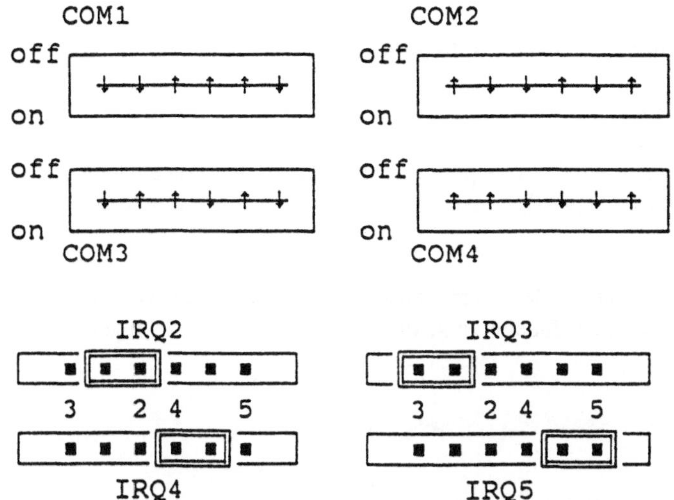

Abbildung 3-5: Dip-Schalter und Jumber eines internen Modem

Für die vorliegende Modemkarte müssen den IRQ keine Adressen zugewiesen werden. Diese Zuweisung erfolgt implizit durch das Stecken der Jumber.

Nachdem die Modemkarte eingesteckt und konfiguriert ist, können Sie mit Hilfe eines geeigneten Kommunikationsprogrammes arbeiten. Hier müssen Sie dem Programm mitteilen, welche Schnittstelle die Modemkarte benutzt. In unserem Falle ist das COM2. Im folgenden wird nun beschrieben, welche weiteren Einstellungen sinnvoll sind. Voraussetzung ist, daß ein Kommunikationsprogramm geladen ist. Die Einstellungen beziehen sich hier im wesentlichen auf die Punkte

- **Serielle Schnittstelle**

- **Übertragungsgeschwindigkeit und Protokoll**

- **Datenformat.**

In Kapitel **3.1.2 Befehlssatz** finden Sie eine ausführliche Beschreibung der hier zu verwendenden Befehle. Im Falle des hier besprochenen Modems wird durch die Initialisierungssequenz

AT V1 B0 E1

das Modem wie folgt eingestellt:

- **Fehlercode in Worten**

- **CCITT V.22bis mit 2400 bps Übertragungsrate**

- **Bildschirmecho ein.**

Ich möchte nun noch beispielhaft zeigen, wie Sie direkt den eingebauten Lautsprecher des Modem über Hayes-Befehle einstellen und Telefonnummern speichern können.

Die Einstellungen des Lautsprechers beziehen sich auf dessen Betriebszustand und die Lautstärke. Die folgende Tabelle zeigt die Betriebszustände mit zugehörigem Hayes-Befehl.

Tabelle 3-12: Betriebszustände eines Modem-Lautsprechers

Betriebszustand	Hayes-Befehl
Lautsprecher immer aus	AT M0
Lautsprecher bis Verbindungsaufbau an	AT M1
Lautsprecher immer an	AT M2
Lautsprecher bis Verbindungsaufbau an, nicht aber beim Wählen	AT M3

Die Lautstärke kann wie in Tabelle 3-13 beschrieben eingestellt werden.

Tabelle 3-13: Lautstärkenregelung Hayes-kompatibles Modem

Lautstärke	Hayes-Befehl
Niedrig	AT L0
Mittel	AT L2
Hoch	AT L3

Wie die meisten Modem bietet auch das hier vorgestellte interne Modem die Möglichkeit, im nichtflüchtigen Speicher, dem NVRAM, Einstellungen zu speichern. So können je nach Modemtyp bis zu 10 Nummern gespeichert werden, die dann über den Kurzwahlbefehl direkt angewählt werden. Die folgende Zeile zeigt, wie die erste Nummer gespeichert wird:

AT &Z0 = 068111223344

Eine zweite Nummer würde über AT &Z1 = xxxx eingeben, eine dritte über AT
&Z2 usw. Wichtig ist, daß hier nur Ziffern erlaubt sind. Die Kurzwahl für die erste
gespeicherte Nummer ist dann

AT DP S=0 <Return>

3.2 Btx-Hardwaredekoder und DBT03

Btx-Hardwaredekoder sind Geräte, die den Btx-Zeichensatz interpretieren können.
Dieser ist in einem speziellen CEPT-Protokoll definiert, das die Btx-Zeichen und
ihre Attribute wie Farben, Größe, Blinken und Invertierung festlegt. Hardwaredekoder besitzen einen speziell für Btx entwickelten Bildschirm Steuerungsbaustein,
CRT-Controller. Dieser liest die vom Btx-System gesendeten Daten und wandelt
diese dann in eine entsprechende Bildschirmanzeige um.

Btx-Hardwaredekoder haben durch die Entwicklung von Softwaredekodern ihre Bedeutung verloren. Da im Kontext dieses Buches ausschließlich Softwaredekoder besprochen werden und auch nur Softwaredekoder beim Einsatz von PCs einen Sinn
machen, wird im weiteren nicht näher auf Hardwaredekoder eingegangen. Sie finden in Kapitel **5 Bildschirmtext** eine nähere Beschreibung der Funktion von Softwaredekodern.

Das DBT03 ist eine Datenübertragungseinrichtung der Telekom, die speziell für den
Btx-Betrieb entwickelt wurde und jedem Btx-Teilnehmer bei Bedarf zur Verfügung
gestellt wird. Es handelt sich um eine Anschlußbox, die zwar wie ein Modem arbeitet, aber nicht universell mit jedem beliebigen Kommunikationsprogramm eingesetzt werden kann. Das DBT03 wird zwischen Btx-Terminal und der TAE geschaltet. Viele Einstellungen, die bei einem Modem über entsprechende Software vorgenommen werden müssen, z.B. die Anwahlsequenz der Btx-Vermittlungsstelle oder
das Identifizieren des Teilnehmers, entfallen hier. So ist die Btx-Kennung in einem
Chip gespeichert und wird automatisch gesendet. Dafür ist das DBT03 aber auch mit
1200/75 bps langsamer als ein Modem. Zusätzlich benötigt man beim Betrieb mit
einem PC einen sogenannten Pegel-Wandler, der die Schnittstelle des PC an das
DBT03 anpaßt. Im Rahmen dieses Buches spielt das DBT03 keine Rolle. Ab 1992
werden von der Telekom keine DBT03 mehr angeboten. Damit wird dieses Gerät in
absehbarer Zeit ganz verschwinden. Wir werden daher im folgenden ausschließlich
Btx-Anwendungen mit Hilfe eines Modem oder über eine ISDN-Adapterkarte beschreiben.

3.3 Akustikkoppler

Ziel dieses Kapitels ist es, Ihnen eine Kurzbeschreibung der Datenübertragungseinrichtung Akustikkoppler zu geben. Da dieses Gerät in der Regel langsamer und störanfälliger als ein Modem ist, spielt es heute in der Datenübertragung mit PCs eine geringe Rolle. Neuere Entwicklungen, wie z.B. der MNP Akustikkoppler DAC 2400P5 mit MNP-Protokoll und einer Übertragungsgeschwindigkeit von 2400 bps zeigen jedoch, daß diese Geräteklasse weiterentwickelt wird und zumindest für die ortsunabhängige DFÜ eine interessante Alternative zum Modem darstellt. Denn im Gegensatz zu einem Modem, können mit einem Akustikkoppler auch von einer Telefonzelle heraus Daten übertragen werden.

Akustikkoppler dienen ebenso wie das Modem dazu, Daten über das analoge Telefonnetz zu übertragen. Dazu ist dieses Gerät mit zwei Gummi-Manschetten ausgerüstet, in die man den Telefonhörer akustisch dicht einlegen kann. Die eine Muschel enthält einen kleinen Lautsprecher für die zu sendenden Daten, die andere ein Mikrofon für den Empfang. Die akustische Ankopplung führt zu einer erhöhten Störanfälligkeit und zu geringeren Übertragungsraten als bei einem Modem. So können laute Umgebungsgeräusche Fehler bei der Datenübertragung verursachen. Die begrenzte Linearität von Phasen- und Frequenzgang bei Mikrofon und Lautsprecher schränken die maximal erreichbare Übertragungsgeschwindigkeit ein.

Der Verbindungsaufbau erfolgt zunächst durch das Anwählen mit dem Telefon. Wenn der Signalton der Gegenstelle zu hören ist, wird der Hörer in die Gummi-Manschetten des Akustikkopplers gelegt und die Verbindung ist aufgebaut. Gute Akkustikkoppler beherrschen zwei Betriebsarten. Den Call/Answer-Modus und den Originate/Answer-Modus. Die erste Betriebsart ist einzustellen, wenn man selbst die Gegenstelle anwählen möchte. Die zweite, wenn ein Ruf entgegengenommen werden muß.

3.4 Multitel - Telefon und Btx-Endgerät

Die Abkürzung Multitel steht für **Multifunktionales Telefon**. Es handelt sich hier um eine Kombination von Telefon und Datenbildschirm. Die Post bietet hier 2 Modellvarianten an. Das Multitel 12 besitzt einen Schwarz-Weiß-Monitor und einen gegenüber dem Modell Multitel 41 eingeschränkten Funktionsumfang. Das Multitel 41 arbeitet mit einem Farbmonitor.

Das Multitel ist als Btx-Endgerät konzipiert. Es ist nur wenig größer als ein Telefonapparat und kann damit problemlos das Telefon auf dem Schreibtisch ersetzen. Dieses Gerät verfügt über einen Speicher, in den Telefon- und Btx-Nummern gespeichert werden. Dadurch können Zielnummern automatisch angewählt werden.

Das Telefonieren wird durch folgende Funktionen unterstützt:

Tabelle 3-14: Telefonieren mit Multitel - Funktionsübersicht

```
Speichern von Telefonnummern
Automatische Anwahl
Wahlwiederholung
Wahl mit aufliegendem Hörer
Lauthören
Notrufspeicher
Zielwahltasten
Sperrschloß
Anzeige der Gesprächsdauer
Rufnummernanzeige
Verdecktes Speichern von Geheimnummern
Anschlußmöglichkeit an Telefonnebenstellenanlagen
```

Für den Bildschirmtextbetrieb stehen folgende Funktionen zur Verfügung.

Tabelle 3-15: Bildschirmtext mit Multitel - Funktionsübersicht

```
Alphanumerische Tastatur
Speichern von Btx-Seitennummern
Makrofunktion zur Aufzeichnung von Eingabefolgen
Unterstützende Funktionen im Mitteilungsdienst
Automatische Übernahme von Btx-Seitennummern
Speichern von Rufnummern aus dem
Elektronischen Telefonbuch
```

Das Multitel kann mit zwei Anschlußarten betrieben werden. Mit einem Telefonanschluß kann der Teilnehmer entweder telefonieren oder Btx nutzen. Bei einem Doppelanschluß wird das Gerät an zwei Telefonanschlüsse angeschlossen. Damit kann der Teilnehmer gleichzeitig telefonieren und Btx nutzen.

Die große Stärke des Multitel liegt in der Integration von Telefon und Datenterminal. Allerdings kann mit diesem Gerät nicht der Bedienungskomfort im BtxSystem erreicht werden, den Softwaredekoder auf einem PC bieten. Eine wesentliche Schwäche des Multitel 12 ist die Druckerschnittstelle, der RGBAusgang. Dieser ist nicht mit einer der Standardschnittstellen im PC-Bereich, V.24 oder parallele Centronic-Schnittstelle, kompatibel. Das bedeutet, daß der BtxTeilnehmer einen Spezialdrucker kaufen muß, wenn er Btx-Seiten auch ausdrucken möchte. Etwas besser ist dies für das Multitel 41 gelöst. Dieses Gerät verfügt über eine V.24-Schnittstelle, so daß hier serielle Drucker angeschlossen werden können.

3.5 ISDN

Das Akronym ISDN steht für "Integrated Services Digital Networks", was sich etwa übersetzen läßt mit "diensteintegrierendes digitales Netzwerk". Dieses Netz, das 1989 dem öffentlichen Betrieb übergeben wurde, wird das künftige universelle und digitale Telekommunikationsnetz der Telekom sein. Damit ist die Telekom zusammen mit France-Telecom (hier wird ISDN unter dem Markennamen Numeris eingesetzt) eine der ersten PTT, die ISDN in ihrem Netz eingeführt haben. Langfristiges Ziel ist es, ISDN weltweit zu einem standardisierten Telekommunikationsnetz aufzubauen. Dies und die Tatsache, daß ISDN erhebliche Leistungs- und damit auch Kostenvorteile auf dem Gebiet der Telekommunikation bringt, wird dazu führen, daß die Telekommunikation der Zukunft entscheidend von ISDN geprägt sein wird. Jetzt und in unmittelbarer Zukunft muß sich der Anwender entscheiden, ob er bei der analogen Technik bleibt oder aber auf ISDN umsteigt und damit den Einstieg in die digitale Telekommunikation vollzieht. Deshalb werden wir uns im folgenden mit allen anwenderrelevanten Aspekten von ISDN auseinandersetzen. Dabei werden Fragen der Hard- und Softwarevoraussetzungen besprochen. Sie finden in diesem Kapitel die Beschreibung von Anwendungsmöglichkeiten und deren Umsetzungen in der Praxis. Den Abschluß bildet ein Ausblick auf die Zukunft. Zunächst möchte ich jedoch allgemein die Leistungsmerkmale des ISDN beschreiben.

3.5.1 Leistungsmerkmale und Dienste

Bedeutendstes Merkmal von ISDN ist die Diensteintegration. Damit ist die Integration von Telefondienst, Telefax, Telex, Bildschirmtext und Datenübermittlungsdienst in einem digitalen Netz gemeint. Dadurch können neben der traditionellen Sprachübermittlung auch Texte, Bilder und Daten mit einer einheitlich hohen Übertragungsrate von 64.000 bps übertragen werden.

Man unterscheidet zwischen Schmalband-ISDN und Breitband-ISDN. Das letztgenannte Netz wird auf der Basis von Glasfaserkabeln realisiert werden. Hierzu startet die Telekom ab November 1993 einen Pilotversuch mit ausgewählten Teilnehmern. Eine kommerzielle Nutzung ist ab 1996/97 geplant. Wenn im folgenden verkürzend von ISDN gesprochen wird, dann ist das Schmalband-ISDN gemeint, das auf dem traditionellen Fernmeldekabel aufbaut. Für die Digitalisierung analoger Sprachsignale wird hier das PCM-Verfahren eingesetzt. Die Übertragung eines Bytes erfolgt in einem Zeitintervall von 125 Mikrosekunden. Daraus ergibt sich die Übertragungsrate von 64 kbps (8 Bit * 1.000.000/125) im Schmalband-ISDN.

Im ISDN können über den sogenannten Basisanschluß gleichzeitig zwei Kommunikationsdienste in Anspruch genommen werden. Sie können also telefonieren und zur gleichen Zeit über den selben Anschluß ein Fax versenden. Zudem ist es möglich, während einer Verbindung jederzeit den Kommunikationsdienst zu wechseln oder aber die Verbindung an ein anderes angeschaltetes Endgerät weiterzugeben.

Alle Dienste laufen über eine Kommunikationssteckdose, an die im Falle eines Basisanschlusses bis zu 8 Geräte angeschlossen werden können. Jedes dieser Geräte ist über eine einheitliche Rufnummer erreichbar. Die Telekom erstellt entsprechend auch nur eine einzige Fernmelderechnung, in der auf Wunsch ein Gebührennachweis über jeden Telekommunikationsvorgang erstellt wird.

Im ISDN wird eine sehr gute Übertragungsqualität bei gleichzeitiger Geschwindigkeitssteigerung erreicht. Dies gilt insbesondere auch für die Nutzung von Telekommunikationsdiensten. Dieser Geschwindigkeitsvorteil resultiert aus einem schnelleren Verbindungsaufbau und der großen Übertragungsrate. Für Btx im ISDN bedeutet dies, daß dieser Dienst im Vergleich zu einem herkömmlichen Anschluß mit enormer Geschwindigkeit ablaufen kann. So benötigen Sie für eine Datenübertragung im Btx, die bei einem herkömmlichen analogen Telefonanschluß 50 Minuten dauern würde, im ISDN-Netz nur etwa 2 1/2 Minuten. Eine Übertragung von normalerweise 4 Minuten wird in gerade 10 Sekunden abgeschlossen.

Besonders im Bereich der Text- und Datenübermittlung führt die hohe Übertragungsgeschwindigkeit zur Reduzierung von Übertragungszeiten und damit auch von Kosten. Tabelle 3-16 zeigt die Geschwindigkeitsvorteile des ISDN nochmals im Überblick.

Neben der Diensteintegration bietet ISDN sogenannte Netz- oder Diensteübergänge an. So besteht die Möglichkeit, durch den Übergang vom ISDN in das Telefonnetz weltweit alle Telefon- und Telefaxteilnehmer zu erreichen, die selbst über keinen ISDN-Anschluß verfügen. Das gleiche gilt für Telex- und Teletex-Teilnehmer.

Tabelle 3-16: Geschwindigkeitsvorteile im ISDN

```
Dienst                          analoges Netz    ISDN-Netz

Verbindungsaufbau Telefon       15 Sek.          1,7 Sek.
Telex 1,5 DIN A4 Seiten         12 Sek.          2   Sek.
Telefax 1 DIN A4 Seite          60 Sek.          10  Sek.
Datenübertragung 10 Kbit         4 Sek.          0,2 Sek.
Btx-Textseite                    8 Sek.          0,2 Sek.
```

Ebenso ist ein Übergang in das Datex-P-Netz möglich. Dazu wird im Telekom-Knotenrechner ein sogenannter Interworking Port eingerichtet. Dieser spezielle ISDN-Zugang stellt den Übergang zwischen ISDN und Datex-P her. Damit sind Verbindungen zwischen X.25-Endgeräten im ISDN und anderen X.25-Endgeräten im ISDN und im Datex-P-Netz möglich. Als Datenübertragungseinrichtung wird ein Terminaladapter TA X.25 benötigt, der das ISDN an Datex-P anpaßt und Übertragungsgeschwindigkeiten von 2400 bps, 4800 bps und 9600 bps zuläßt. Für diese Einrichtung muß der Teilnehmer Mietgebühren zahlen, deren Höhe von der gewünschten Übertragungsgeschwindigkeit abhängt.

Mit Hilfe einer entsprechenden Hardwareerweiterung wird der PC am ISDN-Anschluß zum "Multifunktionalen Terminal", das die traditionellen Endgeräte wie z.B. das FAX-Gerät ersetzen kann. Auf Grund der großen Bedeutung, die dem PC auch im ISDN-Netz zukommen wird, werden wir in **Kapitel 3.5.5 Der PC als multifunktionales Endgerät** vertiefend hierauf eingehen. ISDN bietet durch die Kombination von Telefon und PC die Möglichkeit, den Telefondienst äußerst komfortabel zu gestalten. Auch hier finden Sie in **Kapitel 3.5.5.5 Computer Integriertes Telefonieren CIT** eine detaillierte Beschreibung.

3.5.2 Kosten

Im ISDN beträgt die Verbindungsgebühr für alle Dienste 0,23 DM pro Gebühreneinheit. Dennoch muß man sehen, daß die Grundkosten relativ hoch sind. Die folgende Tabelle 3-17 gibt einen Überblick.

Bei der Analyse der Kosten müssen auch die zur Zeit (Stand Dezember 1991) noch hohen Kosten ISDN-fähiger Endgeräte berücksichtigt werden. So kostet derzeit das ISDN-fähige Faxgerät DF 412 der Telekom etwa 13.000 DM, Produkte privater Anbieter sind noch teurer.

Tabelle 3-17: Kosten im ISDN

Anschlußart	Kostenart	Betrag
Basisanschluß		
	Anschlußgebühr	130 DM
	monatliche Grundgebühr	74 DM
Multiplex-anschluß		
	Anschlußgebühr	200 DM
	monatliche Gebühr	518 DM

Im ISDN sind drei verschiedene Verbindungsarten möglich, die unmittelbar Einfluß auf die anfallenden Gebühren haben.

Wählverbindungen

Diese Verbindungsart entspricht der einer Telefonverbindung. Sie steht nach der Verbindungsaufnahme bis zu deren Lösung zur Verfügung. Für die Dauer der Verbindung muß nach Zeittakten bezahlt werden.

Semipermanente Verbindung SPV

Auch hier wird die Gegenstelle angewählt. Allerdings ist die Leitung nach Verbindungsaufnahme noch nicht aktiviert. Erst zu Beginn der Datenübertragung wird diese vom Endgerät automatisch aktiviert. Mit dem Ende der Übertragung wird die Leitung auch wieder deaktiviert, ohne daß damit gleichzeitig die Verbindung unterbrochen würde. Auf diese Weise können Verbindungen sehr schnell und sicher aufgebaut werden. Zur Zeit werden diese Verbindungen von der Telekom je nach Entfernung zwischen den Teilnehmern pauschal tarifiert.

Festverbindungen FV2

Hier werden Verbindungen direkt geschaltet. Ein Anwählen der Gegenstelle entfällt damit.

3.5.3 Hardwarevoraussetzungen

In diesem Kapitel werden Sie erfahren, welche anschluß- und hardwaretechnischen Voraussetzungen erfüllt sein müssen, um mit Hilfe eines PC ISDN nutzen zu können.

Grundvoraussetzung ist der Anschluß an das ISDN-Netz durch die Telekom. Dazu muß der Fernsprechteilnehmer mit einer digitalen Ortsvermittlungsstelle, in der Postterminologie DIVO genannt, verbunden sein. Ist dies der Fall, dann erhält der Teilnehmer auf Antrag von der Telekom einen "ISDN-Hauptanschluß", auch entsprechend der Schnittstellenbezeichnung als S_0-Anschluß oder als "Kommunikationssteckdose" bezeichnet. Dazu installiert die Telekom einen NT (engl = Network Terminal) genannten Netzabschluß, der über das Zweidraht-Kupferkabel des analogen Fernmeldenetzes mit der ISDN-fähigen digitalen Ortsvermittlungsstelle verbunden ist. Man unterscheidet entsprechend der CCITT-Empfehlung I.411 zwei Typen von Netzabschlüssen, NT1 und NT2. Nach CCITT ist NT1 ein Netzabschlußgerät, das nur übertragungstechnische Funktionen erfüllt. Diese Funktionen entsprechen der Schicht 1 des OSI-Referenzmodells. Das Abschlußgerät NT2 enthält demgegenüber auch Funktionen der Schichten 2 und 3. Die Telekom installiert ausschließlich NT1-Geräte und nennt diese auch nur NT.

Das NT wird beim Teilnehmer fest installiert und besitzt einen 220V-Anschluß. Die Überwachung der internen Funktionen und die Notspeisung bei Netzausfall wird von der digitalen Vermittlungsstelle übernommen. Das Netzgerät setzt die zweiadrig geführte Fernmeldeleitung in die vieradrige S_0-Schnittstelle um. Dies hat den entscheidenden Vorteil, daß kein Kabelaustausch zwischen Teilnehmer und Vermittlungsstelle notwendig ist. Die digitale Verbindung reicht von Endgerät zu Endgerät.

Die S_0-Schnittstelle ist als sogenannter passiver Bus realisiert und weltweit standardisiert. Hier können im Falle eines Basisanschlusses bis zu acht Endgeräte und darunter bis zu 4 Telefone angeschlossen werden. Die Schnittstelle funktioniert dabei als "Sammelschiene", die allen angeschlossenen Geräten den Zugang zum ISDN ermöglicht. Die maximale Länge dieser "Sammelschiene" ist von der Anzahl der am Bus angeschlossenen Endgeräte abhängig. Sie schwankt zwischen 200 und 1000 Meter bei einem angeschlossenen Gerät. Passiv bedeutet, daß diese Geräte untereinander nicht kommunizieren können, weil die Schnittstelle keine Vermittlungsfunktion wahrnehmen kann.

Der Basisanschluß bietet die Möglichkeit, zwei unabhängig vermittelbare Datenkanäle, in der Postterminologie Basiskanäle genannt, mit je 64 kbps und einen Steuerkanal mit 16 kbps zu nutzen. Die Basiskanäle werden auch Nutzkanäle ge nannt und mit B1 bzw. B2 bezeichnet. Der Steuerkanal, D1 genannt, wird in erster Linie dazu verwendet, Steuerinformationen wie z.B. Auf- und Abbau einer Verbindung, zu übertragen. Dabei stellt der D-Kanal keine durchgehende Verbindung von Teilnehmer zu Teilnehmer dar. Er existiert lediglich zwischen dem Teilnehmerendgerät und der ISDN-fähigen digitalen Ortsvermittlungsstelle DIVO.

Das D-Kanal-Protokoll ist in der FTZ-Richtlinie 1TR6 festgelegt. Es handelt sich hier um eine nationale Protokollvariante auf den Schichten 1 bis 3 im OSI-Modell. Dieses Protokoll wird deshalb auch **LAPD** genannt, Link Access Procedure für D-Kanäle. Das Protokoll übernimmt die CCITT-Empfehlungen I.440 und I.441. Die Telekom hat sich 1989 für eine schnelle Einführung des ISDN entschieden. Dies war dann auch die Ursache für die Verwendung der nationalen Variante des D-Kanal-Protokolls. Ab 1993 wird neben dem 1TR6-Protokoll ein europaweit genormtes Protokoll im Rahmen des Euro-ISDN in der Bundesrepublik eingesetzt. Für die Praxis bedeutet dies zunächst, daß das bestehende Protokoll nicht weiterentwickelt wird. Eine detaillierte Beschreibung der Kanal-D-Protokolle finden Sie in Kahl(1990) auf den Seiten 125ff. Abbildung 3-7 zeigt die Kanalstruktur des ISDN im OSI-Referenzmodell.

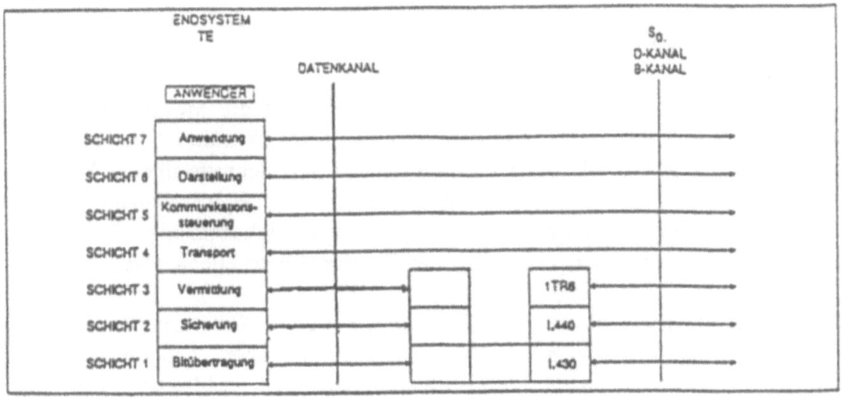

Abbildung 3-7: ISDN im OSI-Referenzmodell

Im ISDN-Netz selbst werden entsprechende Aufgaben über den Zentralzeichenkanal unter Benutzung des CCITT-Zeichengabesystems Nr. 7 wahrgenommen.

Die Trennung zwischen Nutzkanälen und einem hiervon getrennten Steuerkanal erhöht die Flexibilität des ISDN gegenüber den bisherigen Netzen enorm. In herkömmlichen Netzen werden Nutz- und Steuerdaten in einem (logischen) Kanal transportiert. Deshalb muß hier zwischen Nutz- und Steuerungsphasen unterschieden werden. Im ISDN ist dies nicht der Fall. Signalisierungsvorgänge wie Auf- und Abbau von Verbindungen oder der Austausch von Kontrollinformationen erfolgen unabhängig vom Nutzkanal im D-Kanal.

Die Basiskanäle haben keine dienstespezifischen Eigenschaften und es existieren keine Festlegungen, wie diese Kanäle zu nutzen sind. Das bedeutet, daß sie für jeden Kommunikationsdienst zur Verfügung stehen, für den eine Datenrate von 64 kbps ausreichend ist.

Der Basisanschluß kann als Einzelendgeräte- und als Mehrfachendgeräteinstallation realisiert werden. Im ersteren Fall wird ein Endgerät angeschlossen, in der Regel eine Telekommunikationsanlage, TK. Hier kann der Abstand zwischen Netzabschluß und Endgerät bis zu 100 Meter betragen. Im Falle der Mehrfachendgeräteinstallation handelt es sich um den oben beschriebenen passiven Bus, an den bis zu acht Geräte angeschlossen werden können.

Bei einem größeren Bedarf an Anschlußleitungen besteht die Möglichkeit eines Primärmultiplexanschlusses, PMxAs. Dieser bietet 30 Nutzkanäle B1 bis B30 und einen Steuerkanal D64 mit 64 kbps Übertragungsrate. Die Schnittstelle des Primärmultiplexanschlusses heißt S_{2M}. Hier ist nur eine Einzelendgeräteinstallation möglich. D.h. an einen Primärmultiplexanschluß wird eine Telekommunikationsanlage angeschlossen. Diese entspricht einer digitalen Telefonnebenstellenanlage.

Da die Anschlußmöglichkeit an eine ISDN-fähige digitale Ortsvermittlungsstelle die Voraussetzung für einen ISDN-Anschluß ist, aber andererseits die Digitalisierung der bestehenden Vermittlungsstellen nicht schlagartig erfolgen kann, setzt die Telekom technische Hilfsmittel ein, um die bis 1993 zugesagte Flächendeckung in allen Bundesländern zu erreichen. Der Direktanschluß verbindet den Netzabschluß unmittelbar mit der Ortsvermittlungsstelle. Ist diese Anschlußart nicht möglich, dann erfolgt der Anschluß als Regeneratoranschluß. Dabei werden unterirdisch Zwischengeneratoren verwendet. Als dritte Variante setzt die Telekom den Fremdanschluß oder Sonderanschluß ein. Hier wird der Teilnehmer aus einem analogen Anschlußbereich an die nächstliegende ISDN-Ortsvermittlungsstelle angeschlossen.

Mit der Installation des ISDN-Hauptanschlusses sind die fernmeldetechnischen Voraussetzungen für die Telekommunikation im ISDN erfüllt. Jetzt ist es Sache des Anwenders, welche Endgeräte er anschließt. In Frage kommen hier ISDN-Geräte wie Digitales Telefon, Fax-Gerät der Gruppe 4, Teletex-Geräte, Scanner oder aber als multifunktionales Endgerät ein PC. Ebenfalls angeschlossen werden können die im folgenden aufgeführten Geräte mit entsprechender Schnittstellenaustattung:

a/b   z.B. analoge Fernsprech- und Telefaxgeräte

X.21   z.B. Telexgeräte

X.25   z.B. Kommunikationssteuereinheiten für das Datex-P-Netz

V.24   z.B. Terminals, Drucker oder Hostrechner.

Für die Schnittstellenanpassung müssen hier sogenannte Terminaladapter sorgen, die entsprechend der anzuschließenden Schnittstelle als TA a/b, TA V.24, TA X.21 und TA X.25 bezeichnet werden. In **Kapitel 3.5.3.3 Terminaladapter** werde ich Ihnen Funktionsweise und Anwendung eines TA V.24 am Beispiel einer praktischen Anwendung beschreiben. Abbildung 3-8 zeigt eine mögliche Endgerätezusammenstellung an einem Basisanschluß.

Die abgebildete Gerätezusammenstellung stellt eine beliebige Auswahl dar und kann an die jeweils spezifischen Bedürfnisse des ISDN-Teilnehmers angepaßt werden.

Für den Teilnehmer relevant sind in diesem Zusammenhang zwei Dinge:

1) Alle angeschlossenen Geräte haben die gleiche Rufnummer.

2) Es können jeweils zwei Geräte gleichzeitig betrieben werden.

Da ISDN für verschiedene Dienste genutzt werden kann, gibt es eine Dienstekennung oder **TEI** für Terminal Endpoint Identifier, die gewährleistet, daß nur kompatible Endgeräte angesprochen werden.

In der folgenden Tabelle 3-18 finden Sie eine Zuordnung von Kennziffer und entsprechendem Dienst.

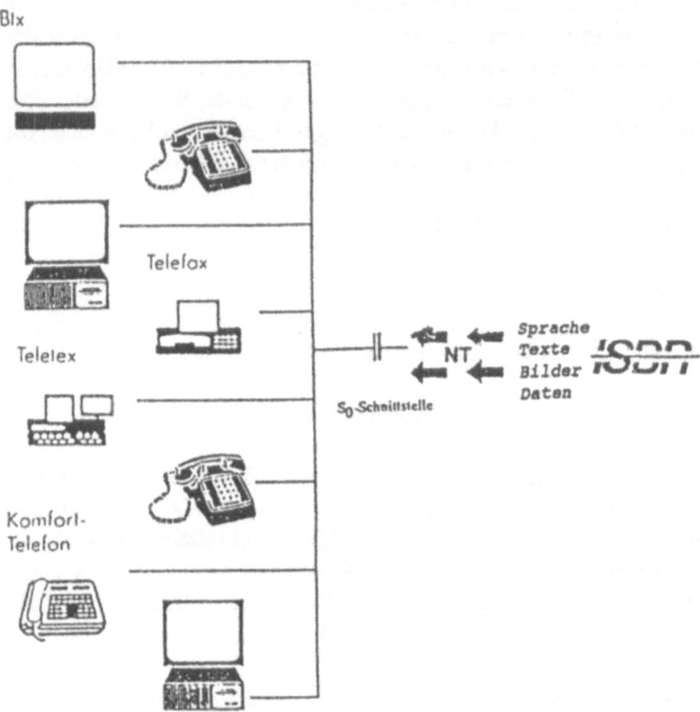

Abbildung 3-8: Endgeräte an einem ISDN-Basisanschluß

Tabelle 3-18: Dienstekennungen im ISDN

Kennung	Dienst	Zusatzmerkmal
11	ISDN-Telefon	3,1 kHz
12	ISDN-Telefon	7 kHz
13	Fernsprechen analog	
14	Bildtelefon	Ton, 3,1 kHz
15	Bildtelefon	Ton, 7 kHz
16	Bildtelefon	Bild
31	Datenübermittlung über SO	64 kbps
51	Teletex an SO bzw. Nebenstellenanlage	64 kbps bzw 2,4 kbps
52	Telefax Gruppe 4	64 kbps
72	Telefax Gruppe 3 über TA a/b	

Will man also vom Telefon einen Dienstewechsel zum PC vornehmen, dann ist als Dienstekennung die 31 einzugeben.

Sind mehrere gleiche Geräte angeschlossen, dann geht der ankommende Ruf an alle Geräte mit passender Dienstekennung. Dies wird als Global Call bezeichnet. Sind z.B. mehrere Telefonapparate angeschlossen, dann läuten alle Apparate und der Ruf geht an das Gerät, bei dem zuerst abgehoben wird. Um ein Gerät gezielt anzusprechen, wird die Anschlußnummer um eine weitere Ziffer ergänzt. Diese Ziffer wird als Endgeräteauswahlziffer EAZ bezeichnet und bietet die Möglichkeit, ein bestimmtes von mehreren gleichartigen ISDN-Geräten gezielt zu erreichen. Dies entspricht der Durchwahl bei einer Nebenstellenanlage. Ist die EAZ eine 0, dann werden alle Endgeräte eines Dienstes gleichermaßen angesprochen.

Wir werden uns im folgenden auf die hardwaretechnischen Voraussetzungen konzentrieren, die den Betrieb eines PC im ISDN ermöglichen. Dabei erfahren Sie, mit welchen technischen Erweiterungen Sie einen PC zu einem multifunktionalen ISDN-Endgerät machen können.

3.5.3.1 ISDN-PC-Karten

Die Datenfernverarbeitung erfolgt im PC über die serielle V.24 Schnittstelle. Über diese asynchrone Schnittstelle ist eine maximale Übertragungsrate von 19200 Bit in der Sekunde möglich. Damit ist Sie für den direkten Anschluß an das ISDN-Netz nicht geeignet. Eine Lösung stellt die Aufrüstung mit einer ISDN-PC-Karte, auch ISDN-Adapter oder ISDN-Controller genannt, dar. Hierbei handelt es sich um Erweiterungskarten, die in einen freien Steckplatz des PC eingebaut werden. Dabei werden im allgemeinen keine besonderen Anforderungen an den PC gestellt.

Das Leistungsspektrum reicht von kompakten, prozessorlosen Karten über einfache, aber prozessorunterstütze Karten bis hin zum Hochleistungs-Adapter mit eigener Prozessorleistung und bis zu 2 MB Speicherkapazität. Einfache Karten wie z.B. der ISDN-Controller A1 der Firma AVM sind für die Abarbeitung eines B-Kanals am Basisanschluß ausgelegt und bieten die Möglichkeit, alle definierten Telekommunikationsdienste wie Telex, Telefax und Btx sowie nichtstandardisierte Anwendungen wie z.B. Datentransferanwendungen abzuwickeln. Da diese Karten über keinen eigenen Prozessor verfügen, ist der Hardwareaufwand relativ gering. Die gesamte Anwendungssoftware wird von der Festplatte des PC geladen. Karten ohne eigene Prozessorleistung werden auch als passive Karten bezeichnet.

Der Adapter B1, ebenfalls von AVM, ist ein Beispiel für Hochleistungs-ISDN-Karten. Diese Karte ist für den simultanen Betrieb zweier Datenkanäle ausgelegt und besitzt einen Hochleistungsprozessor, Transputer, der bis zu 10 Mips leistet. Auch hier wird die Software von der PC-Festplatte geladen. Allerdings entlastet der eigene Prozessor die CPU des PC erheblich. Solche Karten werden als aktive Karten bezeichnet.

Ein weiterer wesentlicher Leistungsaspekt sind die auf dem ISDN-Adapter implementierten Schnittstellen. Hierbei ist zwischen physikalischen und logischen Schnittstellen zu unterscheiden. Notwendige physikalische Schnittstellen sind die Verbindung zum PC-Bus und die S_0-Schnittstelle zum ISDN. Zusätzlich können die Karten mit den seriellen Schnittstellen COM1 bis COM4 und/oder mit einer X.-Schnittstelle zum Telefon ausgestattet sein.

Logische Schnittstellen sind Schnittstellen auf der Basis von Softwarelösungen. Auf ISDN-Karten deutscher Anbieter befindet sich in der Regel das Common-ISDN-API, Common ISDN Application Programmable Interface. Dieses wurde 1989 anläßlich der CeBit erstmals präsentiert. Beteiligt an der Entwicklung war ein Arbeitskreis der Industrie mit den ISDN-Kartenherstellern AVM, Stollmann und Systec und die Fernmeldetechnische Zentralamt Darmstadt. Ende 1989 wurde die Normung abgeschlossen. Mit 36 in der Programmiersprache C geschriebenen Funktionen erlaubt dieses Interface den uneingeschränkten Zugriff von Programmen auf die ISDN-Adapterkarte. Damit ist die Grundlage zur herstellerunabhängigen Entwicklung von ISDN-fähigen Programmen gelegt. Anwendungen, die dieses Interface benutzen, sind von zukünftigen Erweiterungen oder Hardwareänderungen nicht betroffen. Ebenso sind zukünftige Erweiterungen unter Erhaltung der Kompatibilität zur vorhandenen Software möglich. Die Common API hat sich in Deutschland zur Standardschnittstelle entwickelt. Eine weltweite Norm ist zur Zeit noch nicht in Sicht.

Im folgenden **Kapitel 3.5.3.2 ISDN-Adapterkarte - Installation und Beschreibung** finden Sie zwei Programme abgebildet, die den Zugriff auf die API mit Hilfe der Programmiersprache C demonstrieren.

Die COM-Schnittstelle erlaubt die Datenübertragung mit Hilfe eines Standard-Kommunikationsprogramms. Es handelt sich hierbei um ISDN-Bausteine, die eine Bitratenadaption ermöglichen. Damit können auch Verbindungen zwischen ISDN-Adapter und Terminaladapter aufgebaut werden. In Kapitel 3.5.2.3 finden Sie eine nähere Beschreibung der Bitratenadaption.

Die APPLI/COM, Application/Communication, ist eine Schnittstelle, die den Austausch von Text und Daten zwischen Anwendungsprogrammen, wie z. B. der Textverarbeitung, und Kommunikationsprogrammen vereinheitlicht. Das NetBIOS-Interface, Network Basic Input/Output System, ist eine Schnittstelle zwischen Anwendungsprogrammen und dem lokalen Netzwerk von IBM. Die Marktposition von

IBM und die Tatsache, daß NetBIOS ein offenes System ist, hat diese Schnittstelle zum "De facto"-Standard für PC-Netze werden lassen. Es werden daher von einer Vielzahl von Anbietern Anwendungsprogramme angeboten, die für die Kommunikation mit einem anderen System die NetBIOS-Schnittstelle benutzen. Karten mit einer NetBIOS-Schnittstelle sind damit netzwerkfähig.

Ein weiterer Faktor, der die Leistungsfähigkeit und dann den Nutzen einer ISDN-Karte bestimmt, ist die Ausstattung mit Protokollen für B-Kanal und D-Kanal. In der folgenden Tabelle sehen Sie eine Übersicht zu aktuell angebotenen Protokollen.

Tabelle 3-19: B-Kanalprotokolle auf ISDN-Karten

Protokoll	Funktion
LAP B	Schicht 2 Protokoll für Datex-P-Netze
SDLC	Synchrones Datenübertragungsverfahren mit 64000 bps. Eine IBM-Variante des HDLC-Protokolls
T.61	Zeichensatz für Telex und Teletex
T.62	Kontrollprozedure Teletex und Faxgeräte Gruppe 4
T.70	Schicht 4 Protokoll im Teletexdienst
V.110	Bitratenadaptionsverfahren für synchrone Anwendungen
X.25	Schnittstelle für paketvermittelnde Netze, z.B. Datex-P
X.75	X.75 definiert den Übergang zwischen Datennetzen mit Paketvermittlung

3.5.3.2 ISDN-Adapterkarte - Installation und Beschreibung

In diesem Kapitel werden Leistungsfähigkeit und Installation der ISDN-Adapterkarte A1 der AVM Computersysteme Vertriebs-GmbH & Co KG Berlin beschrieben. Da diese Karte dem aktuellen Leistungsstandard entspricht (Stand September 1991), erhalten Sie hiermit Orientierungshilfen über einen eventuellen Einstieg bzw.

bei vollzogenem Einstieg in die Nutzung des ISDN-Netzes mit Hilfe eines PC. Zum Lieferumfang des Adapters gehören ein Handbuch zur Beschreibung und Installation der Karte und eine Diskette mit der hierfür benötigten Installationssoftware. Zusätzlich erhält der Kunde eine Diskette mit dem ISDN-fähigen Btx-Softwaredekoder IBTX sowie ein Handbuch hierzu. In diesem Handbuch sind auch die zum Lieferumfang gehörenden Programmfunktionen beschrieben, die dem Programmierer über die API sowohl den Zugriff auf die ISDN-Karte als auch auf den Btx-Dekoder ermöglichen. Auf einer weiteren Diskette findet der Anwender die ISDN-fähigen Kommunikationssoftware IDtrans für die schnelle und komfortable Übertragung von Dateien im ISDN.

In **Kapitel 9 Btx im ISDN mit IBTX** finden Sie eine Beschreibung von IDtrans und eine detaillierte Einführung in IBtx als Beispiel für die Leistungsfähigkeit von Btx im ISDN-Netz.

Die A1-Adapterkarte ist eine kurze Steckkarte mit PC/AT-Bussystem und kann wahlfrei in einen 8-Bit oder 16-Bit Steckplatz eingesteckt werden. Da Hard- und Software der Karte vorkonfiguriert sind, treten in der Regel keine Schwierigkeiten bei der Zusammenarbeit mit anderen im PC installierten Karten auf. Damit beschränkt sich die Installation auf das Einstecken der Adapterkarte. Diese wird dann mit Hilfe des ebenfalls zum Lieferumfang gehörenden sechs Meter langen Verbindungskabels mit der ISDN-Steckdose verbunden. Die Anschlüsse, 9-Pol-Sub-D-Buchsen, sind so konzipiert, daß eine Verwechslung nicht möglich ist. Der Anschluß an das Netzabschlußgerät erfolgt entweder mit einem TAE 8+4 Stecker oder mit einem Western-Elektric-Stecker.

Hardwareprobleme treten dann auf, wenn im PC bereits Karten installiert sind, die den für die ISDN-Karte vorkonfigurierten Interrupt mit zugehöriger Basisadresse nutzen. In diesem Fall muß die Konfiguration einer Karte geändert werden. Tabelle 3-20 zeigt die möglichen Konfigurationen für die hier vorgestellte Karte.

Tabelle 3-20: Konfigurationsparameter des A1-ISDN-Adapters

Interrupt	Basisadresse in Hexadezimalzahlen
2	100 oder 200 oder 300
3	100 oder 200 oder 300
4	100 oder 200 oder 300
5	100 oder 200 oder 300
6	100 oder 200 oder 300
7	100 oder 200 oder 300

Die Neukonfiguration des Controllers erfolgt mit Hilfe der Konfigurationsdatei A1CBASE.CFG, die im aktuellen Verzeichnis oder im Suchpfad von DOS liegen muß. Diese Datei kann als ASCII-Datei mit einem beliebigen Editor oder auch einem Textverarbeitungsprogramm editiert werden. Abbildung 3-9 zeigt die Standardkonfigurationsdatei, die die A1-Karte mit Interrupt 5 und Basisadresse 300 konfiguriert. Sollten diese Werte schon durch eine Karte belegt sein, z.B. eine Netzwerkkarte, dann können die oben in Tabelle 3-20 aufgeführten Alternativen eingestellt werden.

```
[ISDN-Controller-00]
IO-Adresse = 0x300
Interrupt = 5
```

Abbildung 3-9: ISDN-Adapter: Konfigurationsdatei A1CBASE.CFG

Bei einer Neukonfiguration müssen auf der ISDN-Karte Jumper umgesteckt werden. Dazu finden Sie im mitgelieferten Handbuch eine Skizze mit der Lage der Jumper und eine Skizze, die die für die neue Parameter notwendigen Jumperpositionen zeigt. Abbildung 3-10 zeigt Jumperposition und Jumpereinstellungen für den IRQ 5 mit Basisadresse 300hex.

Interrupt   (Jumperreihe 1)

Voreinstellung ist Interrupt 5.

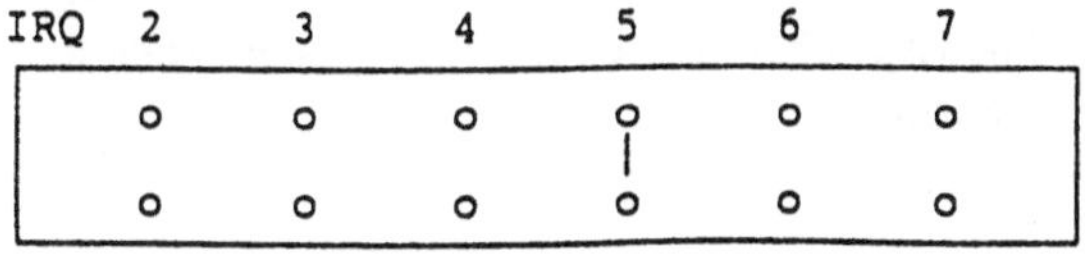

Basisadresse   (Jumperreihe 2)

Die Reihenfolge der Jumper geht von unten nach oben. Voreinstellung ist die Basisadresse 300 (hex).

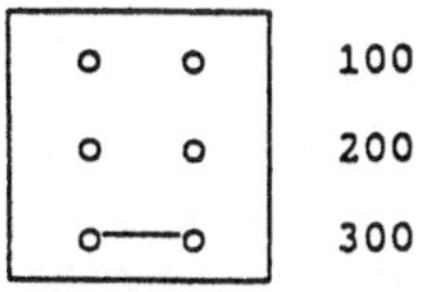

Abbildung 3-10: Jumpereinstellungen auf dem ISDN-Controller A1

Um mit der ISDN-Karte auch tatsächlich arbeiten zu können, muß die mit der Karte
gelieferte Basissoftware erstellt und installiert werden. Das zum Lieferumfang gehörende Installationsprogramm INSTALL.EXE liest dazu die Konfigurationsdatei
A1CBASE.CFG und erzeugt auf der Basis der hier vorgenommenen Eintragungen
die Datei A1IBASE.CFG. Dann werden die für den Betrieb des Controllers benötigten Hilfsprogramme in ein vom Anwender frei wählbares Festplattenverzeichnis
kopiert. Es handelt sich dabei um die in der Tabelle 3-21 aufgeführten Dateien. Sie
finden hier auch die Funktion der jeweiligen Dateien.

Tabelle 3-21: Die Hilfsprogramme des ISDN-Controller A1

Programm	Funktion
A1IBASE.EXE	Speicherresidenter Treiber mit D-Kanal und B-Kanalprotokoll
A1IBASE.CFG	Konfigurationsdatei für A1IBASE
A1TEST.EXE	Testprogramm für die Adapter-Karte

Bevor nun ein Programm auf den Controller zugreifen kann, muß durch die Eingabe
von

    A1IBASE <Return>

die Treibersoftware resident in den Arbeitsspeicher des PC geladen werden. Resident bedeutet, daß der Treiber im Arbeitsspeicher verbleibt. Das Programm kann jederzeit auch wieder durch die Eingabe von

    A1IBASE - <Return>

aus dem Arbeitsspeicher entfernt werden. Das Programm A1TEST.EXE testet den
Controller und gibt das Ergebnis des Testes auf den Bildschirm aus.

Nachdem die Basissoftware geladen ist, kann jedes ISDN-Programm, das die Common API nutzt, mit dem Controller arbeiten. Dieser verfügt über ein entsprechendes
Applikationsinterface, das als Schnittstelle zwischen ISDN-Protokollsoftware und
Anwendungsprogramm fungiert. Da der Controller alle Hardwarefunktionen abdeckt und das Interface die ISDN-spezifischen Funktionen zur Verfügung stellt,
können Programme entwickelt werden, die auf das ISDN-Netz zugreifen. Der große
Vorteil für den Programmierer hierbei liegt darin, daß er sich nicht mit den ISDN-
spezifischen Problemen im Detail auseinandersetzen muß. Das Interface ist auf die
Programmiersprache C abgestimmt, kann jedoch über eine Assembler-Schnittstelle

mit anderen Programmiersprachen verwendet werden. In den folgenden Abschnitten finden Sie zwei in C geschriebene Programme, die die Zugriffsmöglichkeiten auf das ISDN-Netz mit Hilfe selbstgeschriebener Anwendungen demonstrieren.

Das erste Programm RAMTEST.C installiert die Treibersoftware für den ISDN-Controller und liest Version und Revisionsnummer der installierten Adapter-Karte. Sollte die Treibersoftware bereits installiert sein, dann wird zusätzlich die Meldung

ISDN Treibersoftware bereits installiert

ausgegeben. Dieses Programm kann sehr leicht modifiziert und als Vorlaufroutine in anderen Programmen eingesetzt werden.

Listing 3-1: TESTISDN.C

```
/* TESTISDN.C
   ISDN-Basissoftware abfragen und Name, Version und Revisionsnummer
   der installierten ISDN-Karte ausgeben.
   Das Programm verwendet die API-Funktionen:
   isdn_init()              ---> Hardware initialisieren
   ISDN_API_IsInstalled()   ---> Testen Basissoftware installiert ?
   ISDN_API_GetVersion()    ---> Controller-Infos auslesen
*/

#include "d:\isdn_c\alibase.h"  /* Prototypen, Datenstrukturen der API */
#include <stdio.h>
#include <stdlib.h>
#include <process.h>


void get_controller(char strg[]); /* Controller-Infos auslesen  */

int test_treiber();            /* Testen, ob Treibersoftware installiert*/

int run_basis_software();      /* Treiber installieren */

char buffer[30],           /* Strings für die Aufnahme von */
     name[10],             /* Namen,         */
    ver[10],              /* Version und      */
    rev[10];              /* Revisionsnummer der Karte    */


main()
```

```c
{
  int i = 0;              /* Testvariable */

  if (test_treiber())    /* Testen, ob Treiber installiert    */
  printf("\nTreibersoftware bereits installiert");
   else              /* Treiber nicht installiert, deshalb */
  i = run_basis_software();

  if(i)
  {
  printf("\nBasissoftware konnte nicht initialisiert werden.....");
  exit(1);
  }
   get_controller(buffer);    /* Controller-Infos in buffer    */
                      /* und in Name, Version und
                      Revision trennen          */
   printf("\nEs handelt sich um den Adapter : %s",name);
   printf("\n             Version : %s",ver);
   printf("\n             Revision: %s",rev);


} /* Ende Hauptprogramm */


run_basis_software()
{
  int i;
  char prog[]="a1ibase.exe";

  chdir("cd \isdnbtx");        /* in diesem Verzeichnis
                      stehen die Dateien   */
  i = system(prog);          /* Basissoftware starten  */
  if (i)              /* Basisisoftware konnte  */
    return(1);              /* nicht gestartet werden  */
  i = isdn_init();            /* initialisieren     */
  printf("\nTreiber installiert");  /* und Meldung ausgeben  */
  return(i);
}
```

```c
int test_treiber()
{
  if(ISDN_API_IsInstalled())    /* wenn Basissoftware installiert */
    return(1);                  /* dann zurück mit 1        */
  else                  /* sonst          */
    return(0);                  /* zurück mit 0        */
}


void get_controller(char strg[])
{
  int register i=0;
  int register j=0;

  ISDN_API_GetVersion(buffer);    /* Informationen zur ISDN-Karte aus-
          lesen */

  while(buffer[i] != 0x20)        /* Das Blank 20hex ist Trennzeichen */
    {                     /* zwischen Namen, Versionsnummer   */
    name[j]=buffer[i];i++;j++;   /* und Revisionskennung */
    }
  i++;j++;name[j]='\0';j=0;

  while(buffer[i] != 0x20)
    {
    ver[j]=buffer[i];j++;i++;
    }
  i++;j++;ver[j]='\0';j=0;

  while(buffer[i])
    {
    rev[j]=buffer[i];j++, i++;
    }
  j++;rev[j] = '\0';
}
```

Die folgende Abbildung 3-11 zeigt die Bildschirmausgabe des Programmes.

```
 ┌─────────────────────────────────────────────────────────────────────────┐
 │ AVM Berlin GmbH                                         ISDN A1-Controller │
 ├───────────────────────────────────────────────────────────────────────────┤
 │   Version   : 1.0                        System Interrupts :  IRQ 5        │
 │   Revision  : 1.66b                                        :  IRQ 5        │
 │   Protokoll : 1TR6                       I/O Adresse der A1-Karte : 0x300   │
 └───────────────────────────────────────────────────── (c) AVM-Berlin ──────┘

 Treiber installiert
 Es handelt sich um den Adapter : A1
                       Version : V1.0
                       Revision: R1.66b
```

Abbildung 3-11: Bildschirmausgabe des Programmes TESTISDN.C

Unser zweites Beispielprogramm ist weniger umfangreich. Es zeigt, wie mit Hilfe
der API-Funktion xxxx der Status des D-Kanals getestet werden kann. Auch dieses
Beispiel läßt sich leicht modifizieren und als Funktion in andere Anwendungen integrieren.

Listing 3-2: D-KANAL.C

```c
/* D_KANAL.C
   Status des D-Kanals abfragen
   Albrecht Darimont, Saarbrücken 1992

   letzte Änderung: 31.01.92


*/



#include "d:\isdn_c\a1ibase.h"  /* Prototypen, Datenstrukturen API */
#include <stdio.h>

char *status[] = {
                "A1IBASE ist noch nicht initialisiert",
                "A1IBASE wurde initialisiert",
                "D-Kanal-Ebene-1 aufgebaut",
                "D-Kanal-Ebene-2 aufgebaut"
                };
                /* Auswertung der Rückgabewerte 0 bis 3 */
```

```
main()
{
  int i;
  i = isdn_d_status();      /* API-Funktion, liefert 0 bis 3 */
  printf("\n%s",status[i]);
}
```

3.5.3.3 Terminaladapter - Beschreibung, Installation und Anwendungsbeispiel

Terminaladapter stellen eine kostengünstige Alternative zur ISDN-PC-Karte dar. Hierbei handelt es sich um eine Datenübertragungseinrichtung, die wie das Modem an die V.24-Schnittstelle des PC angeschlossen wird und eine Verbindung zum ISDN ermöglicht. Da die Übertragungsraten der Schnittstellen V.24 (300 bis 19200 Bit in der Sekunde) und S_0-Schnittstelle (64000 Bit in der Sekunde) nicht übereinstimmen, paßt der Terminaladapter die unterschiedlichen Raten an. Dies erfolgt mit Hilfe der sogenannten Bitratenadaption. Damit kann ein PC mit den üblichen Übertragungsraten von 300 bis 19200 Bit senden. Der Terminaladapter wird die Daten mit einer Übertragungsrate von 64000 Bit in der Sekunde an die S_0-Schnittstelle weiterleiten. Umgekehrt werden ankommende Daten aus dem ISDN vom Terminaladapter mit einer passenden Übertragungsrate an die V.24-Schnittstelle übertragen. ISDN-Adapter V.24 kommen immer dort zum Einsatz, wo es darum geht, eine nicht ISDN-fähige V.24-Endeinrichtung, wie z.B. ein PC oder ein Terminal, über einen ISDN-Anschluß zu betreiben.

Es existieren drei Verfahren zur Bitratenadaption, die auf unterschiedlichen Anpassungsverfahren beruhen. In der Praxis ist wichtig, daß beide an einer Übertragung beteiligten Terminaladapter bzw. der ISDN-Adapter der Gegenstelle die gleiche Methode verwenden. Die Anpassungstechniken sind:

- **ECMA 102**

- **DMI MOD2 async für asynchrone Anwendungen und**

- **V.110 für synchrone Anwendungen.**

Der hier beschriebene Adapter beherrscht alle drei Adaptionsverfahren. Das Grundprinzip der Bitratenadaption besteht darin, daß die von der V.24-Schnittstelle ankommenden Daten zu einem 64000 bps Datenstrom "aufgebläht" werden. Dazu werden vom Adapter in den Datenstrom solange Bitmuster eingefügt, bis eine Rate von 64000 Bit pro Sekunde erreicht ist. Im ISDN-Netz werden dann tatsächlich 64000 Bits übertragen. Die Gegenstelle, V.24 Adapter oder ISDN-Adapter-Karte, muß nun aus diesem Datenstrom die eigentlichen Originaldaten wieder herausfiltern und mit der eingestellten Übertragungsrate an die V.24-Schnittstelle weitergeben.

Flexibel ausgelegte Terminaladapter bieten die Möglichkeit, unterschiedliche Adaptionsverfahren zu verwenden und neben dem PC auch andere Datenendeinrichtungen an das ISDN-Netz anzuschalten. In Frage kommen Datenendeinrichtungen mit folgenden Eigenschaften:

- Schnittstellen gemäß CCITT V.22, V.22bis, V.23, V.26 und V.27ter.

- Übertragungsgeschwindigkeiten von 300, 600, 1200, 2400, 4800, 9600 bis 19200 Bits in der Sekunde.

- Wählverfahren nach V.25bis oder Hayes.

Äußerlich sehen sich Terminaladapter und Modem recht ähnlich. Bezüglich Handhabung und Softwareeinsatz gibt es ebenfalls große Übereinstimmungen. So beherrschen Modem und Terminaladapter den Hayes-Befehlssatz. Der entscheidende Unterschied liegt jedoch darin, daß die Modulation/Demodulation beim Terminaladapter entfällt.

Der Adapter bietet die Möglichkeit, "modemgleich" und ohne besondere Geräteeingriffe den PC mit dem ISDN-Netz zu verbinden. Terminaladapter kommen daher dort zum Einsatz, wo bisher mit einem Modem gearbeitet wurde. Abbildung 3-12 zeigt die Architektur des ISDN-Netzes beim Einsatz von V.24-Terminal Adaptern.

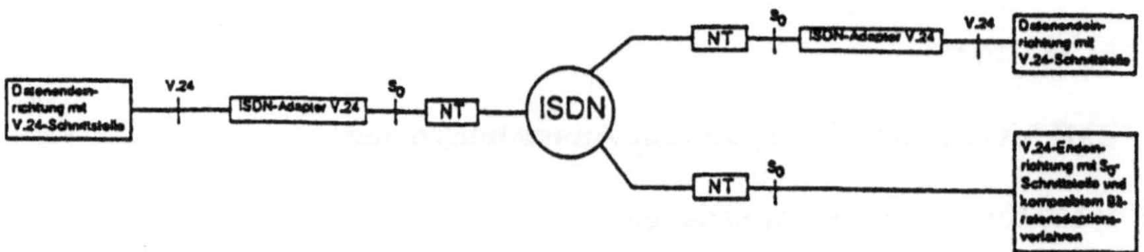

Abbildung 3-12: V.24 Terminaladapter im ISDN-Netz

Die im folgenden beschriebene Praxisanwendung soll Ihnen am Beispiel des TA V.24 der Firma elmeg Kommunikationstechnik den Einsatz von Terminaladaptern an einem PC demonstrieren. Der Schwerpunkt liegt hier auf der Konfiguration des Gerätes. Es wird gezeigt, wie der Adapter programmiert werden kann.

Ein erster Blick in das Handbuch zum TA V.24 bestätigt die in der Einleitung zu diesem Kapitel aufgestellte These, daß für die Installation und Konfiguration von Telekommunikationshardware doch erhebliche Vorkenntnisse vorausgesetzt werden. In der technischen Beschreibung erfahren Sie, welche Schnittstellen, Datenendeinrichtungen, Protokolle und Bitratenadaptionsverfahren unterstützt werden. Diese Begriffe werden allerdings nicht erklärt.

Im wesentlichen unterscheidet sich die Inbetriebnahme des Terminaladapters kaum von der eines Modem. Das Gerät wird zwischen S_0-Schnittstelle und PC geschaltet. Der Anschluß an den PC erfolgt über die serielle Schnittstelle. Der Adapter besitzt eine eigene Stromversorgung und muß deshalb an das Stromnetz angeschlossen werden. Alle Schnittstellen befinden sich auf der Rückseite des Gehäuses.

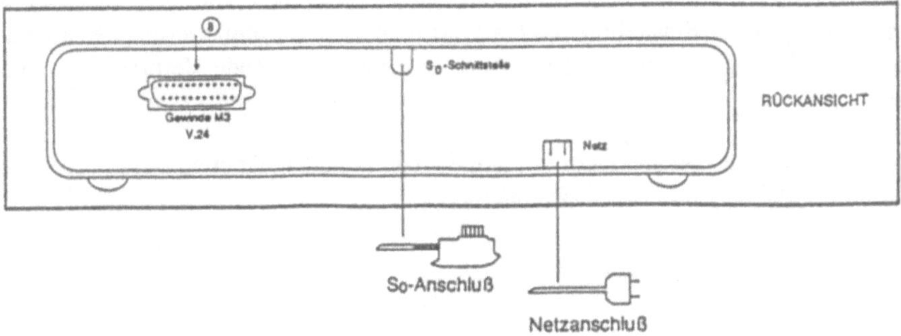

Abbildung 3-13: Hardwareschnittstellen des TA V.24 Terminaladapters

Der Adapter ist in der Lage, die Übertragungsgeschwindigkeit und das Datenformat der Gegenstelle automatisch zu erkennen. Diese Funktion wird als Autobaud be-

zeichnet und kommt bei asynchronen Verfahren zum Einsatz. Da bei Wähleinrichtungen mit Verbindungsaufbau nach V.25bis das Datenformat mit 7 Bit Daten, gerade Parität und 1 Stopbit festgelegt ist, wird hier über Autobaud lediglich die Datenrate ermittelt. Dazu muß die Endeinrichtung das Steuerzeichen <CR> für Wagenrücklauf (Carriage Return) senden. Der Adapter antwortet dann mit der ermittelten
Übertragungsrate.

Wird die Verbindung nach Hayes aufgebaut, dann erfolgt eine Anpassung an Datenformat und Datenrate. Dazu wird durch die Datenendeinrichtung der Befehl

AT <Return>

eingegeben. Der Adapter antwortet nach Erkennen der Werte mit

OK

Für die Betriebsbereitschaft wichtig ist hier die Einstellung der Reaktion auf die
Endgeräteauswahlziffer 0, dem "global call".

Soll der Adapter z.B. nur auf einen Ruf mit der ihm zugeordneten EAZ reagieren,
dann ist die Einstellung "EAZ 0 unterdrückt" vorzunehmen. Darüber hinaus ist es
möglich, bei dieser Einstellung die EAZ auf 0 zu setzen. Damit werden keine kommenden Rufe angenommen und der Adapter kann nur gehende Verbindungen aufbauen.

Die Anpassung des Adapters an die individuelle Arbeitsumgebung erfolgt über das
Tastenfeld auf der Frontseite des Gehäuses

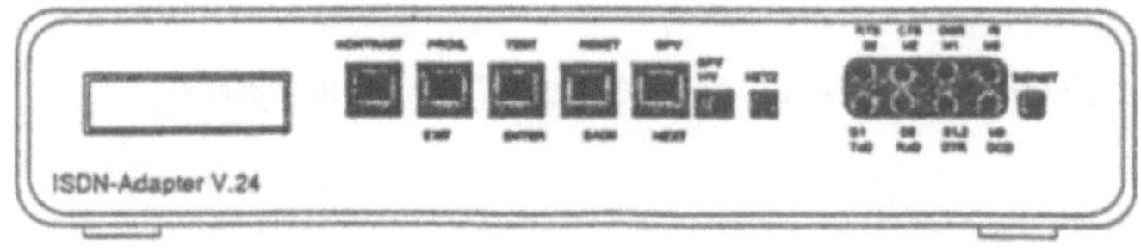

Abbildung 3-14: Bedienungselemente TA V.24 Terminaladapter

Vier der fünf Funktionstasten sind doppelt belegt. Im Programmiermodus führen die Tasten die Funktionen der unteren Beschriftungsreihe durch, ansonsten die der oberen Reihe. In Tabelle 3-22 finden Sie eine Kurzbeschreibung der für die weiteren Ausführungen benötigten Funktionstasten.

Tabelle 3-22: Funktionstasten TA V.24 Termialadapter

Taste	Funktion
KONTR	Einstellung des LCD-Display-Kontrastes
PROG	Aktivieren des Programmiermodus
TEST	Leitet eine Fernprüfung ein
RESET	Leitet Eigentest ein
SPV	Auf- bzw. Abbau einer semipermanenten Verbindung
EXIT	Programmiermodus verlassen und dabei Einstellungen übernehmen und speichern
ENTER	Menüoptionen auswählen bzw. Einstellungen bestätigen
BACK	Im Menü zurückblättern oder Auswahl abbrechen oder Programmiermodus ohne Übernahme abbrechen
NEXT	Im Menü vorwärtsblättern

Im folgenden wird aufgezeigt, wie der Adapter auf Hayes-Befehlssatz umgestellt wird. Dabei soll eine Übertragungsrate von 9600 bps, keine Parität, Vollduplex und Bitratenadaption nach ECMA eingestellt werden. In einem weiteren Beispiel wird gezeigt, wie eine beliebige Endgeräteauswahlziffer, hier die EAZ 4, eingestellt werden kann.

Die Einstellung des Adapters auf Hayes-Befehlssatz hat den großen Vorteil, daß der Adapter ohne weitere Umstellungen ein Modem ersetzen kann. Die entsprechende Einstellung muß programmiert werden. Dazu stellt der Adapter im Programmiermodus auf dem Display "baumartige" Menüs dar, in denen mit den oben beschriebenen Funktionstasten geblättert und ausgewählt werden kann. Abbildung 3-15 zeigt das Menü zur Programmierung des Hayes-Befehlsmodus.

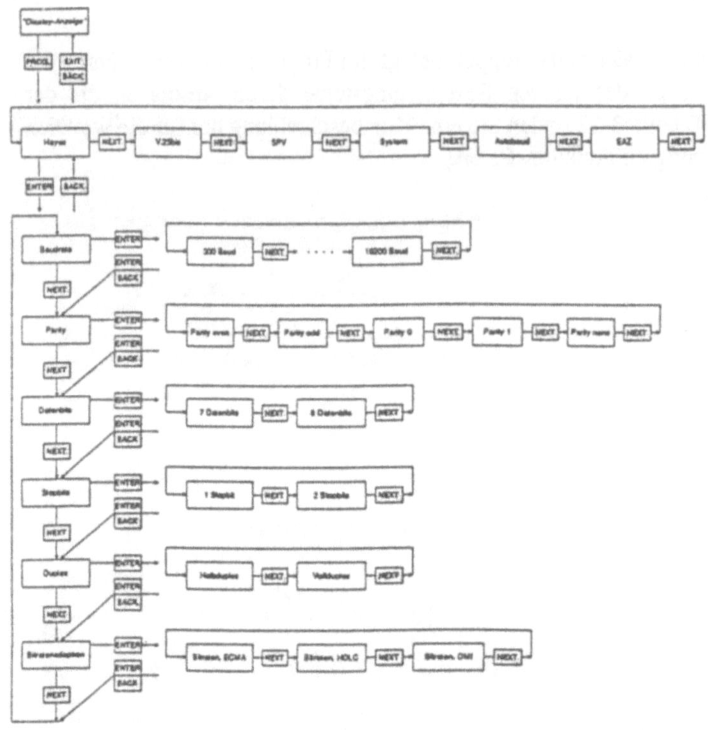

Abbildung 3-15: Befehlsmenü Hayes-Modus TA V.24 Terminaladapters

Nach oben abgebildetem Menü erfolgt die Programmierung in folgenden Schritten:

1. Schritt: Wechseln in den Programmiermodus

Aktion: Drücken der Taste <PROG>

2. Schritt: Menü Hayes-Modus auswählen

Aktion: Solange die Taste <NEXT> drücken, bis das Menü

                 angezeigt wird, dann <ENTER>

3. Schritt: Menü Baudrate anwählen

Aktion: Drücken der Taste <ENTER>

4. Schritt:	9600 bps anwählen
Aktion:	Drücken der Taste <NEXT> bis gewünschte Übertragungsrate angezeigt wird, dann <ENTER>
5. Schritt:	Menü Parity anwählen
Aktion:	Drücken der Taste <ENTER>
6. Schritt:	Parity None anwählen
Aktion:	Drücken der Taste <NEXT> bis gewünschte Parität angezeigt wird, dann <ENTER>
7. Schritt:	Menü Duplex anwählen
Aktion:	Drücken der Taste <NEXT> bis Menü angezeigt wird, dann <ENTER>
8. Schritt:	Die Einstellung Duplex auswählen
Aktion:	Drücken der Taste <NEXT>, dann <ENTER>
9. Schritt:	Menü Bitratenadaption anwählen
Aktion:	Drücken der Taste <ENTER>
10. Schritt:	Bitratenadaption nach ECMA auswählen
Aktion:	Drücken der Taste <ENTER>
11. Schritt:	Einstellungen übernehmen und speichern
Aktion:	Drücken der Taste <BACK>, dann <EXIT>

Nach diesen Schritten kann der Adapter im Hayes-Modus mit 9600 bps, keine Parität und Bitratenadaption nach ECMA betrieben werden.

Die Einstellung der EAZ erfolgt über das Menü System, das das Speichern und Abrufen von Systemeinstellungen ermöglicht. Die folgende Abbildung 3-16 zeigt die Menüstruktur.

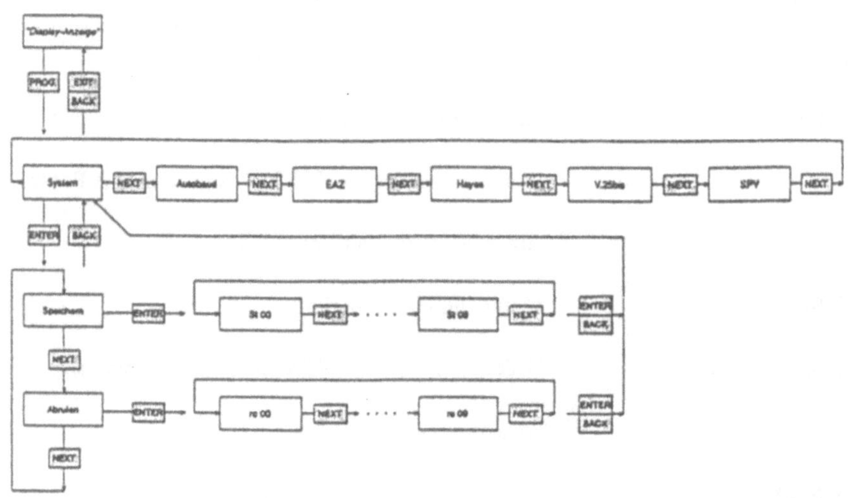

Abbildung 3-16: Speichern und Abrufen von Systemeinstellungen des TA V.24

Nach oben abgebildetem Menü erfolgt die Programmierung in folgenden Schritten:

1. Schritt: Wechseln in den Programmiermodus

Aktion: Drücken der Taste <PROG>

2. Schritt: Menü System auswählen

Aktion: Solange die Taste <NEXT> drücken, bis das Menü

                                       angezeigt wird, dann <ENTER>

3. Schritt: EAZ auswählen

Aktion: Zweimal drücken der Taste <NEXT>, dann

<ENTER>

4. Schritt: Menü Speichern auswählen

Aktion: Drücken der Taste <ENTER>

5. Schritt: EAZ 4 einstellen

Aktion: Solange drücken der Taste <NEXT>, bis die Ziffer

                                 04 angezeigt wird, dann <ENTER>

6. Schritt: Einstellungen übernehmen und speichern

Aktion: Drücken der Taste <BACK>, dann <EXIT>

Nachdem der Terminaladapter nach den Erfordernissen des Arbeitsplatzes konfiguriert ist, kann er mit Hilfe eines beliebigen Kommunikationsprogrammes modemgleich eingesetzt werden.

3.5.4 Digitales Telefon, Telekommunikationsanlagen und Faxgerät der Gruppe 4

Telefaxgerät und Telefon sind zur Zeit die Telekommunikationsgeräte mit der größten Verbreitung und damit auch Nutzung. Entsprechend wichtig sind ISDN-fähige Telefone und Faxgeräte. Wir wollen in diesem Kapitel eine Kurzbeschreibung der Leistungsfähigkeit und Kosten solcher Geräte geben.

Das digitale und damit ISDN-fähige Telefon bietet alle Leistungsmerkmale eines komfortablen, die Leistungsfähigkeit des ISDN ausnutzenden Telefonierens. Durch den Anschluß an die S_0-Schnittstelle bzw. an eine X.-Schnittstelle der ISDN-Adapterkarte und damit an ein digitales Netz, können Anwendungen realisiert werden, für die in analoger Technik eine Nebenstellenanlage nötig wäre. Die im folgenden aufgeführten Funktionen werden in der Regel durch eine Funktionstaste ausgelöst bzw. programmiert. Zusätzlich besitzt das digitale Telefon ein Anzeigefeld, das Display, welches zur Benutzerführung dient und die jeweils aktive Funktion anzeigt. Tabelle 3-23 gibt Ihnen einen Überblick zu den wesentlichen Funktionen eines digitalen Telefons. Dabei sollten Sie beachten, daß nicht jedes digitale Telefon alle diese Funktionen auch zur Verfügung stellt. Hier kann es von Telefontyp zu Telefontyp

Leistungsunterschiede geben. Dies gilt insbesondere dann, wenn digitale Telefone
an ISDN-fähige Telekommunikationsanlagen angeschlossen werden. Hier gibt es
von Anbieter zu Anbieter Unterschiede. Die im folgenden aufgeführten Funktionen
geben daher einen Gesamtüberblick zu Leistungsfähigkeit ISDN-fähiger Telefone.

Tabelle 3-23: Überblick zur Leistungsfähigkeit digitaler Telefone im ISDN-Netz

Funktionsname	Funktion
Trennen	Ein laufendes Gespräch kann mit Hilfe dieser Funktion beendet und ein neues Gespräch angenommen werden, ohne daß dazu der Hörer auflegt werden muß.
Parken	Mit Hilfe dieser Funktion können Sie ein laufendes Gespräch unterbrechen, den Stecker des Telefonapparats aus der Kommunikationsdose ziehen und in einem anderen Raum wieder einstecken. Das Gespräch kann dann weitergeführt werden. Das Parken ist Voraussetzung für das Umstecken am Bus.
Sperren	Diese Funktion sperrt den Apparat. Eine andere Person kann dann den Apparat nur noch für die Notrufnummern 110 und 112 nutzen.
Gerätewechsel	Damit läßt sich jedes Gespräch zu einem anderen an der S_0-Schnittstelle angeschlossenen Apparat weiterschalten.
Dienstewechsel	Mit Hilfe dieser Funktion wechseln Sie zu einem anderen Dienst, z.B. Faxgerät oder PC, und können anschließend weiter telefonieren.
Anrufweiterschaltung	Mit Hilfe dieser Funktion können Sie ankommende Rufe an einen anderen Anschluß weiterschalten lassen. Dabei kommt der Anruf zuerst am Anschluß an und wird hier dann weitergeschaltet, wenn innerhalb einer bestimmten Frist der Anruf nicht angenommen wird.

Anrufumleitung

Diese Funktion leitet einen ankommenden Ruf direkt zu einem anderen Anschluß um.

Lauthören

Mit dieser Funktion können Sie den Wählvorgang bei aufgelegtem Hörer mitverfolgen und müssen diesen erst dann abheben, wenn die Verbindung zustande gekommen ist.

Gebührenanzeige

Auf Wunsch werden auf dem Display die laufenden Gebühren angezeigt. Dabei kann der Teilnehmer zwischen der Anzeige des DM-Betrages und der Gebühreneinheiten wählen. Zusätzlich kann außerhalb eines Gespräches der aktuelle Gebührenstand abgefragt und angezeigt werden.

Zielwahl

Diese Funktion bietet die Möglichkeit, eine Rufnummer auf eine Taste zu legen. Die gespeicherte Rufnummer kann dann durch Betätigen der Zielwahltaste angewählt werden.

Kurzwahl

Diese Funktion erlaubt es, auf die Ziffern 0 bis 9 Rufnummern zu speichern.

Vollsperre

Das ISDN-Telefon kann für abgehende Gespräche gesperrt werden.

Direktruf

Diese Funktion ermöglicht es, einen Teilnehmer direkt durch das aufheben des Hörers anzuwählen.

Anklopfen

Diese Funktion zeigt während eines Gespräches einen weiteren Anruf akustisch und optisch an. Es bleibt dann dem angerufenen Teilnehmer überlassen, ob er das Gespräch annimmt.

Rufnummer anzeigen

Hier wird die Rufnummer des anrufenden Teilnehmers angezeigt. Dies ist nur möglich, wenn die Gegenstelle ebenfalls an einen ISDN-Anschluß angeschlossen ist und die Anzeige der Rufnummer zuläßt.

Rufnummeridentifizierung   Diese Funktion ermöglicht es, ankommende Gespräche mit Datum und Uhrzeit in der Vermittlungsstelle speichern zu lassen. Dazu muß der Teilnehmer einen Antrag bei der Post stellen.

Wahlwiederholung   Durch Betätigen der Wahlwiederholungstaste kann bei aufgelegtem Hörer die letzte Rufnummer wiederholt werden. Die erweiterte Wahlwiederholung bietet die Möglichkeit, eine zu wiederholende Nummer zu speichern. Die gespeicherte Nummer kann dann zu einem beliebigen Zeitpunkt durch Drücken der Wahlwiederholungstaste angewählt werden.

Im folgenden Absatz möchte ich Ihnen am Beispiel des Dienstewechsels eine praxisorientierte Anwendung beschreiben, die die Leistungsmöglichkeit des digitalen Telefons demonstriert.

Sie wollen einer ebenfalls mit einem ISDN-Anschluß ausgerüsteten Gegenstelle eine Datei übermitteln. Dazu rufen Sie die Gegenstelle über das Telefon an und teilen Ihr mit, daß Sie eine Datei auf deren ebenfalls am ISDN-Anschluß angeschlossenen PC übertragen möchten. Die Gegenstelle schaltet daraufhin den PC ein und lädt eine für den Dateitransfer geeignete ISDN-fähige Software. Jetzt können Sie die bestehende Verbindung beibehalten und für den Datentransfer kurzfristig einen Dienstewechsel vornehmen. Dazu drücken Sie auf Ihrem Telefon auf die Taste **<DW>** für Dienstewechsel und geben dann die Dienstekennung ein. Das ist eine zweiziffrige Zahl, die für einen vordefinierten ISDN-Dienst steht. Für den Dateitransfer über die S_0-Schnittstelle mit 64 kbps ist das die Kennung 31. Wenn Sie den Hörer nicht auflegen, dann wird nach dem Dateitransfer die Verbindung wieder automatisch auf das Telefon zurückgeschaltet.

Im Inhouse-Bereich stellen ISDN-fähige Telekommunikationsanlagen, ISDN-TKAnl, das Pedant zum öffentlichen ISDN-Netz dar. Dabei handelt es sich um eine Endeinrichtung mit Vermittlungs- und Konzentratorfunktion mit mindestens zwei Endgeräten für einen oder mehrere Telekommunikationsdienste, die an eine S_{2M}-Schnittstelle, einen Multiplexanschluß, angeschlossen wird. Damit stehen 30 Nutzkanäle zur Verfügung. Bisher gibt es auf Teilnehmerseite noch keine standardisierte Schnittstelle. Das bedeutet, daß auch die Endgeräte vom Anbieter der Telekommunikationsanlage bezogen werden müssen.

Die Organisation und Abwicklung von Telefonverbindungen ist der Einsatzschwerpunkt von Telekommunikationsanlagen. Die ISDN-fähige Telekommunikationsanlage ist in der Regel kostengünstiger als eine analoge Anlage und bietet zudem mehr an Leistung und Komfort. Hierzu zählen insbesondere der schnellere Verbindungsaufbau, die Durchwahl, der Zugriff auf Datenbanken durch die Verbindung von PC und Telefon, Anruferidentifikation und interne sowie externe Anrufumleitung.

Die Telekom bietet drei ISDN-TK-Anlagen mit unterschiedlicher Leistungsfähigkeit an. Die Telekommunikationsanlage octopus M verwaltet bis zu 80 Endgeräte. An die Anlage octopus 180i können bis zu 300 Endgeräte angeschlossen werden und bei der größten TK, octopus 8818 sind es mehrere Tausend Endstellen. Abbildung 3-17 gibt einen ersten Einblick in die Leistungsfähigkeit einer ISDN-Telekommunikationsanlage.

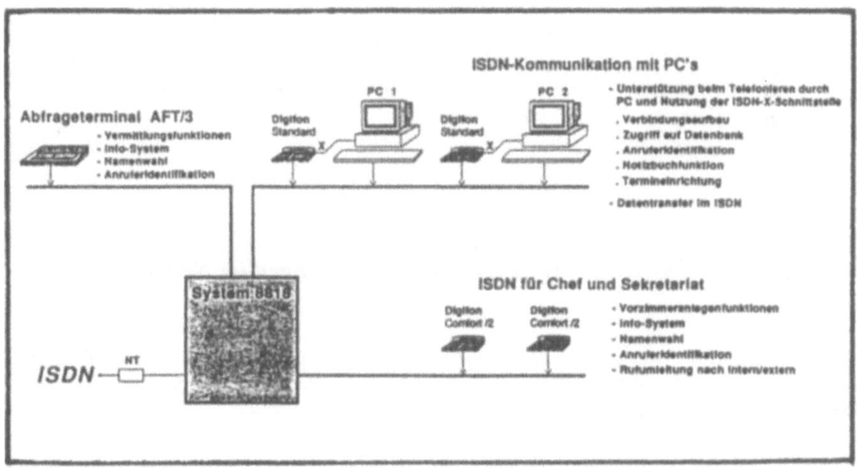

Abbildung 3-17: PC-Integration in ISDN-Telekommunikationsanlage

Eine besondere Leistungsstufe erreicht das an eine Telekommunikationsanlage angeschlossene digitale Telefon, wenn ein V.24 Adapter integriert ist. An ein solches Gerät können dann PCs als Datenterminal angeschlossen werden. Damit ist es möglich, über einen Anschluß Sprach- und Datenkommunikation abzuwickeln. Durch die Verbindung mehrerer Telekommunikationsanlagen über das ISDN-Netz

können standortübergreifende Kommunikationsstrukturen aufgebaut werden. Diese
Verbindungen können als Festverbindungen oder als semipermanente
Verbindungen aufgebaut werden. Abbildung 3-18 zeigt die Architektur eines
Netzverbunds mit mehreren ISDN-TK-Anlagen.

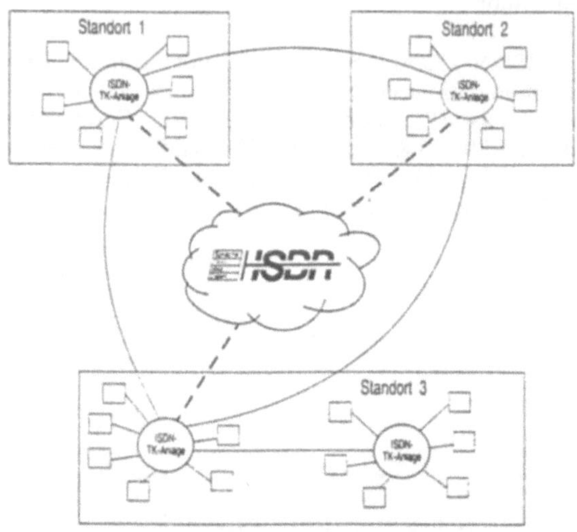

Abbildung 3-18: ISDN-fähige Telekommunikationsanlagen im Netzverbund

ISDN-Telefaxgeräte, das sind Telefaxgeräte der Gruppe 4, basieren auf einer
1984er Empfehlung der CCITT. Diese Faxgeräteklasse zeichnet sich im
wesentlichen durch folgende Merkmale aus:

1.   eine höhere Auflösung. Dabei können bis zu 400 Bildpunkte pro Inch
      sowohl in der Vertikalen als auch in der Horizontalen dargestellt werden.

2.   Gesicherte Kommunikationsprotokolle.

3.   Aufzeichnung der Kommunikationsdaten.

Leistungsmerkmale wie Kurzwahl, Wahlwiederholung, Vorlagenspeicher und Paßwortschutz gestalten das Fernkopieren sehr komfortabel. Über die Einrichtung
eines Paßwortes kann ein hohes Maß an Datensicherheit erreicht werden. Dabei
wird ein Dokument vom Faxgerät nur dann ausgegeben, wenn die Paßwörter von
Absender- und Empfangsgerät übereinstimmen. Faxgeräte der Gruppe 4 können
bis zu 16 Graustufen darstellen. Lokale Kopien und Fernkopien unterscheiden sich
qualitativ nicht mehr voneinander. Daher kann das Telefaxgerät auch alternativ als
Kopierer verwendet werden. Über eine Zielwahlfunktion werden bis zu 32
Rufnummern per Tastendruck direkt angewählt.

3.5.5 Der PC als multifunktionales ISDN-Endgerät

Zwei Merkmale sind es, die den PC geradezu zum multifunktionalen ISDN-Endgerät prädestinieren. Als erstes ist hier die Tatsache zu nennen, daß der PC ein hardwaremäßig offenes Systeme ist. So kann über eine Steckkarte mit entsprechenden
Schnittstellen der PC direkt an das ISDN angeschlossen werden. Als zweites ist die
softwaremäßige Offenheit zu nennen. So können über das Laden entsprechender
Programme beliebige Telekommunikationsdienste abgewickelt werden, für die bisher jeweils eine eigene Hardware benötigt wurde. Die folgenden Unterkapitel
sollen Ihnen einen Einblick in die Anwendungsvielfalt geben, die durch die
Kombination des ISDN-Netzes mit einem entsprechend ausgerüsteten PC erreicht
werden kann. Insbesondere für Anwender, die mehrere
Telekommunikationsdienste nutzen, eröffnen sich hier große
Rationalisierungsmöglichkeiten, die die tägliche Arbeit erleichtern und auch noch
kostengünstig sind.

3.5.5.1 Telekommunikation

Die offene Systemarchitektur macht in Verbindung mit einer ISDN-Adapterkarte
aus dem PC ein multifunktionales Endgerät. Telekommunikationsdienste, für die
in der Regel spezielle Endgeräte benötigt werden, sind hier als Software realisiert.
Der PC wird zum Telefax-, Teletex- und Btx-Endgerät. Damit ist die Integration
der verschiedenen Dienste unter eine gemeinsame Oberfläche möglich. Texte und
Grafiken werden mit einem beliebigen, in die entsprechende Oberfläche
integrierten Programm erstellt und direkt aus diesem heraus versendet. Dadurch
entfällt eine Umwandlung in Telefax- oder Teletexformat. Ebenso können
empfangene Telex- bzw. Telefaxdokumente direkt weiterverarbeitet werden.

Ein weiterer wesentlicher Nutzen liegt darin, daß die auf dem PC genutzten Telekommunikationsdienste auf den gleichen Datenbestand zugreifen können.

3.5.5.2 Datentransfer

Eine der Hauptanwendungen im ISDN dürfte auf absehbare Zeit der Datentransfer sein, das Übertragen von Daten, Dateien oder auch Grafiken. Der Austausch erfolgt hier zwischen PCs und/oder anderen Rechneranlagen.

Der große Vorteil dieser Anwendung liegt darin, daß hier Daten zwischen Rechnern ausgetauscht werden, die dann direkt weiterverarbeitet werden können. Der Empfänger entscheidet selbst, wann und wie er die empfangenen Daten verarbeiten möchte. Zusätzlich besteht durch die Zweikanalstruktur die Möglichkeit, daß beide Kommunikationspartner während des Datentransfers miteinander sprechen und diesen so auch überwachen können.

Im folgenden werden Praxisbeispiele beschrieben, die das Nutzenpotential des Datentransfers im ISDN in Verbindung mit einem PC verdeutlichen.

1. Beispiel: Datenaustausch zwischen Autor und Verlag

Bislang gestaltet sich der Datenaustausch zwischen Verlag und Autor in den meisten Fällen noch sehr zeitaufwendig. Entweder schickt der Autor eine Diskette ein oder gar das ausgedruckte Manuskript. Jede Korrektur durch den Verlag muß auf dem gleichen Wege wieder zurückgeschickt werden. Der Autor korrigiert, schickt wieder ein usw. Im ISDN-Netz und mit ISDN-fähigen PCs kann dieser Prozeß erheblich verkürzt werden. Bei einer Übertragungsrate von 64000 bps können selbst große Dateien sehr schnell auf den Verlagsrechner übertragen, korrigiert und wieder zurück transferiert werden. Zusätzlich besteht die Möglichkeit, daß Autor und Lektor zeitgleich miteinander telefonieren und auf dem PC das Manuskript analysieren.

2. Beispiel: Bestellwesen

Hier benötigt in einem konkreten Praxisbeispiel ein Händler für das Laden von Produktinformationen für 200 Produkte über das ISDN-Netz etwa 10 Sekunden. Offline werden dann die Bestelldaten erfaßt und wiederum über das ISDN-Netz an den Großhändler übertragen, der diese Daten dann direkt in einem entsprechenden Programm weiterverarbeiten kann. Für diesen Vorgang werden 2 Telefoneinheiten benötigt. Der Kostenaufwand beträgt also ganze 46 Pfennige. Dafür erhält der Händler jeden Tag aktuelle Produktinformationen und kann schnell reagieren.

3. Beispiel: Datenaktualisierung

Hier können Außendienstmitarbeiter oder Kunden die im Tagesverlauf anfallenden Bewegungsdaten, z.B. Umsatzdaten, an die Zentrale übermitteln, die dann die Daten in der Stammdatendatei aktualisiert bzw. die Daten verrechnet und an die Außenstelle zurück vermittelt. Berechnungen der DATEV eg Nürnberg, die ihren Kunden die Möglichkeit bietet, das zentrale Rechenzentrum in Nürnberg über ISDN oder über Modem zu nutzen, zeigen, daß der Datentransfer über ISDN wesentlich kostengünstiger als die Übertragung via Modem ist.

Die folgende Abbildung 3-18 zeigt eine typische Anwendung. Hier werden in den Filialen einer Einzelhandelskette aktuelle Abrechnungsdaten von den Scannerkassen an PCs übermittelt, die wiederum über das ISDN-Netz mit einem Zentralrechner verbunden sind. Die täglich anfallenden Daten können im Vergleich zur herkömmlichen analogen Übertragung über Modem zwanzig Mal schneller an die Zentrale übermittelt werden.

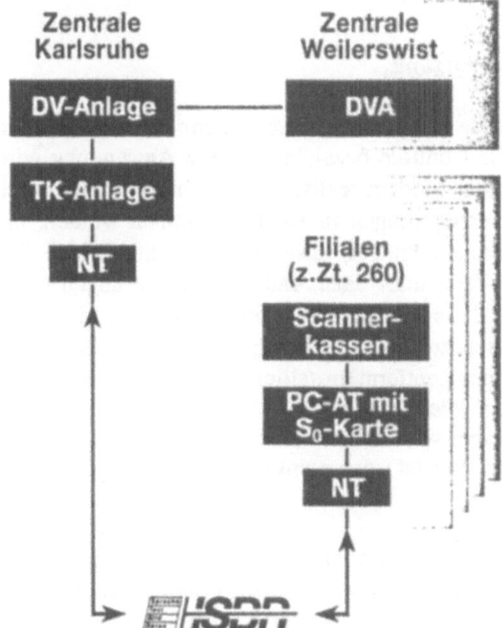

Abbildung 3-18: Datenaktualisierung über ISDN

4. Beispiel: Gesundheitswesen

Hier wird die Kommunikation zwischen Arztpraxen und kassenärztlicher Vereinigung wesentlich vereinfacht und beschleunigt. Voraussetzung ist, daß die Arztpraxis mit einem ISDN-Anschluß und einem PC-Programm ausgestattet ist, das den Datenaustausch über das ISDN unterstützt.

Eine weitere Anwendungsmöglichkeit bietet sich über die Nutzung des Btx-Systems. Da dieses von analogen und digitalen Anschlüssen genutzt werden kann, sind Gemeinschaftslabors in der Lage, Daten über ISDN schnell in das Btx-System zu übertragen. Hier stehen die Daten dann sowohl Praxen mit ISDN-Anschluß als auch solchen mit analogem Anschluß via Btx zur Verfügung.

Eine dritte Anwendungsmöglichkeit liegt im direkten Informationsaustausch zwischen Arztpraxen. Der übliche Arztbrief kann entfallen. Anamnese und Befunddaten werden direkt in den PC der Gegenstelle übertragen und stehen sofort zur Verfügung.

3.5.5.3 Ferndiagnose, Service und Wartung

Mit ISDN bietet sich die faszinierende Möglichkeit, PCs aus der Ferne zu steuern. Im Englischen wird dies als Remote Controle bezeichnet. Diese Anwendung wird heute noch überwiegend mit Hilfe von Modem realisiert. Hier müssen dann durch die geringe Übertragungsrate Zeitverzögerungen in Kauf genommen werden, die sich bei der Steuerung über Fernzonen hinweg kostensteigernd auswirken. Die enorme Geschwindigkeit im ISDN-Netz führt dazu, daß Zeitverzögerungen kaum noch ins Gewicht fallen. Auf der Basis hierfür entwickelter Software bietet das ISDN die Möglichkeit, Ferndiagnosen zu stellen, Wartungsarbeiten durchzuführen und Servicedienstleistungen auf einem entfernt installierten PC zu erbringen. In diesem Kapitel finden Sie eine Beschreibung dieser Telekommunikationsanwendung. Dabei wird anhand eines Praxisbeispiels gezeigt, daß sich insbesondere für EDV-Dienstleister kostensenkende Einsatzmöglichkeiten bieten.

Für die oben beschriebenen Funktionen wird eine Fernsteuerungs- oder auch Fernbedienungssoftware eingesetzt. Mit Hilfe eines solchen Programmes kann ein entfernt stationierter PC vom lokalen PC aus so gesteuert werden, als sitze der Anwender vor dem PC. Beide Bildschirme, der des steuernden und der des gesteuerten PC, verhalten sich während einer Verbindung gleich und zeigen immer exakt dasselbe. Dabei können Eingabe sowohl lokal am gesteuerten PC als auch entfernt am steuernden PC vorgenommen werden.

Das Programm Carbon Copy gilt hier als De-Facto-Standard. Das Programm unterscheidet zwischen dem Anwender-PC und dem steuernden Service-PC. Auf dem Service-PC wird das Programm CCHELP.EXE geladen, auf dem Anwender-PC das speicherresidente Programm CC.EXE. Dieses Programm bleibt solange im Hintergrund, bis sich der Service-PC einwählt oder aber der Anwender eine bestimmte Tastenkombination drückt. Der Verbindungsaufbau kann sowohl vom Service- als auch vom Anwender-PC initiiert werden. Auf beiden PC erscheint dann das gleiche Hauptmenü. Von diesem aus werden folgende Funktionen gestartet:

- **Fernbedienung eines auf dem Anwender-PC laufenden Programmes**

- **Dateiübertragung mit DOS-ähnlichen Befehlen**

- **Umleitung der Druckerausgabe**

- **Direkte Kommunikation in einem Dialogfenster**

- **Sperren der entfernten Tastatur**

- **Speichern von Bildschirmausgaben oder auch ganzen Sitzungen.**

Da der Service-PC vollen Zugriff auf die Programme und Daten des Anwendungs-PC besitzt, muß dieser sich beim Anwählen durch ein Paßwort legitimieren.

Die Fernsteuerung von PCs über Telekommunikationsnetze bietet für die Kundenbetreuung und den Service große Rationalisierungsmöglichkeiten. So können zukünftig viele Anfahrtswege und lange Telefongespräche entfallen. Einen zusätzlichen Nutzen bietet die große Übertragungsgeschwindigkeit im ISDN. So kann direkt und nahezu ohne Zeitverzögerung auf den Rechner eines Kunden zugegriffen werden. Damit besteht die Möglichkeit, den Datenbestand und das beim Kunden installierte Programm zu steuern, zu kopieren und eventuell aufgetretene Fehler zu beheben.

Zu diesem Zweck setzt die Stuttgarter Taylorix-Organisation, die mit 52 Niederlassungen klein- und mittelständische Unternehmen mit Komplett-Lösungen für den gesamten Bereich der Informationsverarbeitung und Kommunikation versorgt, neben den traditionellen Kommunikationsmitteln Telefon und Telefax auch Modem und seit neuestem ISDN ein. Entfernte Rechner werden hier mit der Software Nova Focus gesteuert, die sich in den grundlegenden Funktionen nicht von Carbon Copy unterscheidet. Hier heißt der Anwender-PC auch dezentraler Rechner oder Kundenrechner, der Service-PC zentraler Rechner oder Supportrechner. Der Datenschutz wird über ein Benutzerkennwort und ein Kommunikationskennwort gewährleistet. Das letztere berechtigt zur Verbindungsaufnahme und das erste zum Zugriff auf Daten und Programme des Kundenrechners.

Über ISDN werden in der ersten Testphase Dateitransfer und dezentraler Rechnerzugriff realisiert. Nach einem Erfahrungsbericht, der dem CHIP-Heft Dezember 1991 Seite 376 ff. entnommen ist, ergeben sich folgende Vorteile durch den Einsatz von Fernsteuerungssoftware über das ISDN-Netz:

- **Sehr schneller Verbindungsaufbau**

- **Bildschirmaufbau mit sehr geringer Zeitverzögerung**

- **Kostengünstiges Arbeiten, da Fahrtkosten entfallen**

- **Zeitersparnis, schneller und effektiver Service.**

3.5.5.4 Verbindung lokaler Netze, Ankopplung an Hostrechner

Die Kombination PC und ISDN-Netz bietet neben den Funktionen der Fernwartung und Fernsteuerung auch die Möglichkeit, lokale Netze miteinander zu verbinden bzw. eine direkte Verbindung zu einem zentralen Hostrechner aufzubauen.

Ein von der Digital Equipment Corporation, DEC, entwickelter ISDN-Controller, DIV32, erlaubt es, daß sich auch PCs mit dem Betriebssystem MSDOS in das DEC-Netz, DECnet, einwählen können. Dazu wird ein mit dem ISDN-Controller ausgestatteter Micro-VAX-Rechner an das ISDN-Netz angeschlossen. Auf diesem Rechner läuft die VAX-ISDN-Software, die aus dem Rechner einen ISDN-Server macht, der als Gateway zu anderen Netzen oder zu lokalen, an das ISDN-Netz angeschlossenen PCs dient.

Mit Hilfe hierfür ausgerüsteter ISDN-Adapter können über das ISDN-Netz auch lokale Netze von IBM miteinander verbunden werden. Eine NetBios-Emulation für die ISDN-Adapterkarte bewirkt, daß sich der Adapter gegenüber der Anwendungssoftware wie eine Netzwerkkarte verhält. Das ISDN wird damit zu einem NetBIOS-kompatiblen Netzwerk.

Eine auf der IPX-Schnittstelle basierende Emulation bietet die Möglichkeit der Vernetzung von Novell-Netzwerken. Mit Hilfe einer hierfür geeigneten Adapter-Karte können einzelne PCs an ein Novell-Netzwerk kostengünstig angeschlossen werden. Der PC ist damit in der Lage, sich als entfernte Station, als remote, in das Netzwerk einzuloggen. Die Anbindung erfolgt über eine dedizierte Bridge, einen PC im Netz, der ausschließlich die Funktion hat, die Verbindung zwischen Remote und Netzwerk aufzubauen. Dafür wird auf dem Rechner eine spezielle Software geladen. Die gleiche Software ermöglicht aber auch die Verbindung zweier Novell-Netzwerke über das ISDN. Die Verbindung wird über je einen PC als dedizierter Bridge hergestellt. Nach Verbindungsaufbau können alle Workstations in einem Netz A auf den File-server des über ISDN verbundenen Netzes B zugreifen. Die Vernetzung über ISDN ist kostengünstiger als die traditionelle Vernetzung über Standleitungen oder das Datex-P-Netz.

Abbildung 3-19 zeigt die Vernetzung von lokalen Netzwerken über das ISDN

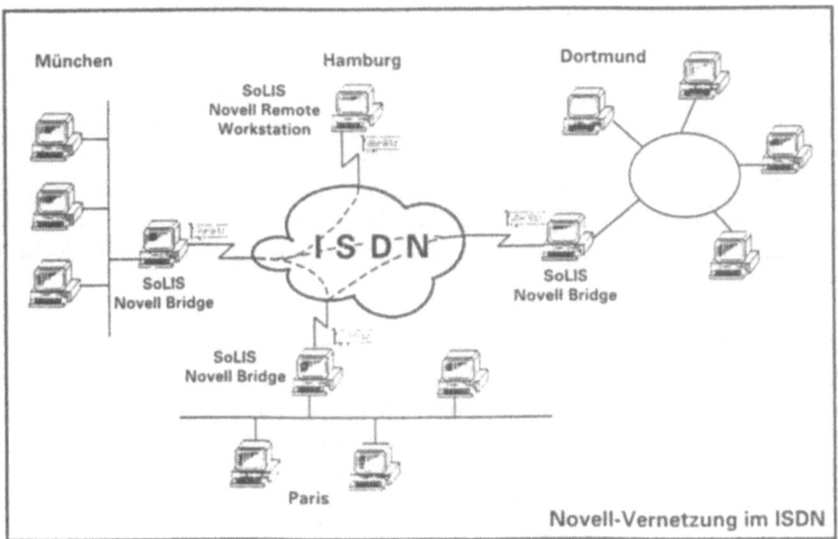

Abbildung 3-19: Novell-Vernetzung im ISDN

Für eine PC-Host-Kopplung wird in der Zentrale ein PC benötigt, der als Gateway dient. Dieser PC ist über ein Koax-Kabel mit dem Hostrechner lokal verbunden. Über eine Adapterkarte oder einen Terminaladapter ist er auf der anderen Seite an das ISDN-Netz angeschlossen. Damit können andere PC unter voller Ausnutzung der ISDN-Geschwindigkeit diesen Gateway anwählen und den lokal angeschlossenen Host nutzen. Dazu wird auf dem Gateway-PC die entsprechende Kommunikations- bzw. Emulationssoftware für die Hostanbindung eingesetzt. Wird auf dem Gateway z.B. eine 3270-Emulation geladen, dann kann ein am ISDN angeschlossener PC eine IBM-Host über den Gateway-Rechner so nutzen, als sei er ein IBM-3270-Terminal.

Viele ISDN-Adapterkarten werden heute mit Protokollen ausgestattet, die alle gängigen Netzwerklösungen unterstützen. Dies gilt für die lokalen Standardnetzwerke Novell und IBM Token Ring ebenso wie für den Anschluß an IBM-Hostrechner und das UNIX-Netz mit TCP/IP-Protokoll.

3.5.5.5 Computer Integriertes Telefonieren CIT

Der Telefondienst kann mit den sich im ISDN bietenden Möglichkeiten, insbesondere in Kombination mit einem PC, erheblich rationeller und auch komfortabler gestaltet werden. Dazu muß der ISDN-PC mit einer X.Schnittstelle ausgestattet sein,
an die dann ein digitales Telefon angeschlossen werden kann.

Die grundlegendste Anwendung des Computer Integrierten Telefonierens, CIT, ist
die Unterstützung des Wählvorgangs durch ein sogenanntes Elektronisches
Adressbuch. Dabei handelt es sich um eine Datenbank, in der für das Telefonieren
relevante Daten wie Rufnummer, Anschrift, Ansprechpartner usw. gespeichert sind.
Eine integrierte Notizbuchfunktion bietet die Möglichkeit, zu den gespeicherten
Rufnummern weitere Informationstexte abzulegen, die dann jederzeit durch die
Verknüpfung mit der Rufnummer abgefragt werden können.

Das Elektronische Adressbuch bietet alle Vorteile einer Datenbank wie Aktualität,
Wartungsfreundlichkeit und die Selektion nach beliebigen Suchkriterien. Durch die
im ISDN mögliche Ruferidentifikation können bei einem Anruf direkt die zum Anrufer gespeicherten Informationen gesucht und auf dem Bildschirm dargestellt werden. Die integrierte Notizbuchfunktion kann während eines Gespräches Informationen auf dem Bildschirm anzeigen, die bei Bedarf sofort aktualisiert werden.

Ein weiterer wesentlicher Vorteil ist die Tatsache, daß auf der Basis einer Datenbank typische Fehler wie falsches Ablesen einer Rufnummer oder Fehleingabe beim
Wählen entfallen. Hier werden mit Hilfe einer Maus oder der Cursortasten Rufnummern markiert. Die Anwahl erledigt der PC, der bei Bedarf den Wählvorgang
wiederholt. Zusätzlich ist der PC in der Lage, ein Journal zu führen. Dieses gibt
Auskunft darüber, wen man wann angerufen hat oder welche Anrufe wann angekommen sind. Bei Abwesenheit vom Arbeitsplatz zeichnet der PC auf, wer einen
telefonisch zu erreichen versuchte.

Insgesamt bietet also die Integration von Telefon und PC im ISDN-Netz einen Tele-
fonkomfort, der einen wesentlichen Teil der Bürokommunikation vereinfacht.

3.5.6 Ausblick

Die Bundesrepublik Deutschland, Frankreich, Italien und Großbritannien haben entsprechend einer EG-Empfehlung zur koordinierten Einführung des ISDN in Europa
ein sogenanntes Memorandum of Understanding vereinbart, das inzwischen von 26
Netzbetreibern in 20 Ländern unterzeichnet wurde. Hierin sind einheitliche Standards mit einem einheitlichen Minimalangebot vereinbart.

Diese sind:

- **ISDN Einführung zwischen 01.92 uns 12.93 mit**
- **Basisanschluß**
- **Primärmultiplexanschluß**
- **64 kbps Transportdienst, transparent**
- **3,1 kHz audio Transportdienst**
- **Anzeige der Rufnummer des Teilnehmers**
- **Unterdrückung der Rufnummer des Teilnehmers**
- **Durchwahl**
- **Mehrfachrufnummer**
- **Endgeräteportabilität.**

Geht man davon aus, daß die internationale Standardisierung verwirklicht wird und
es die nationalen Telekom-Gesellschaften schaffen werden, ISDN flächendeckend
anzubieten, dann wird das ISDN-Netz mit seiner Möglichkeit der Diensteintegration
gerade in der Zusammenarbeit mit der PC-Technik der beherrschende Telekommu-
nikationsstandard der nächsten Jahrzehnte sein. Vorrangig wird dies auf der Basis
der Schmalbandtechnik realisiert werden. Praktisch alle betriebsrelevanten Daten-
ströme können hier zeitgünstig transportiert werden. Nur in Grenzfällen, wie Be-
wegtbildübertragung oder bei der zeitkritischen Übertragung von Grafikinformatio-
nen mit hoher Auflösung, wird die Breitbandtechnik auf der Basis von Glasfaser-
oder Kupferkoaxialkabeln eingesetzt werden müssen.

Ein weiterer Faktor, der die Entwicklung der Telekommunikation auf der Basis des
ISDN beeinflussen wird, ist das Angebot an ISDN-Endgeräten. Auch wird man zukünftig mit fallenden Preisen bei gleichzeitiger Leistungserweiterung rechnen können. Potientiell ist jeder installierte PC ein multifunktionales ISDN-Gerät. Und die
Installationsdichte von PCs wird zunehmen.

Die deutsche Telekom wird bis zum Ende 1993, so zumindest die Vorgabe, ISDN
flächendeckend anbieten. Dies bedeutet nicht, daß jeder Teilnehmer an eine ISDN-
fähige Ortsvermittlungsstelle angeschlossen werden kann. Vielmehr wird es eine
"logische" Flächendeckung geben. Dort, wo ein direkter Anschluß wegen fehlender
digitaler Ortsvermittlungsstelle nicht möglich ist, wird fremdgeschaltet. Damit wird
die Zahl der ISDN-Teilnehmer wachsen und damit der Rationalisierungseffekt durch
ISDN.

Die Flächendeckung in den neuen Bundesländern soll bis 1994/95 gewährleistet
sein.

4 Software

In diesem Kapitel erhalten Sie einen Überblick über die auf PCs eingesetzte DFÜ-Software. Der Begriff DFÜ-Software umfaßt alle Programme, die bei der Datenfernübertragung mit Hilfe eines Modem eingesetzt werden. Für diese Softwaregruppe werden synonym die Begriffe DFÜ-Software, Terminalprogramm, Telekommunikationsprogramm oder Kommunikationsprogramm verwendet. In **Kapitel 4.1 Grundlagen** finden Sie die wichtigsten Grundbegriffe für das Arbeiten mit Kommunikationsprogrammen erläutert. Sie erfahren, wie Verbindungen auf- und wieder abgebaut werden und welche Parameter eingestellt werden müssen. An Hand von Praxisbeispielen werden mögliche Fehlerquellen und deren Beseitigung demonstriert. Am Beispiel zweier Programme wird die Automatisierung des DFÜ-Betriebs mit Hilfe sogenannter Script-Dateien beschrieben. Das erste Programmbeispiel ist mit dem DFÜ-Programm Telix geschrieben und zeigt beispielhaft die Leistungsfähigkeit der integrierten Programmiersprache SALT. Das zweite Programm ist mit dem DFÜ-Modul von PCTOOLS 7.1 erstellt und steht stellvertretend für Programmpakete mit integriertem DFÜ-Modul. Abschließend finden Sie einen Überblick zu den wichtigsten Übertragungsprotokollen für den Dateitransfer. Zwei Anwendungsbeispiele für den Dateitransfer schließen das Kapitel ab.

Hauptaufgabe von DFÜ-Programmen ist es, Verbindungen zwischen entfernt stationierten PCs aufzubauen, um dann Nachrichten und Dateien zwischen diesen PCs auszutauschen. Daher wird diese Programmgruppe häufig auch als Kommunikationssoftware bezeichnet. Die auf dem Markt befindliche Software zeigt deutlich, daß die Telekommunikation auf dem PC insbesondere von zwei Anwendergruppen eingesetzt wird.

Die erste Gruppe setzt sich aus ausgesprochenen DFÜ-Spezialisten oder PC-Anwendern, die dieses Gerät zu ihrem Hobby gemacht haben, zusammen. Diese Anwender benutzten vorwiegend Mailboxnetze, um oft weltweit Daten und Informationen auszutauschen. Aus dieser Gruppe stammen auch viele Entwickler von DFÜ-Software, die dann ihre Programme entweder als PD-Software oder nach dem Shareware-Prinzip anbieten. PD-Software, Public Domain, ist ein Sammelbegriff für Programme, die von ihren Entwicklern jedem Interessierten kostenlos zur Verfügung gestellt werden. Software, die als Shareware vertrieben wird, darf frei kopiert und weitergegeben werden.

Allerdings sollte ein Anwender sich nach einer gewissen Probezeit als offizieller Nutzer registrieren lassen. Diese Registrierung kostet dann einen vom Programmautor festgelegten Betrag. Dafür erhält der Anwender aber auch in der Regel ein Handbuch und weitere Unterstützungen wie Update-Service und Beratung bei Anwendungsproblemen. PD- und Shareware-Programme können aus vielen Mailboxen frei kopiert werden. Oft werden diese Programme auch als Zugabe zu einem Modem mitgeliefert. Tabelle 4-1 zeigt eine Auswahl der bekanntesten DFÜ-Programme.

Tabelle 4-1: DFÜ-Programme

Programmname	Vertriebskonzept	Anbieter
Procomm	Shareware, Modemzugabe	Dr. Neuhaus Mikroelektronik GmbH Hamburg
Telemate	Shareware	MicroServe GmbH Bremen
Telix	Shareware, Modemzugabe	ELSA, Gesellschaft für elektronische Systeme GmbH Aachen
COM90	Modemzugabe	BAUSCH datacom Heinsberg

Die zweite Anwendergruppe setzt DFÜ im Rahmen der Bürokommunikation zur dezentralen Datensicherung oder für den Dateitransfer ein. Dazu werden oft sogenannte Integrierte Programmpakete eingesetzt. Das sind Programme, die typische Büroprogramme wie Textverarbeitung, Tabellenkalkulation, Grafiken und Datenbanken in einem Programm integrieren. Eine andere Programmgruppe sind Utility- oder Hilfsprogramme. Hier handelt es sich um modular aufgebaute Programme, die insbesondere für die Datenpflege und Datensicherung eingesetzt werden. Unter einer einheitlichen Oberfläche sind auch eine Reihe sogenannter Schreibtischprogramme (engl. desktop utilities) wie Terminplaner, Datenbankanwendungen, Adressverwaltung, Netzwerkunterstützung usw. integriert. Viele dieser Programmpakete beinhalten auch ein DFÜ-Modul. Diese Module sind nicht so leistungsfähig wie Einzelprogramme, bieten aber dennoch einen Funktionsumfang, der für die normale Bürokommunikation ausreichend ist.

Tabelle 4-2 zeigt eine Auswahl von Programmen mit integriertem DFÜ-Modul.

Tabelle 4-2: Programmpakete mit DFÜ-Modul

Programmename	Programmgruppe	Anbieter
Windows	Benutzeroberfläche	Microsoft
Sidekick Plus	Hilfsprogramme	Borland
PCTOOLS	Hilfsprogramme	Central Point Software
Works	Bürokommunikation	Microsoft
Framework	Bürokommunikation	Ashton Tate GmbH
Enable OA	Bürokommunikation	Enable OA Software GmbH
Lotus Works	Bürokommunikation	Lotus GmbH
Symphony	Bürokommunikation	Lotus GmbH
Open Access	Bürokommunikation	SPI Deutschland GmbH
Smartware	Bürokommunikation	Informix GmbH
PFS Window Works	Bürokommunikation	DAT Informations-systeme GmbH

4.1 Grundlagen

Die wesentliche Aufgabe eines DFÜ-Programmes besteht darin, zu einem anderen
Rechner eine Verbindung aufzubauen, den Datenaustausch zwischen den beiden
Rechnern zu kontrollieren und die Verbindung wieder abzubauen. Wenn ein Modem
eine Gegenstelle anruft, dann wird dies als Abheben bezeichnet. Werden in einer
Kommunikationssitzung Dateien von der Gegenstelle kopiert, dann wird dies als
download bezeichnet. Der umgekehrte Vorgang, also Dateien an eine Gegenstelle
senden, heißt upload. Mit chat (engl. für schwatzen) wird ein Vorgang bezeichnet,
bei dem die Beteiligten Informationen in einem direkten Bildschirmdialog austauschen. Der Abbau einer Verbindung heißt in Analogie zum Telefonieren auflegen
(engl. hang up).

Eine typische Kommunikationssitzung beginnt mit dem Laden der Kommuni-
kationssoftware. Dann werden die Kommunikationsparameter eingestellt und die
Gegenstelle angewählt. Während einer Kommunikationssitzung kontrolliert die
DFÜ-Software den Datenaustausch. Am Ende einer Sitzung unterbricht das Kom-

munikationsprogramm die Verbindung, es "legt den Hörer auf". Damit wird die Telefonleitung wieder freigegeben. Hier muß man darauf achten, daß das DFÜ-Programm auch tatsächlich auflegt und damit die gebührenpflichtige Verbindung unterbricht. Sie erkennen dies daran, daß die Anzeige für CD, Carrier Detect, auf der Modemvorderseite ausgeschaltet wird.

```
============================================| MODEM SETUP |==================================


     1) Modem init string .... AT E1 V1 S0=1!
     2) Dialing command ...... AT DP
     3) Dialing cmd suffix ... !

     4) Connect string ....... CONNECT
     5) No Connect string 1 .. BUSY
     6) No Connect string 2 .. VOICE
     7) No Connect string 3 .. NO CARRIER
     8) No Connect string 4 ..

     9) Hangup string ........ ~~~+++~~~ATH0!

    10) Redial timeout delay . 30
    11) Redial pause delay ... 2



============================================================================================

OPTION ==
```

Abbildung 4-1 : Modemkonfiguration

Kommunikationsprogramme beherrschen zur Steuerung des für die DFÜ notwendigen Modems den Hayes-Befehlssatz. Damit kann man über das Programm eine Gegenstelle anwählen. Voraussetzung ist allerdings, daß die richtigen Modemeinstellungen vorgenommen wurden. Von zentraler Bedeutung ist hier das Wählverfahren (engl. dialing command). In Deutschland muß das Pulsverfahren eingestellt werden. Diese Einstellung sowie einige Anpassungen an den Hayes-Befehlssatz und der Initialisierungsstring werden einmal vorgenommen und dann als Modemparameter (engl. modem setup) in eine Konfigurationsdatei abgespeichert. Diese wird bei jedem Programmstart gelesen. Das Modem wird dann nach den hier vorgegebenen Werten eingestellt, initialisiert. Abbildung 4-1 zeigt Modemparameter für ein Hayes-kompatibles Modem.

Der Initialisierungsstring legt fest, mit welchen Arbeitsmodi das Modem bei jedem
Programmstart eingestellt wird. Man wird hier Einstellungen wählen, die für die
meisten Anwendungen die richtigen sind. Damit muß das Modem nur noch in Ausnahmefällen umgestellt werden. Der in Abbildung 4-1 gezeigte Initialisierungsstring
stellt das Modem wie folgt ein:

- **Ausgabe von Befehlen und Modemmeldungen, Echo ein**

- **Modemmeldungen werden als Text ausgegeben**

- **Register 0 wird mit 1 belegt, d.h. das Modem hebt nach dem ersten Klingeln
  ab**

In Tabelle 4-3 finden Sie eine Beschreibung der in Abbildung 4-1 gezeigten Konfigurationsparameter.

Tabelle 4-3: Modemkonfiguration: Parameterbeschreibung

Parameter	Inhalt	Bedeutung
Dialing command Wählverfahren	AT DP	Impulsverfahren, in der Bunderepublik einzustellen
Dialing cmd suffix Symbol für <Return>	!	! steht für <Return>
Connect string Meldung bei Verbindungsaufnahme	CONNECT	Verbindung mit weniger als 2400 bps
No connect String 1	BUSY	Gegenstelle besetzt
No connect String 2	VOICE	Kein Trägerton
No connect String 3	NO CARRIER	Keine Leitung, Verbindung abgebrochen
No connect String 4		
Hangup string Befehl zum Auflegen	```~~~+++~~~ATHO!```	Modem wird 3 Sekunden unterbrochen, ESC, dann wieder drei Sekunden warten und auflegen
Redial timeout delay Zeitraum, nachdem das Modem eine Anwahl wiederholt	30	Modem wiederholt die Anwahl, wenn nach 30 Sek. keine Verbindung zustande kommt
Redial pause delay Wählpause	2	Modem wartet 2 Sekuden und wählt dann die nächste Nummer

Zwei Kommunikationspartner können nur dann Daten austauschen, wenn die Kommunikationsparameter übereinstimmen. Hierzu zählen die Übertragungsparameter

Bitrate
Parität
Anzahl der Stopbits und
Anzahl der Datenbits

Abbildung 4-2 zeigt den Eingabebildschirm für die Übertragungsparameter der englischen Version von PROCOMM.

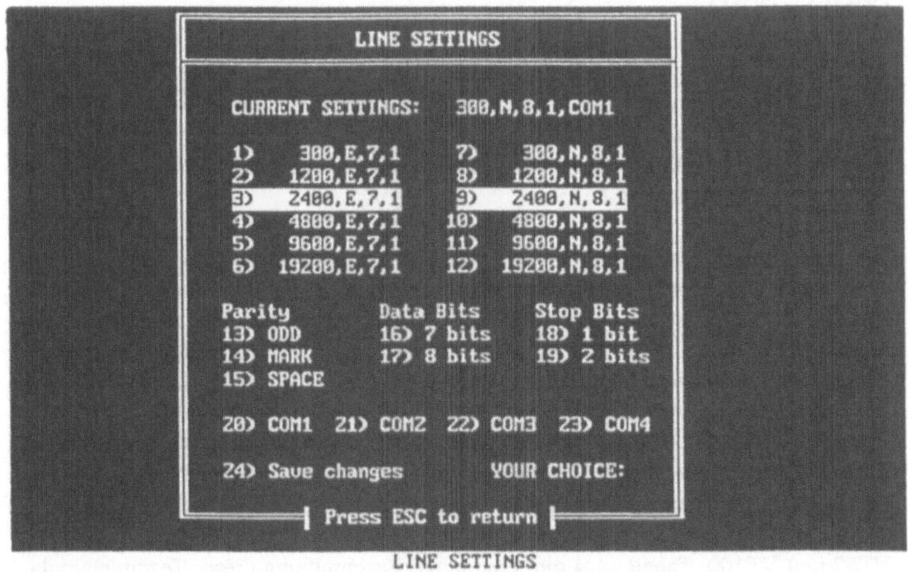

Abbildung 4-2: Übertragungsparameter für eine DFÜ-Sitzung festlegen

In der Abbildung sind die zur Zeit wohl wichtigsten Einstellungen invers dargestellt. Die Einstellung

2400,E,7,1

bedeutet, daß die Übertragung mit einer Übertragungsrate von 2400 bps, einer Even-Paritätsprüfung, sieben Datenbits und einem Stopbit erfolgt. Diese Einstellung müssen Sie in der Regel bei der Verbindungsaufnahme mit einem Host vornehmen. Der Datenaustausch zwischen PCs dagegen erfolgt in der Regel ohne Paritätsprüfung mit 8 Daten- und einem Stopbit. Die Einstellung ist hier

2400,N,8,1

Abbildung 4-3 zeigt weiter, daß in der Regel mit den Übertragungsparametern auch die Schnittstelle angegeben wird. In unserem Beispiel wird das Kommunikations-programm die zu übertragenden Daten an die erste serielle Schnittstelle senden. PROCOMM selbst unterstützt, wie die meisten DFÜ-Programme, die Schnittstellen COM1 bis COM4.

Zusätzliche Übertragungsparameter sind die Verbindungsart und die Datenflußkon-trolle, das Handshaking. Als Verbindungsart kommen eine Modemverbindung oder eine direkte Kabelverbindung über ein sogenanntes Nullmodem in Frage. Als Handshaking können alternativ eingestellt werden Xon/Xoff, Hardwarekontrolle oder keine Datenflußkontrolle.

Wichtige Kommunikationsparameter sind auch die Bildschirm- oder Terminalemu-lation und die Steuerung der Bildschirmausgabe. Die Bildschirmemulation bestimmt die Darstellung der empfangenen Daten auf dem Monitor. Hier werden Darstel-lungsattribute wie z.B. blinkend oder invers durch Steuerzeichen, sogenannte Escape-Sequenzen, festgelegt. Das gleiche gilt für die Bedeutung von Funk-tionstasten wie z.B. <Backspace> oder die Pfeiltasten. Wenn Sender und Empfänger unterschiedliche Bildschirmemulationen eingestellt haben, dann werden die vom Sender übertragenen Steuerzeichen falsch interpretiert. Als Folge davon werden die empfangenen Zeichen auf dem Bildschirm in einer nicht mehr lesbaren Form darge-stellt. DFÜ-Programme unterstützen in der Regel die Emulationen TTY, ANSI, VT52 und VT100. Tabelle 4-4 gibt eine kurze Beschreibung dieser Terminalemula-tionen.

Tabelle 4-4: Bildschirm- oder Terminalemulationen

Emulation	Beschreibung
TTY	Diese Einstellung wird von vielen Mailboxen verwendet, es handelt sich hier um reine Textdarstellung ohne Zeichenattribute
ANSI	Diese Emulation stellt den erweiterten ASCII-Code mit Zeichenattributen dar und wird von vielen Hostrechnern eingesetzt, die ANSI-Treibersoftware ist Bestandteil des Betriebssystems MSDOS
VT52 / V/100	Hier werden die DEC Terminals VT52 und VT100 simuliert, d.h. der Bildschirm verhält sich wie ein an einen DEC-Rechner angeschlossenes Terminal

Für die Steuerung der Textausgabe muß eine Übereinstimmung darüber bestehen, wie eine Textzeile abgeschlossen und ein Zeilenvorschub gesteuert werden soll. Es handelt sich also um die Interpretation der Steuerzeichen CR, Wagenrücklauf (engl. carriage return), und LF, Zeilenvorschub (engl. line feed). Hier verhalten sich Rechner durchaus unterschiedlich, so daß sowohl der Empfang als auch das Senden von Texten entsprechend gesteuert werden muß. Die Steuerung der Textausgabe wird in einigen Terminalprogrammen getrennt für abgehende und ankommende Texte vorgenommen. Dabei wird festgelegt, ob nach einem empfangenen (gesendeten) Zeilenendezeichen, CR, vom Programm das Steuerzeichen für Zeilenvorschub eingefügt wird oder nicht.

Wenn also eine Gegenstelle Textzeilen nur mit CR abschließt, dann werden die empfangenen Zeilen bei gleicher Einstellung alle in eine Zeile geschrieben. Hier muß der Empfänger automatisch nach jedem Zeilenende einen Zeilenvorschub ergänzen. Wenn allerdings Sender und Empfänger jeweils an das Zeilenende einen Zeilenvorschub anhängen, dann werden alle empfangenen Textzeilen durch eine Leerzeile getrennt. Ein Zeilenvorschub ist also überflüssig. Er kann entweder vom Sender oder vom Empfänger entfernt werden.

Es ist kaum möglich, Einstellungen vorzuschlagen, die immer richtig sind. Die folgenden Hinweise werden aber bei Fehlern helfen. Wenn alle Textzeilen beim Empfang in eine Zeile geschrieben werden, dann stellen Sie Ihr Kommunikationsprogramm so ein, daß es selbständig an jede empfangene Zeile einen Zeilenvorschub anhängt. Abbildung 4-3 zeigt eine Konfiguration mit der englischen Version von Telix. Hier müßten Sie die Einstellung

ADD Line feeds after CRs

auf

ON

setzen.

Wird nach jeder empfangenen Textzeile eine Leerzeile ausgegeben, dann muß die in Abbildung 4-3 gezeigte Einstellung gewählt werden. In einigen DFÜ-Programmen wird das Anhängen eines Zeilenvorschub mit

add line feed

bezeichnet und das Entfernen des Zeilenvorschubs mit

strip line feed.

```
Alt-Z for Help | VT102     |   2400·N81 FDX |        |     |             |

Tel ┌─┤ Terminal options ├══════════════════════════════════════════════
Ver │
    │ A - Baud 2400     Parity None     Data length 8     Stop bits 1
Pre │ B - COM1
    │
ats │ C - Default terminal type ........... VT102
OK  │ D - Status line ..................... Top
    │ E - Local echo ...................... Off
    │ F - Add Line Feeds after CRs ........ Off
    │ G - Strip high bit (incoming data) .. Off
    │ H - Received Backspace destructive .. On
    │ I - XON/XOFF software flow control .. On
    │ J - CTS/RTS hardware flow control ... Off
    │ K - DSR/DTR hardware flow control ... Off
    │ L - Compuserve Quick B transfers .... On
    │ M - Zmodem auto-downloads ........... On
    │ N - Answerback string (ENQ) .........
    │
    │ Change which setting?        (Return or Esc to exit)
```

Abbildung 4-3 : Kommunikationsparameter im Überblick

Gute DFÜ-Programme bieten die Möglichkeit, die Kommunikationsparameter für
eine Verbindung zusammen mit der Telefonnummer in einem sogenannten
Telefonbuch dauerhaft zu speichern. Abbildung 4-5 zeigt das Telefonbuch von
Telix. Hier kann z.B. der Mailbox-Rechner des WDR direkt mit den notwendigen
Übertragungsparametern durch die Kurzwahl Nummer 3 angewählt werden.

```
─┤ Dialing Directory ├──────────────────────────────────────────────────
                     Name                    Number      Line Format      Scrip
     1  Pronet1  ─┤ Edit entry 3 ├───────────────────────────────        pronet.s
     2  SILLY                                                             silly.sl
     3  WDR        Name ............. WDR                                 wdr.slc
     4  SUNIL      Phone number ...... 0221210517,o1                      sunil.sl
     5  KELLOGS    Baud rate ......... 2400                               kellogs.
     6  LINEX      Parity ............ None                               linex.sl
     7  TURBO      Data bits ......... 8                                  turbo.sl
     8  NOMEX      Stop bits ......... 1                                  nomex.sl
     9  FOOL       Linked script ..... wdr.slc
    10  MILKA      Default terminal .. ANSI-BBS                           milka.sl
    11  DATEX-P    Default protocol .. ASCII
    12  PHB        Local echo ........ Off
    13  Destille   Add Line Feeds .... Off
    14  test       Strip high bit..... Off
                   Rcvd BS is dest ... On
                   BS key sends ...... BS
        Mark/Unma  Dialing Prefix # .. 1                                  and PgDn
                   Password .........


Dial  List  Tog─────────────────────────────────────────────────────────rk  Other
Edit an entry
```


Abbildung 4-5 : Telefonbuch mit Übertragungsparametern

Abbildung 4-5 zeigt alle Kommunikationsparameter, die für den WDR-Rechner gespeichert sind.

Sollten trotz korrekter und übereinstimmender Kommunikationsparameter bei einer
Verbindung nur undefinierbare Zeichen auf dem Monitor erscheinen, dann ist die
Einstellung für den Datenfluß nicht korrekt. Es genügt dann, von Halbduplex auf
Duplex oder umgekehrt umzuschalten.

Gute Kommunikationsprogramme bieten eine Vielzahl von Sonderfunktionen. Tabelle 4-5 gibt einen Überblick zu den wichtigsten Zusatzfunktionen.

Tabelle 4-5: Sonderfunktionen in DFÜ-Programmen

Funktion	Beschreibung
Skripte	Skripte sind kleine Programme, die Kommunikationssitzungen automatisieren helfen. So können Einlogsequenzen für Mailboxen als Skript programmiert und bei der Anwahl der Mailbox automatisch ausgeführt werden. Einige Programme wie z.B. Telix besitzen eine ausgefeilte Scriptsprache, die alle Merkmale einer höheren Programmiersprache aufweist.
Mitschneiden Log-Funktion	Diese Funktion speichert alle empfangenen Daten und Tastatureingaben in eine Datei; zusätzlich kann die Sitzung auch direkt auf den Drucker ausgegeben werden. Die aufgezeichneten Daten werden in eine sogenannte Log-Datei gespeichert.
Logbuch	Mit Hilfe dieser Funktion werden Zeitpunkt und Rufnummer von Kommunikationssitzungen automatisch in eine Datei geschrieben.
Chat-Modus	In dieser Betriebsart können die Kommunikationspartner direkt über den Bildschirm miteinander kommunizieren; ähnlich wie im Telexbetrieb werden hier die Tastatureingaben beider Stationen auf jedem Monitor dargestellt. Dazu teilt das Programm den Monitor in zwei Ausgabefenster, in einem Fenster werden dann die eigenen Eingaben ausgegeben und in dem anderen die der Gegenstelle.
Host-Modus	In dieser Betriebsart verhält sich das DFÜ-Programm wie ein Hostrechner, d.h. das Programm wartet auf einen Anruf und bietet der Gegenstelle die Möglichkeit, Dateien zu kopieren oder sogar DOS-Befehle auszuführen.
Hintergrundkommunikation	Mit dieser Funktion können Dateien übertragen werden, während der Anwender mit einem anderen Programm arbeitet. Die Kommunikation erfolgt ohne Beaufsichtigung und ohne Steuerung über die Tastatur.

Scripte erhöhen die Anwendungsfreundlichkeit von DFÜ-Programmen erheblich. Das folgende Listing 4-1 demonstriert die Leistungsfähigkeit der Script-Sprache SALT des DFÜ-Programmes Telix. Diese Sprache hat sehr große Ähnlichkeit mit der Programmiersprache C. Der Quellcode eines SALT-Programmes wird mit einem beliebigen Eitor erfaßt. Dabei ist darauf zu achten, daß das SALT-Programm mit der Namenserweiterung .SLT abgespeichert wird. Der zum Lieferumfang von Telix gehörende Compiler CS.EXE kompiliert SALT-Programme in einen Zwischencode. Die kompilierten Dateien haben die Erweiterung .SLC und werden unter Telix mit der Tastenkombination <Alt + G> gestartet.

Listing 4-1 zeigt nochmal beispielhaft, welche Kommunikationsparameter vor einem Verbindungsaufbau gesetzt werden müssen. Sie können dieses Programm sehr leicht an Ihre eigene Arbeitsumgebung anpassen. Dazu werden lediglich die Kommunikationsparameter und eventuell die verwendeten Paßwörter in Quelltext geändert. Das Programm ist ausführlich dokumentiert, so daß Sie hier einen ersten Einstieg in die Programmierung von Script-Programmen finden. Erfahrene Programmierer werden die bekannten Kontrollstrukturen für bedingte Verzweigungen und die Schleifenprogrammierung wiederfinden. Kommentare werden unter SALT mit der Zeichenfolge "//" eingeleitet.

Listing 4-1: BIBBMAIL.SLT - Einloggen in eine Mailbox

```
///////////////////////////////////////////////////////////////////////
//
//  BIBBMAIL.SLT
//
//  Albrecht Darimont
//  Saarbrücken, Januar 1992
//
//  Script zur automatischen Anwahl der Mailbox
//  BIBBMAIL des Bundesinstitut für
//  Berufsbildungsforschung BIBB in Berlin
//  Nach dem Einloggen wird der Hilfstext
//  von BIBBMAIL aufgezeichnet und das Programm wieder
//  verlassen
///////////////////////////////////////////////////////////////////////

// Konfigurationsparameter

str pass1[12]    = "pass1^M^J",          // erstes Paßwort,
                          // mit CR = ^M und
                          // LF = ^J abgeschlossen
    pass2[12]    = "pass2^M^J",          // zweites Paßwort
    gastpass[10] = "Gast^M^J",           // Paßwort für Gäste
    ende_text[15] = "ende^M^J",          // Befehl Mailbox beenden
    tel_nummer[13] = "M0308610338",      // die Mailboxnummer, das
                          // M zu Beginn zeigt an,
```

```
                              // daß die Nummer nicht
                              // im Telefonbuch gesucht
                              // werden soll
term_emu[10]  = "ANSI-BBS",            // Terminalsemulation
go_on_text[25] = "- Weiter mit RETURN -",  // Diese Aufforderung
                              // schickt die Mailbox
                              // wenn der Teilnehmer
                              // weiterblättern soll
log_datei[11]  = "BIBB.TXT";           // Name der Log_Datei
                              // hier werden alle Bild-
                              // schirmausgaben aufge-
                              // zeichnet

int                           // Schnittstellenparameter
  bps       = 2400,
  bits      = 8,
  stop      = 1,
  paritaet  = 0;


int main_control,        // Variable zur Kontrolle des Haupt-
            // programmes
  control;                // Kontrollvariable in Funktionen


  {


////////////////////////////////////////////////////////////////////
//  Das Hauptprogramm
////////////////////////////////////////////////////////////////////

main()
{                     // Beginn des Hauptprogrammes
clear_scr();          // Bildschirm löschen
vorlauf();            // Vorlauf mit Startroutinen


main_control = anwahl();    // Wahlprozedur starten und Ergebnis der
                  // Variablen main_control zuweisen
if (main_control == 1)      // Wenn Anwahl ok, dann
  main_control = sende_passwort(); // Paßwörter senden
                  // und Ergebnis der Variablen
                  // main_control zuweisen
else                  // sonst
  prints("Keine Verbindung, deshalb Programm beendet....");
                  // Fehlermeldung ausgeben
```

```
if(main_control == 0)           // Beim Senden der Paßwörter ist ein
   {                            // Fehler aufgetreten, deshalb Ende
   prints("Verbindung zum Rechner verloren ........");
   return(1);
   }

while (1)                       // Endlosschleife
{
  if (waitfor(go_on_text, 30))      // solange CR + LF senden, solange
     cputs_tr("^M");                // Aufforderung zum Weiterblättern
  if (waitfor("Befehl: "))          // Wenn Aufforderung zur
     {                              // Befehlseingabe
     cputs_tr(ende_text);           // Befehl für Ende senden
     break;                         // und Schleife beenden
     } // Ende von IF
  } // Ende von WHILE

  nachlauf();                   // Abschlußroutinen aufrufen

} // Ende des Hauptprogrammes


////////////////////////////////////////////////////////////////////
//  Die Funktion vorlauf()
////////////////////////////////////////////////////////////////////

vorlauf()
{
    fopen(log_datei,"w");    // Logdatei zum Schreiben öffnen
    capture(log_datei);      // Log-Funktion einschalten
    set_cparams(bps, paritaet, bits, stop);
                             // Kommunikationsparameter und
    set_terminal(term_emu);  // Terminalemulation einstellen
}


////////////////////////////////////////////////////////////////////
//  Die Funktion nachlauf()
////////////////////////////////////////////////////////////////////

nachlauf()
{
    fclose(log_datei);  // Logdatei schließen und
```

```
        capture();        // Anwender kann Logfunktion beenden
}
////////////////////////////////////////////////////////////////////
// Die Funktion anwahl()
// liefert den Wert 0, wenn Anwahl nicht möglich, bei erfolgreicher
// Anwahl eine 1
////////////////////////////////////////////////////////////////////

anwahl()
{
        control = dial(tel_nummer,3);   // Drei Mal versuchen, eine
                        // Verbindung aufzubauen, in
                        // der Variablen control wird
                        // das Ergebnis der Wähl-
                        // versuche gespeichert.
    if (control == 0)           // Wenn control gleich 0, dann Anwahl
      return(0);                // nicht erfolgreich, deshalb 0 zurück
    else                        // erfolgreich, deshalb 1
      return(1);                // zurück.
}


////////////////////////////////////////////////////////////////////
// Die Funktion sende_passwort()
// liefert den Wert 0, wenn Fehler, bei erfolgreicher
// Übertragung eine 1
////////////////////////////////////////////////////////////////////

sende_passwort()
{ // Beginn der Funktion

    if (waitfor("Name?", 20))
      cputs_tr(pass1);
            // 20 Sekunden auf die Zeichenfolge
            // Name? warten. Die Funktion waitfor liefert eine 1
            // wenn die Zeichenfolge in der vorgegebenen Zeit
            // empfangen wurde und eine 0 wenn nicht. Da SALT
            // eine Zahl ungleich 0 immer als "WAHR" und die Zahl
            // 0 immer als "FALSCH" interpretiert, ist die IF-
            // Anweisung "wahr", wenn der Funktionswert von
            // waitfor "wahr", d.h. gleich 1 ist. Und nur dann
            // wird das erste Paßwort gesendet.
    else
      return(0);
```

```
    if (waitfor("Kennwort?", 20))
      cputs_tr(pass2);
    else
      return(0);
    if (waitfor("Gast eingeben.)",20))
      cputs_tr(gastpass);
    else
      return(0);

    return(1);    // Wenn das Programm bis hierin gekommen ist
                  // dann konnten die Paßwörter korrekt übertragen
                  // werden. deshalb eine 1 zurück.
} // Ende der Funktion
```

Wie Abbildung 4-5 auch zeigt, können in einem Telefonbuch Eintragungen mit Skripten verbunden werden (engl. linked script). Das Kommunikationsprogramm wird dann automatisch mit dem Telefonbucheintrag auch das Skript abarbeiten. Da die Kommunikationsparameter im Telefonbucheintrag festgelegt werden, kann eine Programmierung im verbundenen Script entfallen.

Listing 4-2 zeigt ein Script-Programm für das DFÜ-Modul von PCTOOLS 7. Die Script-Sprache ist nicht so leistungsfähig wie SALT. So können hier keine Kommunikationsparameter eingestellt werden. Das Script wird immer mit einem Eintrag im Telefonbuch verbunden und hat lediglich die Funktion, Paßwörter an die Gegenstelle zu senden. Kommentare werden hier mit dem * eingeleitet.

Listing 4-2: BIBBMAIL.SCR: ein Script

```
********************************************************************
* Dieses Script ist mit einem Telefonbucheintrag
* für die Mailbox BIBBMAIL des Bundesinstitut für
* Berufsbildungsforschung in Berlin verbunden.
* Wenn kein gueltiges Passwort gesendet wird, dann werden loggt
* das Script als Gast ein
********************************************************************


ECHO ON
PRINT "Verbindung zu BIBBMAIL wird hergestellt.  Bitte warten..."

* Auf die Zeichenfolge "Name?" warten
WAITFOR "Name?"

* Dann erstes Paßwort senden
```

SEND "xxxxx"

WAITFOR "Kennwort?"
SEND "xxxxx"

WAITFOR "Gast?"
SEND "Gast"

* Auf diese Eingabeaufforderung warten
WAITFOR "- Weiter mit RETURN - "
* Nur ein CR mit LF senden
SEND ""

WAITFOR "Befehl:"
SEND "Ende"

4.2 Übertragungsprotokolle

In der Datenverarbeitung werden für den Dateitransfer unterschiedliche Übertragungsprotokolle eingesetzt. In der Regel sind in ein DFÜ-Programm mehrere Protokolle integriert. Übertragungsprotokolle spiegeln die hard- und softwaretechnische Entwicklung auf dem Gebiet der Datenfernübertragung wieder. So sind die älteren Protokolle auch heute noch universell einsetzbar, aber vergleichsweise langsam und einfach aufgebaut. Jüngere Entwicklungen nutzen immer optimaler die vorhandene Technik und bieten damit bessere Übertragungszeiten und einen größeren Bedienungskomfort. Insbesondere die Methoden zur Fehlererkennung und -beseitigung sind hier effektiver.

In den folgenden Abschnitten werden die wichtigsten Übertragungsprotokolle mit ihren Leistungsmerkmalen vorgestellt. Anschließend werden zwei Anwendungsbeispiele beschrieben. Sie erfahren im ersten Beispiel, wie unter Telix mit Hilfe des Protokolls XModem Dateien von einer Mailbox auf den eigenen Rechner kopiert werden. Das zweite Beispiel zeigt den umgekehrten Vorgang, also das Kopieren einer Datei vom eigenen Rechner auf die Festplatte einer Mailbox. Wir werden dazu das ASCII-Protokoll des DFÜ-Moduls von PCTOOLS 7.1 verwenden.

Bei der Übertragung von Dateien arbeiten alle Übertragungsprotokolle mit Ausnahme des ASCII-Protokolls nach dem gleichen Prinzip. Die Daten einer Datei werden in Datenblöcke aufgeteilt und dann blockweise gesendet. Mit jedem Datenblock sendet das Übertragungsprotokoll eine Prüfzahl. Das Protokoll des empfangenden Computers überprüft an Hand dieser Prüfzahl, ob der Datenblock fehlerfrei übertragen wurde. Wenn nicht, signalisiert das Protokoll der sendenden Station einen

Übertragungsfehler. Diese wird dann den Datenblock nochmals senden. Übertragungsprotokolle unterscheiden sich im wesentlichen in der verwendeten Blockgröße und dem Algorithmus für die Prüfzahlberechnung.

ASCII

ASCII ist das denkbar einfachste Protokoll. Es kann nur für das Versenden von Dateien verwendet werden, die nur Text beinhalten. Dieses Protokoll überprüft nicht auf fehlerfreie Übertragung.

XModem

Xmodem ist in der Lage, alle Dateien, also auch solche mit grafischen Darstellungen und Programmdateien zu versenden. Dazu werden die Daten in 128 Bytes große Blöcke aufgeteilt. Jeder Block wird mit einer CRC genannten Prüfsumme versehen und dann an die Gegenstelle gesendet. Jeder Datenblock muß von der Gegenstelle quittiert werden. Wenn die Gegenstelle einen Fehler signalisiert, dann wiederholt Xmodem die Übertragung. Wegen der kleinen Datenblöcke und der daraus resultierenden Häufigkeit der Empfangsbestätigungen ist XModem relativ langsam.

1K XModem

Dieses Protokoll ist eine Erweiterung von XModem. Hier werden 1 KBytes große Datenblöcke übertragen. Damit ist dieses Protokoll bei guten Leitungen schneller als XModem. Bei schlechten Leitungen allerdings müssen auch achtmal größere Datenblöcke wiederholt übertragen werden. Damit kann dieses Protokoll unter Umständen auch langsamer als Xmodem sein.

YModem

Die Funktionsweise von YModem entspricht weitestgehend der von 1 K XModem. Zusätzlich werden hier allerdings die Dateiattribute Datum und Uhrzeit mitgesendet.

ZModem

ZModem unterscheidet sich von den bisher beschriebenen Protokollen grundsätzlich. Hier werden die Daten nicht mehr in Blöcke aufgeteilt sondern auf einer guten Leitung als kontinuierlichen Datenstrom gesendet. In variablen Abständen werden Prüfinformationen mitgeschickt. Bei schlechten Leitungen kann ZModem dann auf Blockübertragung umschalten und durch variable Blockgrößen die Abstände für die Prüfsummenermittlung verringern. Damit wird insgesamt eine bessere Übertragungsgeschwindigkeit erreicht. ZModem variiert die Blockgröße zwischen 64 Bytes bei schlechten Verbindungen bis zu 2 KBytes in guten Leitungen.

Kermit

Kermit ist ein universelles Übertragungsprotokoll, daß auf nahezu allen Mailbox-
und Hostrechnern zur Verfügung steht. Mit Kermit steht dem Anwender die gesamte
DFÜ-Welt zur Verfügung. Das Protokoll kann mehrere Dateien mit allen Attributen
gleichzeitig übertragen. Kermit ist wegen der geringeren Blockgrößen und der größeren Anzahl von Steuerinformationen langsamer als andere Protokolle. Dieser
Nachteil wird allerdings durch die Universalität des Protokolls aufgehoben.

CIS B und CIS Quick B

Einige Mailbox-Systeme wie z.B. CompuServe stellen ihren Benutzern eigene Protokolle zur Verfügung. Die Protokolle von CompuServe bieten eine optimale Anpassung der Übertragung an das benutzte Datennetz. Das besondere an diesen Protokollen ist, daß der Ablauf weitestgehend vom CompuServe-Rechner gesteuert
wird. Das gängige Akronym für CompuServe ist CIS, daher heißen die hier zur
Verfügung gestellten Protokolle CIS B bzw. CIS Quick B.

Im folgenden Absatz wird gezeigt, wie unter Telix mit XModem Dateien von einer
Gegenstelle auf die eigene Festplatte kopiert werden. In einem ersten Schritt wird
zunächst die Verbindung zur Gegenstelle hergestellt. Dann wird die Taste
<Bild_Unten> für download betätigt. Diese Taste signalisiert vielen Programmen
die Absicht, Dateien von einer Gegenstelle zu kopieren. Abbildung 4-6 zeigt das
Protokollauswahlfenster von Telix, das sich nach Drücken von <Bild_Unten> öffnet.

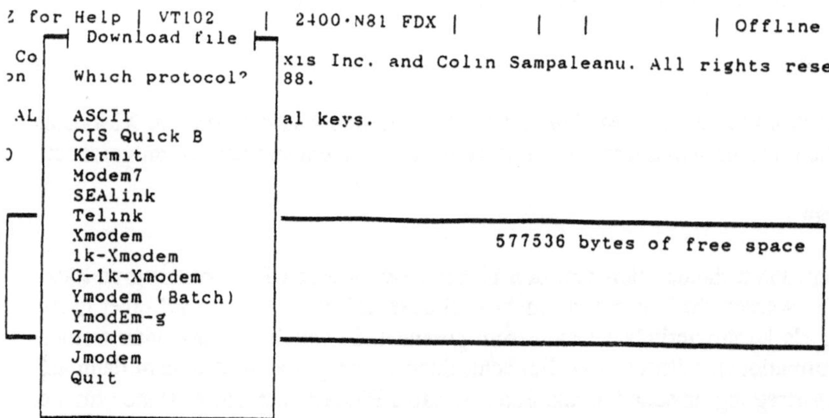

Abbildung 4-6: Protokolle unter Telix

Mit der Taste <Pfeil_Unten> und <Return> wird XModem aus der Liste ausgewählt.
Daraufhin öffnet sich ein Eingabefeld, in das Sie Namen der zu kopierenden Datei
eintragen. Abbildung 4-6 zeigt das sich anschließend öffnende Protokollfenster von
XModem. Hier kann der Prozess der Datenübertragung am Bildschirm mitverfolgt
werden.

```
Press ALT-Z ┌─┤ Xmodem download - Press Esc to Abort ├─────────┐
            │                                                   │
ats0=0      │  File name : test                                 │
OK          │  File path : d:\telix\down\                       │
            ├───────────────────────────────────────────────── │
            │  Block check   : CRC        Approx CPS rate  :    │
            │  Transfer time :            Blocks received  :    │
            │  Elapsed time  : 00:00:05   Bytes expected   :    │
            │  Error count   : 1          Bytes received   :    │
            ├─────────────────────────────────────────────────  │
            │  Last status/error : Timeout error in #0          │
            └───────────────────────────────────────────────────┘
```

Abbildung 4-6: Dateitransfer mit XModem

Tabelle 4-6 erklärt die XModem-Statusmeldungen des Protokollfensters.

Tabelle 4-6: Dateitransfer mit XModem: Statusmeldungen

Statusmeldung	Bedeutung
File name	Name der zu kopierenden Datei
File path	Name des Verzeichnisses, in das die zu kopierende Datei gespeichert wird
Block check	Verwendetes Fehlerprüfverfahren
Transfer time	Geschätzte Übetragungszeit für die Datei
Elapsed time	Vergangene Übertragungszeit
Error count	Anzahl der festgestellten Fehler
Approx CPS rate	Geschätzte Übertragungsrate
Block received	Empfangene Datenblöcke
Bytes expected	Erwartete Bytes
Bytes received	Tatsächlich empfangene Bytes
Last status/ error	Aktueller Übertragungsstatus oder aktueller Fehler

5. Bildschirmtext - Systembeschreibung

In diesem Kapitel finden Sie eine umfassende Beschreibung des Telekommunikationsdienstes Bildschirmtext. Sie erfahren, wie das Kommunikationsnetz aufgebaut ist und es werden die grundlegenden Begriffe für das Arbeiten mit Bildschirmtext erläutert. In den Unterkapiteln zur Handhabung des Systems werden Systemzugang und Benutzerverwaltung beschrieben. Die Grundfunktionen für die Informationssuche und die Nutzung von Telekommunikationsdiensten werden an Hand von Praxisbeispielen demonstriert. Es folgt eine ausführliche Beschreibung des Mitteilungsdienstes und der Teleauskunft. Das Kapitel wird mit einem Überblick zum Aufbau und zur Leistungsfähigkeit von Btx-Softwaredekodern abgeschlossen.

Bildschirmtext oder Btx ist ein dialogfähiges Informationssystem, das über das flächendeckende Fernmeldenetz zum Telefon-Nahtarif zur Verfügung steht. Gesetzliche Grundlage dieses Telekommunikationsdienstes ist der "Staatsvertrag über Bildschirmtext", der am 18. März 1983 ratifiziert wurde. Dieser Vertrag enthält insbesondere Regelungen zum Datenschutz.

Zu Beginn der achtziger Jahre war das Ziel der Deutschen Bundespost als Anbieter dieses Systems, jedem, der über einen Telefonanschluß verfügt, die Möglichkeit zu bieten, Daten mit anderen Btx-Teilnehmern auszutauschen bzw. Informationen aus Rechnersystemen abzurufen. Private Nutzer sollten in die Lage versetzt werden, über das Telefonnetz und mit Hilfe eines Fernsehapparates in Postrechnern gespeicherte Informationen abzufragen und elektronische Dienstleistungen in Anspruch zu nehmen. Damit sollte sich auf der Basis eines Rechnerverbundes eine neue Kommunikationsmöglichkeit für jedermann und für jeden Zweck auftun. Die Ausgangssituation schien günstig. Nahezu jeder Haushalt verfügte sowohl über einen Telefonanschluß als auch über einen Fernsehapparat, der als Bildschirm für das neue Kommunikationssystem dienen sollte.

Die Idee für ein solches Kommunikationssystem kommt aus Großbritannien. Hier entwickelte die British Telecom schon Ende der 70er Jahre Viewdata, ein Kommunikationssystem, das auf den nahezu in jedem Haushalt verfügbaren Geräten Telefon und Fernsehen aufbaute. Mit Hilfe eines Modems und eines Dekoders erhielten die Anwender den Zugriff auf öffentliche Datenbanken. Nach ersten erfolgreichen Versuchen wurde VIEWDATA unter dem Namen Prestel weiterentwickelt. 1977 übernahm die Deutsche Bundespost Prestel und startete 1980 unter dem Namen Bildschirmtext erste umfangreiche Feldversuche in Berlin und im Großraum Düsseldorf/Neuss.

Im Vordergrund stand hier die Frage, ob auch private Nutzer ein öffentliches Informationssystem annehmen würden. Am 1.September 1983 wurde Bildschirmtext dann offiziell eingeführt.

Die Entwicklung hat gezeigt, daß das angestrebte Kommunikationssystem für Millionen zunächst ein Flop war. So wurden für das Jahr 1986 eine Million Btx-Nutzer eingeplant, letztendlich waren es aber nur 40.000, die dieses Medium nutzten. Von diesen Anschlüssen wurden auch nur etwa 20 Prozent ausschließlich privat genutzt. Geschäftlich setzten 50 Prozent aller Teilnehmer Btx ein. Die restlichen 30 Prozent waren Teilnehmer mit privater und auch geschäftlicher Nutzung. Wir werden im folgenden kurz auf die Hauptursachen für diese Entwicklung eingehen. Dabei werden Sie auch erfahren, warum sich die Situation geändert hat und welche Gründe dafür sprechen, heute und in Zukunft im Btx-System einen wichtigen Bestandteil des sich entwickelnden Telekommunikationsmarktes zu sehen.

Die schleppende Entwicklung von Btx in den Jahren bis Ende 1989 läßt sich auf vier Hauptursachen zurückführen.

(1)   Die Software zeigte zu Beginn einige Schwächen und Btx galt sehr schnell als unflexibel und uneffizient. Häufiger Kritikpunkt war und ist mit einiger Berechtigung immer noch die Tatsache, daß sich das Suchen nach einer bestimmten Information mitunter als recht schwierig und damit auch teuer erweist.

(2)   Die Leistungsfähigkeit der Hardware mit dem Schwerpunkt auf dem Fernsehgerät bzw. speziellen Bildschirmtextendgeräten war unzureichend. Btx erwies sich als langsam und beschwerlich in der Handhabung.

(3)   Btx war zu teuer. Anders als z.B. France Télécom mit den Minitel-Geräten, stellte die Deutsche Bundespost keine Hardware zur Verfügung. D.h. für teures Geld mußte sich der Btx-Nutzer erst die erforderliche Hardware kaufen.

(4)   Gerade zur Zeit der Bildschirmtexteinführung wurde unter dem Schlagwort "Neue Medien - Veränderte Arbeitswelt" kontrovers diskutiert, inwieweit durch den Einsatz neuer Medien wie z.B. Btx Arbeitsplätze vernichtet werden.

So heißt es in dem Buch

Heimliche Machtergreifung: Neue Medien verändern die Arbeitswelt

des Fernsehjournalisten Dieter Prokop 1984 unter anderem:

"So nützlich die Neuen Medien für die Unternehmen und gesamtgesellschaftlich sind, so katastrophal wirken sie sich zugleich aus. Sie verstärken die Arbeitslosigkeit" (Dieter Prokop 1984, S. 95).

Zumindest in den ersten drei Punkten hat sich die Situation grundlegend gewandelt. Mit dem PC steht ein flexibles und äußerst leistungsfähiges Endgerät zur Verfügung. Softwaredekoder, die teilweise zum Nulltarif angeboten werden, erhöhen in Zusammenarbeit mit einem Modem Geschwindigkeit und Bedienungskomfort. Und in Zukunft wird über das ISDN-Netz Bildschirmtext mit sehr großer Geschwindigkeit abgewickelt werden können. Die aktuellen Daten zeigen, daß, allen Unkenrufen zum Trotz, Btx seinen Weg in Büros und Privathaushalte gefunden hat.

Stand	Dez. 91	Nov. 91
Anschlüsse	302 274	299 841
Anbieter	2 998	3 012
Leitseiten	6 716	6 777
Externe Rechner	442	434
Anbieter mit ER	1 833	1 820
Anbieter mit GBG	869	878
Einträge in GBG	391 406	387 113
Btx-Seiten	741 976	727 630
Anrufe ab Monatsbeg.	6203 247	6418 723

Abbildung 5-1: Die aktuelle Btx-Statistik: Dezember 1991

5.1 Systemarchitektur

Im Zentrum des Btx-Systems steht die Btx-Leitzentrale in Ulm. Aufgabe dieses Zentralrechners ist es, das Btx-System zu steuern und alle bei der Post gespeicherten Daten bereitzuhalten. Zusätzlich werden hier alle Teilnehmerdaten verwaltet und das Btx-Angebot aktualisiert. Der Teilnehmer hat keine direkte Verbindung zur Leitzentrale. Zur Systemsteuerung ist die Leitzentrale mit den Btx-Vermittlungsstellen, Btx-VStn, verbunden. Jede Vermittlungsstelle besteht aus mehreren Großrechnern, die auf zwei Rechnerebenen aufgeteilt sind. Dabei werden Teilnehmerrechner und Datenbankrechner unterschieden. Sie werden für diese Rechner häufig auch die Bezeichnung regionaler Rechner finden. Hier werden die Informationen der Anbieter gespeichert und stehen damit dem Teilnehmer rund um die Uhr zur Verfügung. Der Zugriff im Btx-System erfolgt also immer auf den jeweiligen Regionalrechner, genauer auf den zugeordneten Teilnehmerrechner. Der Zugriff auf den Regionalrechner wird über das Telefonnetz bzw. über das ISDN-Netz aufgebaut.

Über das Datex-P-Netz sind die regionalen Rechner mit externen Rechnern verbunden. Die Palette reicht hier von leistungsfähigen PCs bis hin zu Großrechnern und Rechenzentren. Die Anbindung an das Btx-Rechnernetz erfolgt über spezielle Kommunikationshard- und -software. Damit bilden Btx-Rechner und externe Rechner einen Rechnerverbund. Im Dezember 1991 waren 442 externe Rechner mit 1833 Anwendungen im Netz erreichbar.

Den Übergang vom Btx-System zu einem externen Rechner erkennt der Btx-Teilnehmer an dem Hinweis

Verbindung wird aufgebaut

in der Zeile 24 der Btx-Seite.

Ebenfalls über das Datex-P-Netz werden mit sogenannten Verbindungs- oder Service-Zentralen Übergänge zu anderen Kommunikationsdiensten sowie zu ausländischen Btx-Systemen hergestellt.

Abbildung 5-2 zeigt den beschriebenen Aufbau des Btx-Systems.

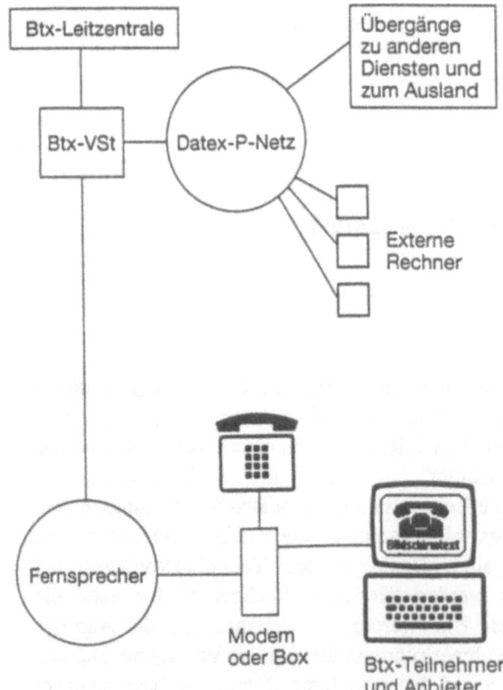

Abbildung 5-2: Systemarchitektur des Btx-Systems

Das Btx-System benutzt einen speziellen, von der CEPT entwickelten Zeichensatz. Diese enthält neben einer Vielzahl grafischer Elemente auch die Kodierung für Farben und Zeichenattribute wie blinkend, invers oder die Größe der darzustellenden Zeichen. Der CEPT Zeichensatz besteht aus einem Grundschrift-Zeichensatz mit dem lateinischen Alphabet, einem alphanumerischen Zeichensatz mit Sonderzeichen, Umlauten und Akzenten sowie verschiedenen grafischen Zeichensätzen. Hier umfaßt die Blockgrafik 63 Zeichen, die Schräggrafik 61 Zeichen und die Liniengrafik 31 Zeichen. Zusammen mit einer Farbpalette von 15 Grundfarben, die zu 4096 frei definierbaren Farben zusammengestellt werden können, bietet der CEPT-Zeichensatz eine äußerst vielfältige Gestaltungsmöglichkeit für Btx-Seiten. Alle Gestaltungsmerkmale einer Btx-Seite, also Farben, Zeichengrößen und Grafikzeichen, werden als Attribut der Seite bezeichnet. Durch Ausschalten dieser Attribute wird eine Btx-Seite als reine Textseite dargestellt. Im weiteren Verlauf dieses Kapitels werden Sie Btx-Seiten als Textseiten und als grafische Seiten, d.h. mit allen Attributen, abgebildet finden.

5.2 Das Kommunikationsprinzip

Btx ist ein Dialogsystem. Der Btx-Teilnehmer kann im System gespeicherte Informationen abfragen. Zugleich ist es aber auch möglich, anderen Btx-Teilnehmern Mitteilungen zu schicken. Dazu besitzt jeder Teilnehmer einen elektronischen Briefkasten, in dem eintreffende Mitteilungen gespeichert und vom Teilnehmer abgerufen werden können.

Wenn ein Teilnehmer eine Information abruft, dann wird zunächst der Speicher des Teilnehmerrechners abgefragt. Ist die entsprechende Information nicht hier abgelegt, dann erfolgt eine Abfrage des Datenbankrechners. Hat auch diese keinen Erfolg, dann schaltet das System zum Zentralrechner nach Ulm, in dem alle Informationsseiten abgelegt sind. Diese Schalt- und Weiterleitungsvorgänge geschehen in Sekundenschnelle. Der Teilnehmer merkt nichts davon und weiß auch nicht, mit welchem Rechner er gerade verbunden ist. Anders ist dies, wenn Informationen abgerufen werden, die vom Anbieter nicht bundesweit angeboten werden. Hier muß in den Regionalbereich gewechselt werden, in dem die gesuchte Information abgespeichert ist. Bundesweite Angebote können ohne zusätzliche Kosten abgerufen werden. Für regionale Angebote, die nicht in der Region des Teilnehmers liegen, ist zur Zeit pro Seite eine Gebühr von 2 Pfennig zu entrichten. Regionale Angebote können also auch bundesweit genutzt werden.

Es gibt 31 Regionalbereiche, die weitgehend den Regierungsbezirken der alten Bundesländer entsprechen. Jedem Regionalbereich ist eine Bereichskennzahl, BKZ, zugeordnet. Die folgende Abbildung 5-3 gibt einen Überblick zu allen Regionalbereichen. Sie können diesen Überblick über die Seitennummer *104141210002# abrufen.

```
┌──────────────────────────────────────────────┐
│ Bildschirmtext                      0,00 DM   │
│ Verzeichnis der Bereichskennzahlen            │
├────────────────────────┬─────────────────────┤
│ BKZ Reg.-Bezirk        │ BKZ Reg.-Bezirk      │
├────────────────────────┼─────────────────────┤
│  10 Schleswig-Holst.   │  26 Trier            │
│  11 Hamburg            │  27 Rheinhessen-     │
│  12 Braunschweig      │        Pfalz         │
│  13 Hannover          │  28 Stuttgart        │
│  14 Lüneburg          │  29 Karlsruhe        │
│  15 Weser-Ems         │  30 Freiburg         │
│  16 Bremen            │  31 Tübingen         │
│  17 Düsseldorf        │  32 Oberbayern       │
│  18 Köln              │  33 Niederbayern     │
│  19 Münster           │  34 Oberpfalz        │
│  20 Detmold           │  35 Oberfranken      │
│  21 Arnsberg          │  36 Mittelfranken    │
│  22 Darmstadt         │  37 Unterfranken     │
│  23 Kassel            │  38 Schwaben         │
│  24 Gie en            │  39 Saarland         │
│  25 Koblenz           │  40 Berlin (West)    │
├────────────────────────┴─────────────────────┤
│  0        Zum gewünschten Bereich mit         │
└──────────────────────────────────────────────┘
```

Abbildung 5-3: Regionalbereiche im Btx-System

5.2.1 Teilnehmer, Mitbenutzer, Gast und Anbieter

Das Btx-System unterscheidet zwischen Teilnehmern, Mitbenutzern, Gästen und
Anbietern. Btx-Teilnehmer ist jeder, der Informationen abruft. Dazu erhält der
Teilnehmer eine 12-stellige Anschlußkennung, die zur Feststellung seiner
Zugangsberechtigung dient und unter der telefonischen Anschlußnummer im Btx-
Dienst gespeichert wird. Diese Kennung muß zusammen mit dem nur dem Teilnehmer
bekannten persönlichen Kennwort eingegeben werden. Danach ist der Teilnehmer ein-
deutig identifiziert und kann alle Dienste von Btx in Anspruch nehmen.

Jeder Teilnehmer hat eine Btx-Nummer, die als Adresse für Mitteilungen dient. Diese
setzt sich aus der Telefonnummer inklusive Vorwahl und dem Mitbenutzerzusatz
zusammen. Für den Teilnehmer ist dieser Zusatz immer die Ziffernfolge 0001. Sollen
weitere Personen den Btx-Anschluß des Teilnehmers nutzen, dann werden diese
Mitbenutzer genannt und erhalten einen Mitbenutzerzusatz zwischen 0002 und 9999.
Das Einrichten und Verwalten von Mitbenutzern ist Aufgabe des Teilnehmers.

Vom Teilnehmer ist der Btx-Gast zu unterscheiden. Dieser hat keine Anschlußkennung.
Er wählt die Btx-Vermittlungsstelle an und übernimmt die vom Rechner vorgegebene

Gastkennung. Da hier keine eindeutige Identifizierung des Teilnehmers möglich ist, kann ein Gast nur solche Dienstleistungen in Anspruch nehmen, die vergütungsfrei sind.

Btx-Anbieter ist jeder, der in Btx Informationen oder Anwendungen zur Verfügung stellt. Die Post teilt dem Anbieter eine Leitseite zu, die er beliebig gestalten kann. Alle Btx-Seiten und Anwendungen eines Anbieters werden Angebot genannt. Eine andere Bezeichnung hierfür ist Btx-Programm. Eine Btx-Anwendung ist ein Programm, das der Btx-Teilnehmer nutzen kann. Ein typisches Beispiel hierfür ist das Elektronische Telefonbuch.

Anbieter im Bildschirmtext kann jeder werden. Dazu muß lediglich ein Auftrag an die Telekom auf einem hierfür vorgesehenen Formular vergeben werden. Für einen Anbieter fallen die in Tabelle 5-1 aufgeführten Unkosten an:

Tabelle 5-1: Kostenübersicht für Anbieter von Btx-Programmen

Kostenart	Gebühr	Fälligkeit
Anbieterberechtigung bundesweit	350 DM	monatlich
Anbieterberechtigung regional	50 DM	monatlich
Speichergebühren je Seite bundesweit	7,5 Pf.	täglich
Speichergebühren je Seite regional	1,5 Pf.	täglich

Im Btx-System werden entsprechend ihres Angebotes regionale und bundesweite Anbieter unterschieden. Die Leitseiten regionaler Anbieter erhalten eine sechsstellige Nummer, die mit den Ziffern 8 oder 9 beginnt, bundesweite Anbieter dagegen eine fünfstellige Nummer.

Für ein bundesweites Btx-Angebot mit 50 Informationsseiten entstehen also monatlich Unkosten in Höhe von 470 DM. Regional kostet der selbe Seitenumfang 170 DM. Das sind vergleichsweise geringe Beträge, wenn man herkömmliche Druckinformationen wie Zeitungsanzeigen, Broschüren, Prospekte usw. gegenüberstellt. Btx-Anbieter haben die Möglichkeit, über das Programm Mosaik 2 die Gestaltungsmöglichkeiten für eine Btx-Seite kennenzulernen. Jeder Btx-Teilnehmer kann dieses Programm kostenlos nutzen. Sie finden dieses Programm auf der Seite *199999#.

Anbieter, für die sich ein Btx-Angebot unter eigener Regie mit eigenem Programm und eventuell eigenem Rechner nicht lohnt, haben die Möglichkeit, den Dienst hierfür spezialisierter Unternehmen in Anspruch zu nehmen. Diese Unternehmen übernehmen kostengünstig alle organisatorischen und wartungstechnischen Aufgaben für ein Btx-Angebot. Diese Dienstleistung wird Umbrella-Angebot genannt. Einige Dienstleister im Btx-System wie z.B. die Btx-Datenbank Südwest betreuen auf diese Art Dutzende von Anbietern. Abbildung 5-4 zeigt ein Umbrella-Angebot im Btx-System.

```
Btx Südwest Datenbank GmbH            0,00 DM

        Umbrella-Angebot         *a30711#
                                 was sonst!

Auszug aus unserem Gesamtangebot:

Erstellung:
- einer Textseite    DM  95,00/DM 108,30
- einer Dialogseite  DM 150,00/DM 171,00
- einer Grafikseite  je nach Aufwand

Aktualisierung:
- einer Textseite       DM 30,00/DM 34,20
- einer Dialogseite     DM 50,00/DM 57,00
- einer Grafikseite     je nach Aufwand

Speichergeb. je Seite/Jahr:     DM  34,20
Stundensatz für Beratung:       DM 182,40

 Endpreis inkl. gesetzl. Umsatzsteuer.

0    90                    Mailing-Service #
                             3071103040b
```

Abbildung 5-4: Umbrella-Dienstleistungen von Btx-Anbietern

5.2.2 Geschlossene Benutzergruppen

Jeder Anbieter hat die Möglichkeit, sein Angebot nur einem von ihm bestimmbaren Teilnehmer zugänglich zu machen. Einen solchen Teilnehmerkreis bezeichnet man als Geschlossene Benutzergruppe oder GBG. In der Regel erfolgt hier der Zugriff auf einen externen Rechner. Ungefähr 50 Prozent aller auf externen Rechnern laufenden Btx-Anwendungen sind geschlossenen Benutzergruppen vorbehalten. Insbesondere Unternehmen bauen für interne Bestell- und Auskunftssysteme GBGs auf. Besonders stark vertreten ist hier die Automobilindustrie. Auch die Reisebranche nutzt diese Möglichkeit sehr stark und bietet Reisebüros die Möglichkeit, als Mitglied einer Geschlossenen Benutzergruppe Buchungen über das Btx-System durchzuführen.

Eine der größten geschlossenen Benutzergruppen im Btx-System ist die GBG der Telefunken AG. Sie zählt 6000 Groß- und Einzelhändler als Mitglieder und dient als umfassendes Informations- und Bestellsystem. Alle Ersatzteilbestellungen sowie die monatlichen Verkaufs- und Lagermeldungen laufen über das Btx-System. Damit hat die Telefunken-Zentrale in Hannover exakte Kenntnisse zur aktuellen Marktentwicklung. Abbildung 5-5 zeigt das Netzwerk, mit dem die Telefunken-GBG realisiert ist.

Mit Hilfe speziell für die Erfordernisse im Btx-System entwickelter Software können Bestellungen auf einem PC offline erfaßt, in einer Datenbank überprüft und dann automatisch und bedienerlos an den Telefunken-Hostrechner übermittelt werden. Damit wird der Zeitaufwand drastisch reduziert. Übertragungs- und Eingabefehler sind durch die Datenbankanwendung nahezu ausgeschlossen.

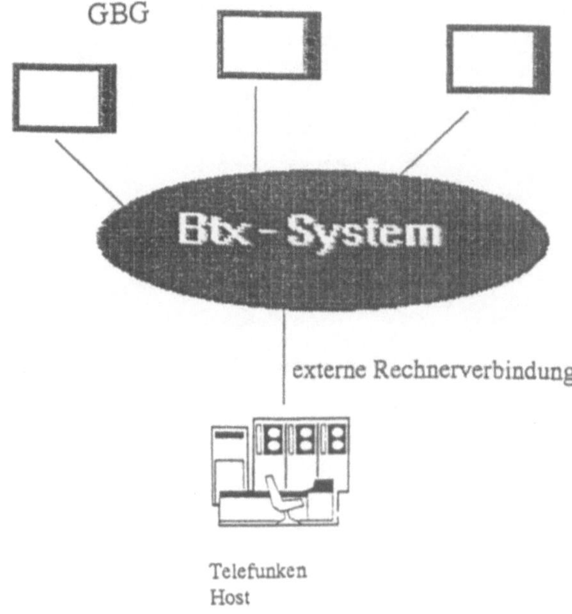

Abbildung 5-5: Architektur einer geschlossenen Benutzergruppe im Btx-System;

5.2.3 Informationsdarstellung - Seitenaufbau

Die Informationsdarstellung im Btx-System erfolgt in Form von Seiten. Diese Seiten haben einen genormten Seitenaufbau mit festgelegten Symbolen und einer Seitennummer. Der Aufbau dieser Seitennummer gibt wichtige Informationen zur dargestellten Seite wie z.B. regionales oder bundesweites Angebot. Die folgende Abbildung 5-6 zeigt den typischen Seitenaufbau.

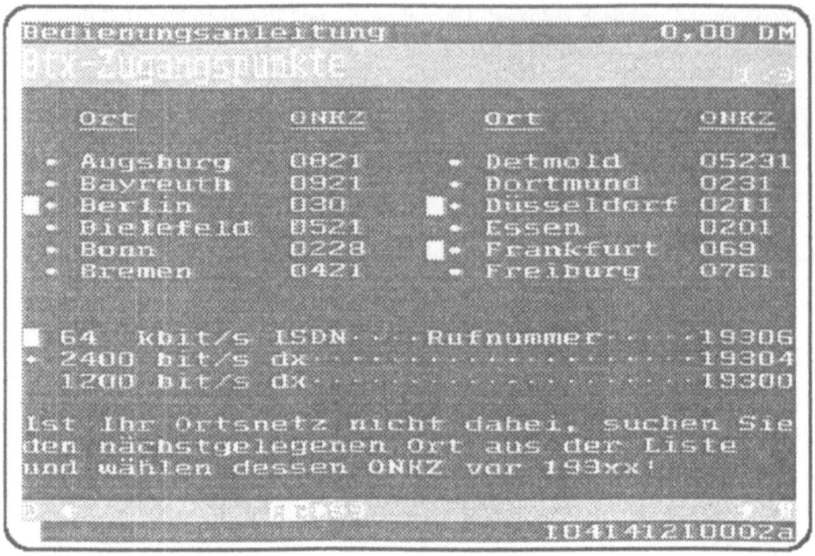

Abbildung 5-6: Der Aufbau einer Btx-Seite

Eine Btx-Seite wird aus 24 Zeilen mit 40 Spalten aufgebaut. Sie finden hier in der ersten Seitenzeile den Anbieter und die zu entrichtende Gebühr. In Zeile 24 befindet sich das Eingabefeld und in den Spalten 24 bis 40 die Seitennummer. Hier wird das Btx-System gesteuert. Sie können hier Seiten oder bestimmte Funktionen aufrufen. Eingaben sind immer dann möglich, wenn die Schreibmarke, ein kleines rechteckiges Feld, in der Spalte 1 blinkt. Diese Schreibmarke heißt in der Btx-Terminologie Btx-Cursor. Die Teilnehmereingaben werden vom Btx-System durch Meldungen unterstützt. Diese zeigen an, was gerade geschieht und welche Eingaben möglich sind. Zwischen der ersten und der letzten Zeile finden Sie die vom Anbieter zur Verfügung gestellten Informationen. Dieser Bereich heißt Informationszone. Eine Btx-Seite kann vordefinierte Symbole enthalten, die über den Inhalt der Seite informieren. In Tabelle 5-2 finden Sie eine Übersicht zu den in einer Btx-Seite verwendeten Abkürzungen.

Tabelle 5-2: Abkürzungen in Btx-Seiten

Symbol	Information
G	Gebührenpflichtig
R	Regionale Seite
P!	Seite enthält persönliche Daten
W	Seite enthält Werbung
Z	Zurückgesandte Mitteilungen

Je nach Funktion werden im Btx-System verschiedene Seitentypen unterschieden.

Die Leitseite ist die erste Seite eines Btx-Angebotes. Über diese Seite sind alle weiteren vom jeweiligen Anbieter angebotenen Seiten über einen sogenannten Suchbaum erreichbar. Abbildung 5-7 zeigt eine typische Leitseite. Diese stellt das Logo des Anbieters dar. Über ein Auswahlmenü kann der Btx-Teilnehmer jetzt in das ihn interessierende Angebot wechseln.

Abbildung 5-7: Beispiel für eine Leitseite im Btx-System

Sie sehen auch hier den normierten Seitenaufbau. Die Seitennummer *52800# verweist auf ein bundesweites Angebot. Aus der ersten Seite geht hervor, daß der Abruf dieser

Seite gebührenfrei ist. Ausgehend von der Leitseite kann der Teilnehmer jetzt über vorgegebene Ziffernfolgen zu weiteren Seiten blättern. Diese können wiederum auf weitere Seiten verweisen oder aber Informationen beinhalten. Solche Seiten werden dann entsprechend als Informationsseiten bzw. Blätter bezeichnet. Die nachfolgende Abbildung 5-8 zeigt ein solches Informationsblatt. Die Btx-Seite wird hier ohne Attribute als reine Textseite dargestellt.

```
Deutsche Bundespost                    0,00 DM

  Postbank...............10          Post
  Postdienst.........11
  Telekom...............12       EASY.............25
                                 Btx-PostGiro..26
  Entgelte/Preise...13           Btx-Cityruf....27
                                 Btx-Telex.......28
  Aktuell...............14       Btx-Telefax/..29
  Magazin..............15             Telebrief
  Termine...............16
  Seminare          17           Bestellungen.30
                                 Dialogseiten..31
  Philatelie..........18         Grußseiten......32
  Rentendienst........19
  Berufs-Info       20           Presse-GBG.. 33
  Filmverleih..........21        Intern-GBG....34
  Schulberatung.......22         Adressen........35
  Fachhochschulen....23          Impressum.......36
  Institute.Museen 24
                                 Schlagwörter..99

                                            20000b
```

Abbildung 5-8: Eine Informationsseite der Deutschen Bundespost

Beachten Sie hier die letzten Zeilen. Sie können erkennen, daß durch die Eingabe der Btx-Raute <#> im System "weitergeblättert" werden kann. Das Symbol < 0 « > bedeutet , daß hier mit <0> zur vorhergehenden Seite zurückgeblättert wird. Der Buchstabe <a> hinter der Seitennummer verweist darauf, daß diese Seite nur über das Blättern ab der abgebildeten Seitennummer zu erreichen ist. Es handelt sich hier um die erste Nachfolgeseite. Die Seite *20000433017b# wäre dann die zweite Nachfolgeseite, *20000433017c# die dritte usw.

Über sogenannte Dialogseiten können Teilnehmer und Anbieter Mitteilungen austauschen. Abbildung 5-9 zeigt eine solche Dialogseite. Es handelt sich hier um die Dialogseite einer Bank.

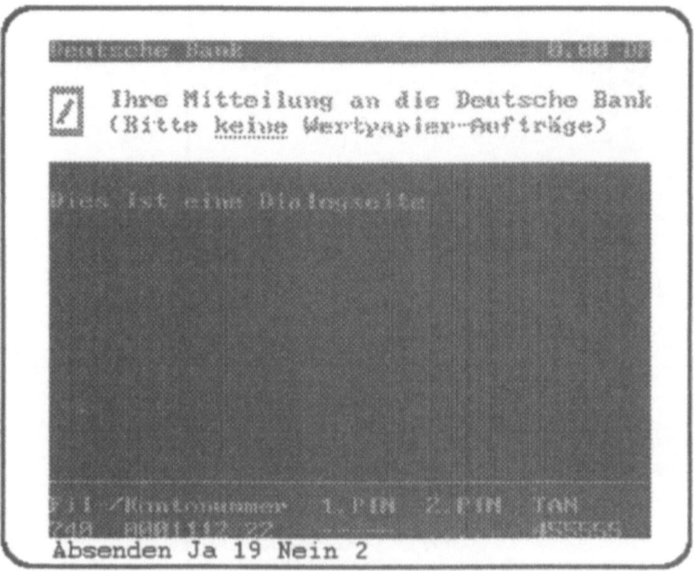

Abbildung 5-9: Eine Dialogseite im Bildschirmtext

5.3 Nutzungskosten, Gebühren und Vergütungen

Für das Arbeiten mit Btx und für eine Beurteilung des Kosten/Nutzenverhältnisses ist es wichtig, zwischen Nutzungskosten, Gebühren und Vergütungen zu unterscheiden.

Zunächst zu den Gebühren. Hier schlägt eine monatliche Grundgebühr von z.Z. 8,00 DM zu Buche, die mit der monatlichen Telefongebührenabrechnung erhoben wird. Nutzungskosten entstehen durch die zu entrichtenden Verbindungsgebühren, die den Telefongebühren entsprechen. Wichtig ist hier, ob Sie Btx zu Ortstarif oder eventuell zum Ferntarif nutzen. Mit Vergütungen werden im Btx-System Abrufgebühren bezeichnet, die vom jeweiligen Anbieter erhoben werden. Dieser Betrag, maximal 9,99 DM je Abrechnungseinheit wird jeweils in der ersten Zeile mit dem Anbieternamen angezeigt. Die Vergütung kann zeitabhängig erhoben werden oder seitenabhängig. Bei der zeitabhängigen Vergütung kann der Anbieter ein Zeitintervall vorgeben, z.B 0,30 DM Vergütung für eine einminütige Nutzung seines Programmes. Bei der seitenabhängigen Vergütung wird der Abruf einer Seite berechnet. Die nachfolgende Abbildung 5-10 zeigt den Abruf einer gebührenpflichtigen Seite. Sie sehen, daß in der letzten Zeile der Betrag angegeben wird, der für das Absenden dieser Seite fällig wird.

Abbildung 5-10: Eine gebührenpflichtige Seite im Btx-System

Wichtig ist in diesem Zusammenhang festzuhalten, daß trotz der Beschränkung auf eine maximale Gebühr von 9,99 DM wesentlich höhere Gebühren anfallen können. Sei es durch lange Nutzung eines zeitabhängigen Angebotes oder aber durch die wiederholte Abfrage gebührenpflichtiger Seiten, die erst in ihrer Gesamtheit ein Angebot vervollständigen.

Die Abrechnung der Btx-Vergütungen und -Gebühren sowie der monatlichen Grundgebühr erfolgt mit der Fernmelderechnung zu den bei den Fernsprechgebühren festgelegten Abrechnungszeitpunkten. Wenn ein Btx-Teilnehmer die Zahlung von Vergütungen verweigert, dann kann die Telekom den Btx-Anschluß für vergütungspflichtige Seiten sperren. Der Btx-Teilnehmer kann die Vergütung für bestimmte Anbieter verweigern und unter Angabe von Gründen schriftlich stornieren lassen. Dem betreffenden Anbieter werden dann Name und Anschrift des Teilnehmers sowie Vergütungsbetrag und Rechnungsmonat mitgeteilt.

5.4 Handhabung

Ziel dieses Kapitels ist es, Ihnen einen prinzipiellen Einblick in die Handhabung von Btx zu geben. Die nachfolgend beschriebenen Vorgehensweisen gelten unabhängig von der jeweiligen Software, die Sie einsetzen werden.

Die Handhabung des Btx-Systems zeigt deutlich die damalige Ausgangsbasis für diesen Dienst. Hier wird ganz auf die bei einem PC so vertrauten Cursortasten verzichtet. Das System läßt sich mit Hilfe von Tasten steuern, die Bestandteil einer einfachen alphanumerischen Tastatur sind. Damit wollten die Entwickler von Btx gewährleisten, daß Btx auch über eine Fernbedienungstastatur für den Fernseher gesteuert werden kann. Die Systemsteuerung erfolgt über zwei Sonderzeichen, dem Btx-Stern <*> oder Initiator und der Btx-Raute <#> oder Terminator sowie über die Eingabe von Ziffern und Buchstaben. In der folgenden Tabelle finden Sie zunächst eine Übersicht zu den Funktionstasten und den wichtigsten als Ziffern kodierten Befehlen. Danach werden wir dann auf die interne Handhabung des Systems eingehen. Bei der Besprechung der in diesem Buch vorgestellten Softwaredekoder werden Sie dann feststellen, daß viele Funktionen mit Hilfe der Dekoder wesentlich anwenderfreundlicher gestaltet sind. Btx-Eingaben werden in der Regel mit dem Initiator eingeleitet und mit dem Terminator beendet. Handelt es sich um mit Ziffern kodierte Anweisungen, dann genügt die Eingabe der Ziffern, z.B. eine 2 um einen Vorgang abzubrechen oder eine Eingabebestätigung zu verneinen.

Tabelle 5-3: Funktionstasten und kodierte Befehle im Btx-System

Taste	Funktion/Befehl
*	Initiator, Eingabe wird eingeleitet
#	Terminator, Eingabe wird beendet, oder
	Weiterblättern oder
	Gebühren/Vergütungen bestätigen oder
	Dateneingabe beenden
*#	Eine Seite zurückblättern
**	Fehlerhafte Eingabe löschen
*9#	Btx beenden
*029#	Dateneingabe beendet, DCT-Taste
19	Ja
2	Nein

5.4.1. Anwahl und Zugangsverwaltung

Die Anwahl des Btx-Systems erfolgt über den von Ihnen installierten Dekoder. Welche Rufnummer Sie wählen müssen, hängt von Ihrer Geräteausstattung und der für Sie erreichbaren Btx-Vermittlungsstelle ab. Entscheidend ist hier die Übertragungsrate bzw. das Netz, über das Btx genutzt wird. Die nachfolgende Tabelle 5-4 gibt einen Überblick.

Tabelle 5-4: Btx-Rufnummer

Gerät	Übertragungsrate	Rufnummer
Modem	1200/75	190 oder 01910
Modem	1200/1200	19300
Modem	2400/2400	19304
ISDN-Karte	64000 bps	19306

Über die Rufnummer 190 bzw. 01910 ist Btx auf jeden Fall zum Ortstarif zu erreichen. Alle anderen Rufnummern für Übertragungsraten höher oder gleich 1200/1200 gelten nur für Ortsnetze mit eigener Btx-Vermittlungsstelle. In der Praxis bedeutet dies, daß nicht alle Btx-Teilnehmer zum Ortstarif die für Ihre Geräteausstattung höchstmögliche Übertragungsrate nutzen können. Liegt ein Btx-Teilnehmeranschluß außerhalb eines mit der gewünschten Vermittlungsstelle ausgestatteten Ortsnetzes, dann muß das nächstgelegene Ortsnetz mit der entsprechenden Vorwahl angewählt werden. Damit fallen aber auch höhere Verbindungsgebühren an. Im Anhang finden Sie eine Übersicht, die für jede Übertragungsgeschwindigkeit die angeschlossenen Ortsnetze auflistet. Im Btx-System selbst können Sie auf der Seite *104141210002# alle Ortsnetze mit Btx-Zugangsnummern und Übertragungsgeschwindigkeiten abfragen. Der Zugang zum Btx-System wird durch zwei Sicherheitssperren geschützt. So müssen Sie unmittelbar nach der Anwahl des Btx-Vermittlungsrechners Ihre persönliche Anschlußkennung eingeben.

Abbildung 5-11: Btx-Eingangsbildschirm - Anschlußkennung

Dabei wird die vorgegebene Gastkennung überschrieben. Die persönliche Anschlußkennung wird von der Telekom per Einschreiben mitgeteilt und sollte nur Ihnen bekannt sein. Nach der korrekten Eingabe der Anschlußkennung wird die Eingangsseite aufgebaut. Sie sehen hier unter dem Btx-Logo Ihre Btx-Anschlußnummer, die im übrigen mit Ihrer Telefonnummer identisch ist. Der Cursor steht auf dem Mitbenutzerzusatz. Die Nummer 0001 ist immer für den Teilnehmer reserviert. Als Teilnehmer überspringen Sie mit der Btx-Raute <#> dieses Feld. Der Cursor steht jetzt auf dem Eingabefeld für das persönliche Kennwort.

5.4.1.1 Persönliches Kennwort

Die Eingabe des persönlichen Kennwortes erfolgt immer verdeckt, so daß es nicht mitgelesen werden kann. Das persönliche Kennwort wird dem Teilnehmer zusammen mit der Anschlußkennung zugesandt und muß beim ersten Einwählen in Btx eingegeben und anschließend sofort durch ein selbstgewähltes Kennwort geändert werden. Dabei muß das neue Kennwort vom vorgegebenen Kennwort abweichen und ein zweites Mal bestätigt werden.

Es gelten folgende Regeln:

(1)   Das Kennwort kann Zeichen und Ziffern beinhalten.

(2)   Das Kennwort ist mindestens 4 und höchstens 8 Zeichen/Ziffern lang.

(3)   Einfachstrukturen wie 123456 oder abcde oder 0815, 1333 werden nicht
        akzeptiert.

(4)   Die letzten Stellen der Btx-Nummer können nicht verwendet werden.

(5)   Leerzeichen im Kennwort sind nicht zulässig.

Als Teilnehmer können Sie jederzeit das persönliche Kennwort ändern. Dazu wählen Sie mit

72#

die entsprechende Btx-Seite an. Hier geben Sie zuerst zur Legitimation das alte Kennwort ein, dann das neue, welches wiederum durch eine wiederholte Eingabe bestätigt werden muß.

Abbildung 5-12: Btx-Eingangsbildschirm - Paßworteingabe

Es ist wichtig, in diesem Zusammenhang zwischen der Btx-Zugangsnummer, der Anschlußkennung und dem persönlichen Kennwort zu unterscheiden. Die Zugangsnummer ist öffentlich, d.h. andere Teilnehmer kennen diese Nummer und benutzen sie für das Senden von Mitteilungen innerhalb des Btx-Systems. Damit ist die Zugangsnummer vergleichbar mit der Telefonnummer im Fernmeldenetz. Anschlußkennung und persönliches Paßwort hingegen sind geheim und schützen den Btx-Anschluß vor unerlaubtem Zugriff.

5.4.1.2 Mitbenutzerverwaltung

Für die Verwaltung der Mitbenutzer ist der Teilnehmer verantwortlich. Verwalten beinhaltet hier neben dem Aufnehmen und Ausschließen einer weiteren Person, die Ihren Btx-Anschluß nutzen darf, auch das Verändern der Daten eines Mitbenutzers. In der Terminologie des Btx-Systems heißt dies Einrichten, Löschen und Ändern eines Mitbenutzers. Dazu wählen Sie durch die Eingabe von

*76#

die hierfür vorgesehene Seite an. Sie müssen sich anschließend durch die Eingabe Ihres persönlichen Kennwortes legitimieren. Geben Sie jetzt die Auswahlziffer 1 ein. Sie sehen dann folgende Eingabeseite:

```
Bildschirmtext                    M110
Einrichten Mitbenutzer 068154410    -
Anrede:
Name   : Darimont
Vorname/Zusatz:
Straße:
PLZ:       Ort:
________________________________________

Mitbenutzer gesperrt    :
Mitbenutzer freizügig   :
Vergütungssperre aktiv:
Entgeltsperre    aktiv:
Max. Vergütung/Seite    :          ,   DM
________________________________________

j
Kennwort Mitbenutzer    :
________________________________________

Editieren:  ab Seite:   /
GBG-Autorisierung     :
Nutzungskennwort      :
```

Abbildung 5-13: Einrichten eines Mitbenutzers im Btx-System

Das Einrichten eines Mitbenutzers umfaßt die Angaben der persönlichen Daten wie Anschrift, Kennwort des Mitbenutzers und seine Nutzungsrechte. Dazu vergeben Sie einen Mitbenutzerzusatz, für den die Ziffernfolgen 0002 bis 9999 gültig sind. Danach werden die in der Btx-Seite vorgegebenen Eingabefelder ausgefüllt. Die folgende Tabelle gibt eine Übersicht zur Funktion bzw. Bedeutung der Eingabefelder, die für den Btx-Teilnehmer relevant sind.

Tabelle 5-5: Mitbenutzer einrichten, die Eingabefelder

Eingabefeld	Eingabe und Bedeutung
Mitbenutzer gesperrt	j schließt den Mitbenutzer von der Teilnahme an Btx aus, n erlaubt die Teilnahme
Mitbenutzer freizügig	j Mitbenutzer freizügig schalten, n Mitbenutzer nicht freizügig schalten
Vergütungssperre aktiv	j Mitbenutzer kann keine gebühren-pflichtigen Seiten abrufen, n Mitbenutzer kann alle Btx-Seiten abrufen
Gebührensperre aktiv	j Mitbenutzer kann keine gebühren-pflichtigen Btx-Leistungen nutzen wie z.B. enden eines Fax oder Abrufen regionaler Seiten n Mitbenutzer kann Btx-Leistungen nutzen
Taschengeldkonto	hier wird die Höhe des DM-Betrages eingegeben, für den der Mitbenutzer maximal Dienstleistungen abrufen darf
Max. Vergütung/Seite	hier legen Sie den maximalen Vergütungsbetrag fest, den der Mitbenutzer je Angebotsseite nutzen darf
Kennwort Mitbenutzer	hier legen Sie das Kennwort des Mitbenutzers für den Erstzugang fest. Dieser kann das Kennwort dann beim Erstzugang ändern

Durch die Anwahl der Seite

Ändern Mitbenutzer

werden die Daten eines Mitbenutzers geändert. Sie können hier alle Eingabefelder überschreiben. Einzige Ausnahme ist der Mitbenutzerzusatz. Wollen Sie diesen ändern, dann müssen Sie den Mitbenutzer löschen und erneut anlegen. Diesmal mit dem neuen Mitbenutzerzusatz.

Wenn Sie einen Mitbenutzer löschen möchten, dann wählen Sie die Mitbenutzerverwaltungsseite mit

**76#*

und anschließend die Auswahlziffer 3. Geben Sie den Mitbenutzerzusatz ein und bestätigen Sie dann das Löschen durch die Eingabe des Nutzungskennwortes bzw. Ihres persönlichen Kennwortes. Da Mitteilungen 30 Tage zum Senden beim Absender und 30 Tage beim Empfänger zum Abrufen gespeichert werden, sollten Sie erst nach 60 Tagen einen gelöschten Mitbenutzerzusatz nochmals vergeben. Andernfalls besteht die Gefahr, daß Mitteilungen an einen falschen Mitbenutzer gelangen.

5.4.2 Grundfunktionen

In diesem Kapitel werden die Grundfunktionen im Btx-System beschrieben. Da Btx in erster Linie ein Informationssystem ist, steht hier das Suchen nach Anbietern bzw. nach Informationen im Vordergrund. Zusätzlich werden die Möglichkeiten des Blätterns im Btx-System aufgezeigt sowie das Einrichten eines persönlichen Kurzwahlverzeichnisses in der Btx-Vermittlungsstelle.

5.4.2.1 Suchen und Blättern

Die Suche nach Informationen orientiert sich entweder am Angebot eines Anbieters oder aber an anbieterunabhängigen Informationen, die dann unter einem Stichwort bzw. einem Sachgebiet gesucht werden müssen. Im ersteren Falle kann der Teilnehmer den Namen des Anbieters direkt eingeben und das System verzweigt auf die entsprechende Leitseite. Ein Beispiel hierfür wäre die Eingabe

IHK Berlin#

Was ist aber nun, wenn die genaue Bezeichnung des Anbieters unbekannt ist oder aber der Anbieter mehrere Angebote hat. Wenn Sie z.B.

Post#

eingeben, dann wird eine Seite mit einer Liste von Angeboten angezeigt, die alle die Zeichenfolge Post im Anbieternamen führen. Steht ein R hinter der Auswahlziffer, die das Angebot kennzeichnet, dann bedeutet dies, daß es sich um ein regionales Angebot handelt. Durch die Eingabe der Auswahlziffer gelangen Sie dann zu der von Ihnen gesuchten Leitseite. Einen Regionalwechsel müssen Sie mit der Ziffer 19 bestätigen. Von hier aus können Sie dann durch die Auswahl weiterer Auswahlziffern in das jeweilige Angebot verzweigen. Durch die Eingabe der Raute

#

blättern Sie zur nächsten Seite. Mit

*#

blättern Sie zur vorherigen Seite zurück. Die Eingabe von

    \#

verzweigt zurück in die Angebotsliste. Diese Eingabe ist sinnvoll, wenn Sie bereits ein Angebot aufgerufen haben und dieses sich als das falsche erwiesen hat.

Ein Hauptkritikpunkt am Btx-System ist die oftmals langwierige und damit auch Kosten verursachende Suche nach der richtigen Information bzw. dem gewünschten Anbieter. Dieser Kritikpunkt trifft wohl im wesentlichen zu. Dennoch kann der Teilnehmer durch geschicktes Ausnutzen der Suchfunktion hier einiges verbessern. Eine generelle Suche führt in der Regel zu einer manchmal recht langen Liste von Anbietern. So führt z.B. der Suchbegriff

    *Bank#

zu dem in Abbildung 5-14 gezeigtem Ergebnis.

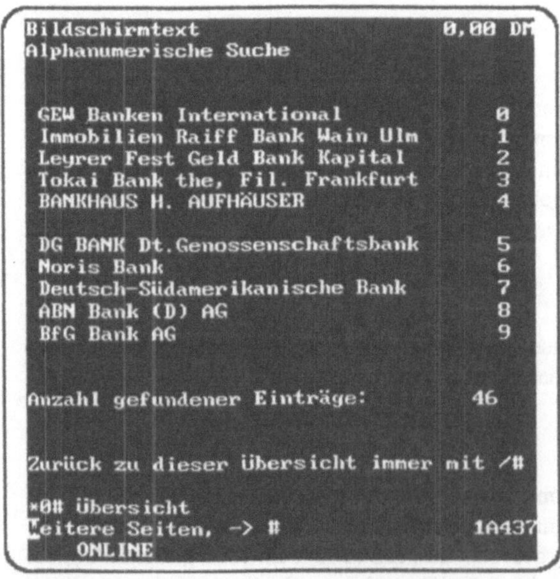

*Abbildung 5-14: Bildschirmausgabe für den Suchbegriff *Bank#*

Sehr stark eingrenzen werden Sie diese Liste durch die Eingabe von

    *=Deutsche Bank#

Hier werden, wie die folgende Abbildung 5-15 zeigt, nur Anbieter angezeigt, die beide Zeichenfolgen beinhalten.

```
Bildschirmtext                 0.00 DM
Alphanumerische Suche

  Bundesverband deutscher Banken      0
  Deutsche Bank                       1




  Anzahl gefundener Einträge:         2

  Zurück zu dieser Übersicht immer mit /#

  *0# Übersicht
  Keine weiteren Seiten
```

*Abbildung 5-15: Bildschirmausgabe für den Suchbegriff *Deutsche Bank#*

Bei der Suche sind folgende Regeln zu beachten:

(1)   Groß- und Kleinschreibung werden ignoriert. Die Suchbegriffe bank und BANK wären also gleich.

(2)   Der Suchbegriff ist maximal 30 Zeichen lang.

Tabelle 5-6 gibt Ihnen einen Überblick zu den möglichen Ergebnissen einer Suche.

Tabelle 5-6: Systemreaktionen bei der Suche nach Anbietern im Btx-System

Eintragungen	Konsequenz
keine	Btx-Hinweisseite, kein Eintrag gefunden
1	Leitseite wird angezeigt
> 1	Anzeigen der Angebote in einer Ergebnisliste

Die Suche nach Sachgebieten an Hand von Stichworten erfolgt wie oben beschrieben. Auch hier geben Sie den Suchbegriff ein und das System zeigt Ihnen dann die Liste der möglichen Anbieter. Sollten Sie die von Ihnen gesuchte Information nicht auf ein Schlagwort eingrenzen können, dann haben Sie die Möglichkeit, über ein Sachgebietsverzeichnis sich alle hier zugeordneten Schlagworte anzeigen zu lassen. Insgesamt werden 26 Sachgebiete für die Anfangsbuchstaben A bis Z unterschieden. Mit der Eingabe von

***10391#**

gelangen Sie zu jeder Zeit in das Sachgebietsverzeichnis. Durch die Eingabe der in der Liste jedem Sachgebiet zugeordneten Auswahlziffer verzweigen Sie in das zugeordnete Schlagwortverzeichnis, von dem aus Sie weitersuchen können.

```
Bildschirmtext                    0.00 DM
Sachgebiete I

Aktuelles Geschehen. Politik ........ 11
Fernsehen, Hörfunk, Zeitungen, Zeit-
  schriften, Bücher, Datenbanken ..... 12
Ausgehen, Kunst und Kultur .......... 13
Essen und Trinken ................... 14
Hobby, Sport und Spiel .............. 15
Auto, Verkehr und Transport ......... 16
Reisen, Wetter ...................... 17
Städte, Länder und Regionen ......... 18
Beruf und Arbeit .................... 19
Handel, Industrie und Wirtschaft .... 20
Dienstleistung und Werbung .......... 21
Handwerk ............................ 22
Geld, Banken, Versicherungen, Steuern 23
Ämter, Recht, Verbraucherberatung ... 24

Sachgebiete II → #

0 →              Schlagworte A-Z → 99
                              10391a
```

Abbildung 5-16: Das Sachgebietsverzeichnis im Btx-System

5.4.2.2 Kurzwahlverzeichnis - Einrichten und Nutzen

Sie können im Btx-Regionalrechner ein eigenes Kurzwahlverzeichnis einrichten. In diesem Verzeichnis werden bis zu 10 Seitennummern gespeichert, die dann durch die Eingabe der Kurzwahl direkt angewählt werden können. Diese Kurzwahl besteht dann aus der Nummer des Eintrags. Die Verwaltung des Kurzwahlverzeichnisses ist Aufgabe des Btx-Teilnehmers. Im folgenden werden Sie sehen, wie Eintragungen eingegeben, gelöscht und verändert werden.

Mit der Eingabe von

***22#**

rufen Sie das Kurzwahlverzeichnis auf. Sie können jetzt neue Eintragungen vornehmen, eine Seitennummer überschreiben oder mit

***#**

löschen. Abbildung 5-17 zeigt Ihnen ein vom Teilnehmer eingerichtetes Kurzwahlverzeichnis.

```
Bildschirmtext                    0.00 DM
Kurzwahlregister

 BKZ/Seitennummer

0 00/391000           Wiso
1 00/22200            WARENTEST.........
2 00/8211882          Telefonbuch
3 00/52800            IBM Deutschland
4 00/600001112        Giro

5 00/2580055          Bahnauskunft
6 00/600001111        salden
7 00/6000000          Borse
8 00/92               Nutzungsubersicht
9    /



*0# Übersicht        Ändern Kurzwahl + #
                                    22a
```

Abbildung 5-17: Das Kurzwahlverzeichnis im Btx-System

Um nun eine im Kurzwahlverzeichnis gespeicherte Seitennummer anzuwählen geben Sie

***22#**

ein und dann die Ziffer, unter der die gewünschte Seite gespeichert ist. Wie wir bei der Besprechung der Softwaredekoder noch sehen werden, bieten diese Programme komfortable Erweiterungen der Kurzwahlfunktionen an.

5.4.2.3 Btx-Verbindung beenden

Jede Btx-Verbindung wird automatisch beendet, wenn der Btx-Teilnehmer bei einer
stehenden Verbindung 15 Minuten keine Eingaben macht. Diesen Vorgang nennt man
Timeout. In der Postterminologie wird das Beenden einer Btx-Verbindung als Ausstieg
bezeichnet.

Das System unterscheidet dabei zwischen einem Ausstieg durch Trennen der Leitung
oder einem Ausstieg mit Halten der Leitung. In letzterem Fall wird zwar die Btx-
Sitzung beendet, die Telefonverbindung zwischen Teilnehmer und Btx-
Vermittlungsstelle bleibt jedoch bestehen. Dementsprechend bedeutet Ausstieg mit
Trennen der Leitung, daß auch die Telefonverbindung zur Vermittlungsstelle getrennt
wird. Zusätzlich ist es möglich, als letzte Seite vor dem Ausstieg die aktuellen
Nutzungsdaten aufzurufen. Tabelle 5-7 zeigt die Seiten, die für den Ausstieg angewählt
werden können.

Tabelle 5-7: Funktionsübersicht Btx-Verbindung beenden

Seite	Funktion
*9#	Ausstieg und Trennen der Leitung
*91#	Ausstieg und Halten der Leitung
*90#	Nutzungsdaten beim Ausstieg anzeigen

5.4.3 Freizügigkeit

Eine große Stärke des Btx-Systems liegt in der Möglichkeit, den Btx-Anschluß
freizügig zu schalten. Gemeint ist damit, daß der Btx-Anschluß auch von einem
fremden Telefonanschluß aus genutzt werden kann. Auch wenn Ihr Anschluß in
Saarbrücken liegt, können Sie ihn von Berlin aus nutzen um z.B. ihre Bankgeschäfte zu
erledigen oder die elektronische Post abzufragen.

5.4.3.1 Teilnehmerfreizügigkeit

Btx unterscheidet zwischen Teilnehmerfreizügigkeit und Anschlußfreizügigkeit.
Teilnehmerfreizügigkeit bedeutet, daß Sie von einem beliebigen Anschluß aus, also
auch mit einem öffentlichen Btx-Gerät, Ihren Btx-Anschluß nutzen können. Dabei
werden die Telefongebühren dem Telefoninhaber berechnet, Btx-Gebühren und -
Vergütungen werden Ihrer eigenen Btx-Nummer in Rechnung gestellt. Mitbenutzer

können die Freizügigkeit auch nutzen. Vorraussetzung ist, daß der Teilnehmer den Mitbenutzer freizügig geschaltet hat.

Wählen Sie die entsprechende Btx-Seite durch die Eingabe von

*75#

an. Mit der Ziffer 1 schalten Sie Ihren Anschluß teilnehmerfreizügig, mit 2 sperren Sie den Anschluß. Die Freizügigkeit beinhaltet eine große Gefahr. In einen freizügigen Anschluß kann sich von einem beliebigen Ort aus jeder einwählen, der das persönliche Kennwort und die Btx-Nummer kennt. Der Schutz durch die Anschlußkennung fällt hier weg.

5.4.3.2 Anschlußfreizügigkeit

Die Anschlußfreizügigkeit ermöglicht es, fremde Btx-Anschlüsse zu nutzen. Dazu muß der fremde Anschluß über die Seite

*74#

anschlußfreizügig geschaltet sein. Ihren eigenen Anschluß müssen Sie zuvor teilnehmerfreizügig geschaltet haben. Wenn Sie sich nun am fremden, anschlußfreizügig geschalteten Btx-Anschluß befinden, müssen Sie die fremde Anschlußkennung eingeben und dann die daraufhin angezeigte Btx-Nummer mit Ihrer eigenen Nummer überschreiben. Jetzt geben Sie Ihr persönliches Kennwort ein und können am fremden Btx-Endgerät so arbeiten, als sei es Ihr eigener Anschluß.

5.4.3.3 Btx ohne Btx-Anschluß nutzen

In diesem Kapitel wird eine Situation beschrieben, die Ihnen zeigen wird, daß Sie auch ohne einen Btx-Anschluß vor Ort Ihren eigenen Anschluß nutzen können.

Dazu benötigen Sie einen Laptop mit eingebautem Modem bzw. Pocketmodem, ein Anschlußkabel mit TAE6-Adapter und einen TAE6 Telefonanschluß. Zusätzlich müssen Sie Ihren Btx-Anschluß teilnehmerfreizügig schalten. Verbinden Sie zuerst das Modem des Laptops mit dem Telefonanschluß und laden Sie dann Ihre Btx-Software. Jetzt können Sie den regionalen Btx-Rechner über das Modem anwählen. Geben Sie nach der Verbindungsaufnahme Ihre Anschlußkennung und das persönliche Paßwort ein. Sie können jetzt Btx so nutzen, als säßen Sie zu Hause vor Ihrem PC.

Die Freizügigkeit ermöglicht Ihnen also einen ortsungebundenen Zugriff auf das Btx-System. Voraussetzung ist lediglich ein Telefonanschluß, ein Modem und ein PC.

5.4.5 Nutzungsdaten abfragen

Als Btx-Teilnehmer haben Sie die Möglichkeit, die persönlichen Nutzungsdaten und
damit direkt die entstandenen Btx-Kosten abzufragen. Wählen Sie dazu durch die
Eingabe von

*92#

die entsprechende Btx-Seite an. Sie erhalten hier eine Übersicht zu den
kostenrelevanten Daten der aktuellen Verbindung. Diese umfassen Verbindungsdauer,
seiten- und zeitabhängige Vergütungen sowie die Unkosten, die durch den Abruf
regionaler Seiten bzw. die Speicherung von Mitteilungsseiten entstanden sind. Mit #
gelangen Sie in die Folgeseite. Hier wechseln Sie mit der Auswahlziffer 10 in die
Hauptübersicht für die Abrechnungsdaten. Das System unterscheidet zwischen einer
Teilnehmerabrechnung mit der Aufstellung der für den Teilnehmer angefallenen
Rechnungsbeträge und einer Anbieterabrechnung. Diese beinhaltet eine Aufstellung der
für den Anbieter aufgelaufenen Auszahlungsbeträge.

Die folgenden Tabellen zeigen Ihnen beispielhaft eine Teilnehmerabrechnung. Sie
sehen, die Kosten können auf Monate zurückverfolgt werden.

Tabelle 5-8: Aktuelle Verbindungskosten im Btx-System

```
Hans                           31.01.92
Mustermann                        19:40
Torweg 7
8000 München

Letzte Btx-Nutzung: 31.01.92, 19:36  Uhr

Für die bestehende Verbindung:

Verbindungsdauer            0:01  Std:Min

Vergütung seitenabhängig          0,00 DM
          zeitabhängig            0,00 DM

Entgelte
          0 reg.  Seiten          0,00 DM
          0 Mitteilungen          0,00 DM

0                       Abrechnungsdaten #
```

Über die Eingabe von

90#

können Sie das Btx-System dazu veranlassen, Ihnen vor Verlassen des Systems die Nutzungsdaten anzuzeigen.

Tabelle 5-9: Aktuelle Kostenübersicht im Btx-System

```
                     068111223      0000

1 Aktueller Rechnungsmonat bis │30.01.92

                  Entgelte    :      1,20   DM
                  Vergütungen:       1,50   DM

2        davon seit dem 29.01.92 neu erfaßt

                  Entgelte    :      0,00   DM
                  Vergütungen:       0,00   DM

3 Letzter Rechnungsmonat   02.92-23.01.92

                  Entgelte    :      1,46   DM
                  Vergütungen:      10,80   DM

Einzelaufstellung mit Ziffer 1, 2 oder 3
Mitbenutzer 0001 mit #, gezielt mit     4

0 <
```

Tabelle 5-10: Rückwirkende Kostenübersicht im Btx-System

```
                             0681112233    0000
     Aktueller Rechnungsmonat  (bis 30.01.92)
     Letzter   Rechnungsmonat  (Monat  02.92)

     Entgelt- und Vergütungsarten
                 aktuell (DM)     02.92 (DM)

     Absenden Mitteilungen
                      1,20           0,00
     Abruf fremder Regionalseiten
                      0,00           0,06
     Btx-Magazin
                      0,00           1,40
     Seitenvergütungen
                      0,00           9,50
     0,30 DM Zeitvergütungen/Minute
                      1,50           0,00
     1,30 DM Zeitvergütungen/Minute
                      0,00           1,30

     0 <       keine weiteren Informationen
```

5.4.6 Telekommunikation

Btx erlaubt den Zugriff auf andere von der Telekom angebotene Tele-kommunikationsdienste. Dieser Vorgang wird als Diensteübergang bezeichnet. In den folgenden Unterkapiteln finden Sie einen Überblick und Anwendungsbeispiele. Dabei werden Sie auch sehen, daß die Anwendungsmöglichkeiten dieser Dienste unter Btx eingeschränkt sind und gerade im verwaltenden und organisatorischen Bereich bei einer intensiven Nutzung spezielle Endgeräte durch Btx nicht ersetzt werden können. Ein anderes Bild ergibt sich allerdings bei sporadischer Nutzung oder wenn der Btx-Anschluß überwiegend privat genutzt wird. Hier bieten die Übergänge zum Telefaxdienst, Telex und Cityruf eine sinnvolle Ergänzung. Dies gilt insbesondere für das weltweite Telex-Netz. Hier erschließt das Btx-System bei minimalen Kosten einen weltweiten Kreis potentieller Kommunikationspartner.

5.4.6.1 Telefax

Im Btx-System können Sie Fernkopien an Telefax-Geräte der Gruppe 3 im In- und Ausland verschicken. Es ist jedoch nicht möglich, als Btx-Teilnehmer ein Fax zu empfangen. Nach der Eingabe des FAX wird dieses zeitversetzt gesendet und bis zu 5 Tage im Postrechner gespeichert. Daher ist es möglich, ein Fax zu verändern und erneut abzusetzen. Dazu stellt der Btx-Rechner für jedes Fax einen Sendebericht zur Verfü-gung, der den Absender über das Übermittlungsergebnis unterrichtet und in der Regel wenige Minuten nach Absenden des FAX abrufbar ist. Der Sendebericht wird 30 Tage gespeichert. Sollte das angewählte Fax-Gerät besetzt sein, dann versucht das Btx-System dreimal, das Fax abzusetzen.

Geben Sie für das Absenden eines FAX

1061#

ein. Auf dieser Seite sind die Daten des sendenden Btx-Teilnehmers eingetragen. Wie die nachfolgende Abbildung 5-18 zeigt, werden nun Telefaxnummer und, wenn gewünscht, Name und Adresse des Empfängers eingetragen. Wichtig ist, daß Sie auf jeden Fall die Faxnummer mit Vorwahl eingeben müssen.

```
Btx-Telefax                            0.00 DM
Telefax-Mitteilung absenden       ✳1061#

Folgende Absenderangaben werden jeder
Telefax-Mitteilung automatisch vorange-
stellt:

Btx-Absender: 068154410        1
Darimont
Albrecht
Saargemünder Str. 12
6600 Saarbrücken

Telefax-Anschluß: 068139048469
```

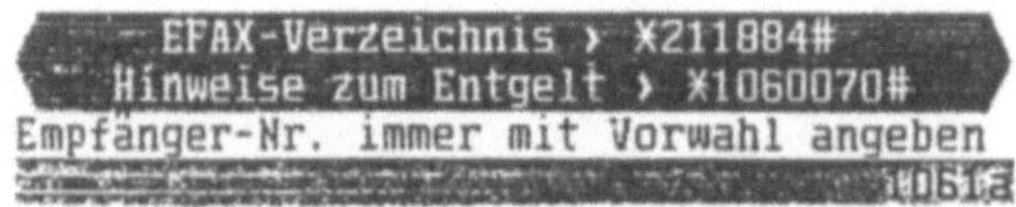

Abbildung 5-18: Btx-Titelseite eines Btx-Fax

In die folgende Eingabeseite können Sie nun Ihre Nachricht eingeben. Maximal können
für ein Fax 8 Folgeseiten erstellt werden.

```
Btx-Telefax                       0.00 DM
Telefax-Mitteilung senden           01/01
Empfänger: 063115855
Dies ist ein Faxtext




fortsetzen 1    senden  ja 9   nein ✳9# 1
```

Abbildung 5-19: Die Eingabeseite eines Btx-Fax

Jedem Fax wird eine Referenznummer zugeteilt, die im Sendebericht als Bezugsnummer verwendet werden kann. Wie Abbildung 5-20 zeigt, wird jedes Btx-Fax mit einem englischen und einem deutschen Hinweistext versehen, der den Empfänger über den Absender informiert.

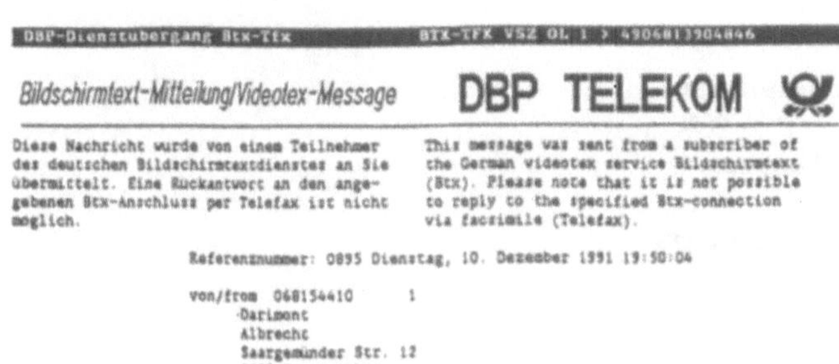

Abbildung 5-10: Ein Btx-Fax

Mit

   *1062#

rufen Sie den Sendebericht ab. Dieser enthält die nachfolgend aufgelisteten
Informationen:

- **Referenz- und Telefaxnummer**

- **Datum/Uhrzeit der Annahme**

- **Telefaxnummer des Empfängers**

- **Ergebnis der Übermittlung**

- **Zeitpunkt der Übermittlung**

- **angefallene Gebühren**

Farblich gekennzeichnete Sendeberichte verweisen auf noch gespeicherte Telefax-
Mitteilungen, die damit auch noch geändert und wieder abgesetzt werden können.
Durch die Eingabe von

w

kann ein Fax nochmals aufgerufen und dann verändert werden. Die nachfolgende Abbildung 5-21 zeigt einen Sendebericht für ein nicht erfolgreich abgesetztes FAX.

```
Btx-Telefax                          0.00 DM
                                        01/01
Sendeberichte
1 Tfx0849  vom  31.01.92 19:24     0.80 DM
   Leitung belegt          068139048
```

Abbildung 5-21: Sendebericht für ein abgesetztes FAX

Die Gebühren für ein FAX werden zeit- und entfernungsabhängig erhoben. Kommt
keine Verbindung zustande, dann wird dennoch ein Pauschalbetrag von 0,80 DM
berechnet. Die nachfolgende Tabelle 5-11 gibt einen Überblick zur Gebührenstruktur.

Tabelle 5-11: Faxgebühren im Btx-System

Tarifzone	Gebühr
Inland	0,20 DM je 5 Sekunden
EG-Länder, Andorra, Österreich, Schweiz und CFSR	0,25 DM je 5 Sekunden
Alle anderen europäischen und Mittelmeerstaaten	0,30 DM je 5 Sekunden
Übrige Länder	0,60 DM je 5 Sekunden

5.4.6.2 Telex

Über das Btx-System kann der Teilnehmer das weltweite Telex-Netz nutzen und dabei sowohl Telex-Mitteilungen absetzen als auch empfangen. Eine direkte Verbindung zwischen Btx- und Telex-Teilnehmer ist allerdings nicht möglich. Telex-Mitteilungen werden vielmehr im Btx-System gespeichert und müssen vom Teilnehmer aktiv abgerufen werden. Vorraussetzung für den Telexempfang ist, daß der Btx-Anschluß für Telex-Mitteilungen über die Seite *1051# freigeschaltet ist. Dieses Freischalten gilt für 60 Tage und muß nach dieser Zeit erneuert werden. Vor Ablauf der Frist erhält der Btx-Teilnehmer eine Mitteilung, die darauf hinweist, daß die Freischaltung ausläuft.

Der Telex-Dienst wird über die Seite *1050# verwaltet. Ausgehend von dieser Seite können Sie ein Telex senden oder empfangene Telex-Mitteilungen abrufen. Zum Senden eines Telex können Sie aber auch direkt

1051#

eingeben. Hier wählen Sie das Zielland aus. Danach erscheint die Telex-Eingabeseite für den abzusetzenden Text. Dabei tragen Sie auch Telexnummer und gegebenenfalls die Telex-Kennung des Empfängers ein.

Nach dem Ausfüllen einer Seite stehen folgende Funktionen über die aufgeführten Ziffern zur Verfügung:

2 = Löschen des eingegebenen Textes

1 = Weiter mit Folgeblatt

3 = Lesen für Korrekturen und

9 = Absenden des Textes.

Nichtabsetzbare Telex-Mitteilungen werden einen Tag gespeichert und können in dieser Zeit für einen weiteren Versuch wieder abgerufen werden.

Nach Empfang eines Telex erhält der Btx-Teilnehmer eine Mitteilung mit folgenden Angaben:

- **Telexkennung des Absenders**

- **Datum und Uhrzeit des Eingangs und**

- **wenn aufgetreten, Hinweise zu Unregelmäßigkeiten beim Empfang**

Nicht gelöschte Telex-Mitteilungen werden 30 Tage lang gespeichert. Die Verwaltung der eingegangenen Telex-Mitteilungen erfolgt über die Seite *1050# und die Auswahlziffer 2 oder direkt über die Seite *1052#.

Die Gebühren für das Absenden von Telex-Mitteilungen werden nach der Verbindungsdauer im Telex-Netz berechnet und betragen im Inland pro 5 Sekunden 0,10 DM. Bei einer Übertragungsdauer von 3 Minuten für eine voll beschriebene Seite errechnet sich damit ein Betrag von ca. 2,80 je Seite. Auf die Tarife für Auslandsverbindungen werden 50% Zuschlag berechnet.

Nach dem Absenden eines Telex werden das Ergebnis der Übermittlung und die Gebühren auf einer Mitteilungsseite angezeigt. Tabelle 5-12 beschreibt die Bedeutung der Telex-Rückmeldungen.

Tabelle 5-12: Telex-Rückmeldungen im Btx

Meldung	Bedeutung
abs	Teilnehmer nicht empfangsbereit bzw. abwesend
ci	Dialog mit Gegenstelle zur Zeit nicht möglich
der	Es liegt eine Störung vor
na	Eingegebene Telex-Nummer führt zu einer nicht erlaubten Verkehrsrichtung oder Endstelle
nc	Keine technische Einrichtung verfügbar, deshalb Verbindungsversuch wiederholen
nch	Telexnummer hat sich geändert
np	Teilnehmer nicht oder nicht mehr Telexteilnehmer
occ	Anschluß besetzt, deshalb Verbindungsversuch wiederholen

Telexteilnehmer müssen für die Übermittlung von Nachrichten an einen Btx-Teilnehmer nach folgenden Schritten vorgehen. Dabei ist zu beachten, daß der Btx-Anschluß für den Telex-Empfang geöffnet ist.

In einem ersten Schritt wird die Telexnummer

1631+

eingegeben. Darauf antwortet der Teledienst mit

1631 btx d.

Danach wird die Btx-Teilnehmernummer eingegeben. Diese könnte wie folgt aussehen.
Wichtig ist hierbei, daß zwischen den einzelnen Elementen der Rufnummer auf jeden
Fall ein Leerzeichen eingefügt wird, nicht aber zwischen Vorwahl und Durchwahl.

btx 068111223344 0001 +

Anschließend wird der Telex-Text eingegeben und mit der Zeichenfolge

++++

abgeschlossen.

5.4.6.3 Cityruf

Über das Btx-System kann der Teilnehmer Btx-Signale und Botschaften an Cityruf-
Teilnehmer senden. In die entsprechende Übersichtsseite gelangen Sie direkt durch die
Eingabe von

**1690#*

Auf der mit der Ziffer 1 oder direkt über

**1691#*

abrufbaren Sendeseite können Sie einen City-Funkruf senden. Hierzu geben Sie die
Funknummer des Empfängers ein. An dieser Nummer erkennt das Btx-System die
zugehörige Rufklasse. Entsprechend erscheint das hierfür geeignete Eingabefeld, in
dem der Teilnehmer jetzt seine Nachricht eintragen kann. Das Btx-System prüft dabei
jede Nachricht auf unzulässige Zeichen.

5.4.7 Elektronischer Briefkasten

Jeder Btx-Teilnehmer verfügt über einen eigenen elektronischen Briefkasten. Das ist ein
Speicherbereich im Btx-Zentralrechner, in dem empfangene Mitteilungen gespeichert

und auf Abruf bereitgestellt werden. Die Verwaltung des elektronischen Briefkastens erfolgt über den Mitteilungsdienst, dessen Leitseite über die Eingabe

*8#

abgerufen wird. Für die Verwaltung des Briefkastens stehen hier die Funktionen

- **Neue Mitteilungen**

- **Zurückgelegte Mitteilungen**

- **Abruf von Antwortseiten und**

- **Ändern Mitteilungsempfang**

zur Verfügung.

Über die letzte Funktion kann der Teilnehmer seinen Briefkasten sperren oder öffnen. Beim Erstzugang zum Btx-System ist der Mitteilungsdienst gesperrt. Solange diese Sperre nicht aufgehoben wird, können keine Mitteilungen anderer Btx-Teilnehmer empfangen werden. Der Mitteilungsempfang kann über die Auswahlziffer 14 von der Leitseite aus oder direkt über die Eingabe von

*73#

geändert werden.

Der Briefkasten selbst wird in zwei Inhaltsverzeichnisse aufgeteilt. Im ersten finden Sie alle neu eingegangenen Mitteilungen. Diese können Sie sich direkt über die Seitennummer

*88#

anzeigen lassen oder aber über die Auswahlziffern 11 auf der Leitseite des Mitteilungsdienstes. Für die Verwaltung von neu eingegangenen Mitteilungen stehen die in Tabelle 5-13 aufgeführten Funktionen zur Verfügung.

Jeder Eintrag im Verzeichnis für neue Mitteilungen enthält den Name und Btx-Nummer des Absenders sowie Datum und Uhrzeit der Übermittlung. Zusätzlich werden Mitteilungen **W** als Werbung gekennzeichnet und mit **Z** als Mitteilungen, die nach 30 Tagen vom Empfänger nicht abgerufen und deshalb zurückgeschickt wurden. Sollte das Verzeichnis für neue Mitteilungen leer sein, dann erhalten Sie die Meldung

keine neuen Mitteilungen vorhanden

Tabelle 5-13: Funktionen zur Verwaltung neuer Mitteilungen

Ziffer	Funktion
1	Mitteilung für eine spätere Anzeige markieren
2	Markierte Mitteilung sofort anzeigen
9	Markierte Mitteilung sofort löschen

Im Inhaltsverzeichnis für zurückgelegte Mitteilungen werden die Mitteilungen verwaltet, die bereits gelesen und zur Speicherung abgelegt wurden. Für die Seiten stehen die gleichen Funktionen wie für neue Mitteilungen zur Verfügung. Sie wird direkt über

*89#

aufgerufen oder über die Auswahlziffern 12 auf der Leitseite.

Für das Versenden von Mitteilungen stehen je nach Inhalt der Mitteilung drei Seiten zur Verfügung. Über die Seite *811# werden Textmitteilungen versendet, über *813# Werbekennzeichen und über *80# können vorbereitete Seiten für Glückwünsche, Rückrufersuchen, Verabredungen und Empfangsbestätigungen versendet werden.

```
Bildschirmtext                    0,00 DM
Agn 068154410        1         31.01.92
       Darimont                    17:21
       Albrecht
       Saargemünder Str. 12
       6600 Saarbrücken
an  068154410     -0001
       Albrecht
       Darimont
)


Dies ist eine Textdatei
2. Zeile

4. Zeile

und jetzt ist Schluß
```

Abbildung 5-22: Elektronische Post im Btx-System

Am Anfang einer Mitteilung steht die vom Absender einzutragende Adresse des Empfängers. Diese setzt sich aus der Teilnehmernummer und dem Mitbenutzerzusatz zusammen. Nach der Eingabe werden Name und Vorname des Empfängers zur Kontrolle angezeigt. Im Mitteilungskopf fügt das Btx-System die Absenderangaben selbständig ein.

Die Eingabe der eigentlichen Mitteilung wird mit Hilfe der DCT-Taste, Data Collection Terminated, abgeschlossen. Diese Taste steht in den meisten Dekodern zur Verfügung. Wenn nicht, müssen Sie die hierfür vorgesehene Tastenfolge

***029#**

eingeben. Mitteilungen werden mit der Ziffernfolge 19 abgeschickt und kosten eine Gebühr von 0,40 DM. Für jede zurückgelegte und damit zu speichernde Seite erhebt die Telekom eine Gebühr von 0,015 DM pro Tag.

5.5 Informationsdienste

In den folgenden Unterkapiteln werden wichtige Informationsdienste im Btx-System beschrieben. Es handelt sich hier um das elektronische Telefonbuch, das Btx- und das Fax-Teilnehmerverzeichnis sowie die Bahnauskunft. Ich habe diese Dienste ausgewählt, weil Sie sowohl vom privaten als auch vom beruflichen Teilnehmer sehr sinnvoll genutzt werden können.

5.5.1 Teleauskunft

Die Teleauskunft gehört zu den am meisten genutzten Angeboten im Btx-System. Dieses Auskunftssystem erfaßt bundesweit alle Btx-, Telefon- und Fax-Teilnehmer und wird ständig aktualisiert. Bis Herbst 1991 war dieser Dienst gebührenfrei. Jetzt kostet bei einigen Recherchevorgängen die Nutzungsminute 0,30 DM. Die folgenden Unterkapitel sollen Ihnen einen Einblick in die Handhabung dieser Auskunftssysteme vermitteln.

Sie werden sehen, daß die Teleauskunft sowohl dem privaten als auch dem professionellen Btx-Nutzer große Vorteile bietet. Die wesentlichen Vorteile liegen hier in der Aktualität der Information, dem 24-Stunden Service und in der Möglichkeit, umfassende Suchkriterien einzugeben bzw. auch mit unvollständigen Namensinformationen einen Teilnehmer zu finden. Zusätzlich sind umfangreichere Informationen möglich, als dies bei der telefonischen Auskunft der Fall ist. Die Aktualität der Btx-Teleauskunft zeigt sich auch darin, daß alle Telefonbereiche der neuen Bundesländer abgerufen werden können. Aufgrund der zur Zeit noch grundsätzlich anderen Struktur des dortigen Telefonnetzes weicht die

Teilnehmeranzeige etwas von der in den alten Bundesländern ab. Sie gelangen in die Teleauskunft über die Leitseite

***1188#.**

Hier können Sie mit den Auswahlziffern 1 bis 4 die Verzeichnisse für Btx-Teilnehmer, das elektronische Telefonbuch ETB, die Gelben Seiten oder das elektronische Telefaxverzeichnis EFAX abrufen.

Abbildung 5-23: Die Leitseite der Teleauskunft im Btx-System

Nach der Auswahl des Elektronischen Telefonbuches sehen Sie das in Abbildung 5-24 gezeigte Bild.

Zur Standardsuche in einem der oben genannten Verzeichnisse werden Ort und Namen des gesuchten Teilnehmers eingegeben. Wenn der betreffende Ortsname häufiger vorkommt, dann bietet es sich an, auch die Vorwahl einzugeben. Hier können schon die ersten beiden Ziffern zu einer ausreichenden Eingrenzung des gesuchten Eintrags führen. Wenn diese nicht bekannt ist, kann zunächst eine Ortsliste angefordert werden. Zu jedem Ort werden dabei die Postleitzahl und eine Auswahlziffer ausgegeben. Damit kann der Btx-Teilnehmer durch die Eingabe der Auswahlziffer die Suche weiter eingrenzen. Für die neuen Bundesländer sind Ende 1991 noch keine Ortslisten verfügbar.

Abbildung 5-24: Abfrageseite des Elektronischen Telefonbuches im Btx-System

Werden mehrere auf die Suchbegriffe zutreffenden Eintragungen gefunden, dann gibt
das System eine Liste mit allen exakt auf die eingegebenen Suchbegriffe zutreffenden
Namen aus. Diese Liste kann durch die Funktion *Erweiterte Suche, *7#*, eingegrenzt
werden. Hier werden zusätzlich Vorname und/oder Straßenname eingegeben. Die
Eingabe des Straßennamens erfolgt ohne Hausnummer. Wird trotz erweiterter Suche die
Liste der gefundenen Eintragungen zu lang, dann bricht das System die Suche mit der
Meldung

> *Auskunft wird zu umfangreich*

ab.

Die Teleauskunft hilft auch dann weiter, wenn der Name des Teilnehmers nicht bekannt
ist bzw. wenn dieser Bestandteil eines Firmennamens ist. Hier stehen die Möglichkeiten
der Sondersuche zur Verfügung. Diese wird mit *4# aktiviert. Hier können Sie nach
Tabelle 5-14 vorgehen:

Tabelle 5-14: Sondersuche in der Teleauskunft

Auswahlziffer	Funktion
1	phonetische Suche
2	Nahbereichssuche
3	Kombinationssuche
5	Komfortsuche

Die phonetische Suche sucht nach Teilnehmern, deren Name phonetisch übereinstimmt.
Ein Beispiel hierfür sind Namen wie Schmitt, Schmidt, Schmid usw. Die
Nahbereichssuche wird auf Orte, die im Umkreis von 20 km zum eingegebenen Suchort
liegen, ausgedehnt. Die Kombinationssuche kombiniert phonetische und
Nahbereichssuche. Die Komfortsuche hilft insbesondere dann, wenn der eingegebene
Name Bestandteil eines Doppelnamens oder einer Firmenbezeichnung ist. So führt die
Komfortsuche nach dem Namen "Verlag" unter anderem zu dem Ergebnis "Vieweg
Verlag".

Die Teleauskunft unterstützt die Suche durch eine abrufbare Vorwahlnummernliste und
durch eine Ortsliste. Die folgende Tabelle gibt Ihnen eine Übersicht zu allen in der
Teleauskunft angebotenen Funktionen.

Tabelle 5-15: Funktionstasten in der Teleauskunft

Funktion	Taste
Hilfsinformation abrufen	*1#
Verzeichnisübersicht	*2#
Neue Suche starten	*3#
Sondersuche starten	*4#
Vorwahlnummern abrufen	*5#
Ortsliste anfordern	*6#
Erweiterte Teilnehmersuche	*7#
Teleauskunft verlassen	*9#
Seite nochmals aufbauen	*00#

5.5.1.1 Btx-Teilnehmerverzeichnis

Die Suche im Btx-Teilnehmerverzeichnis entspricht der Suche im Elektronischen Telefonbuch bzw. im Telefaxverzeichnis. Hier wird in der Regel nach Ort und Name gesucht. Die oben beschriebenen erweiterten Suchmöglichkeiten stehen auch hier zur Verfügung.

Die folgende Abbildung 5-25 zeigt die Bildschirmausgabe nach einer erfolgreichen Suche.

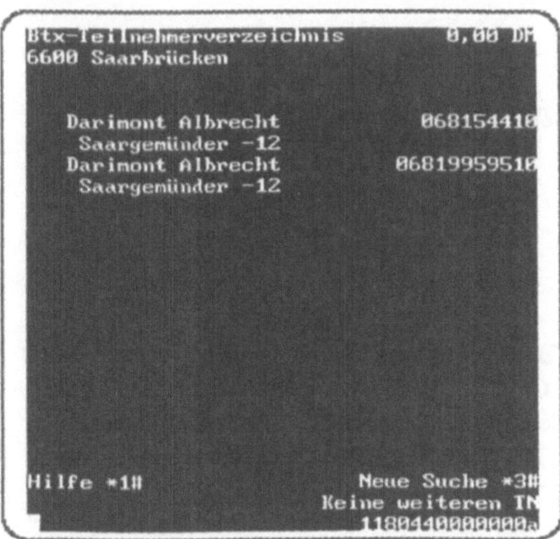

Abbildung 5-25: Anzeige von Teilnehmern im Btx-Verzeichnis

Das internationale Btx-Teilnehmerverzeichnis hilft bei der Suche nach Personen und Firmen aus 29 Ländern, die zur Zeit am Btx-System teilnehmen. Auch hier wird in der Regel nach Ort und Name gesucht. Bei Bedarf kann die Suche zunächst über eine Länderliste und hier über eine Städteliste eingegrenzt werden. Sie finden dieses Verzeichnis auf der Seite *2118811#

```
Postreklame                      0.00 DM
Btx-Teilnehmerverzeichnis international

Die Suche nach einem ausländischen Btx-
Teilnehmer im deutschen Btx-Dienst er-
folgt über die Eingabe:
Feld "Ort"  = Name des Landes oder Ortes
Feld "Name" = Nachname des Teilnehmers

Abrufbare Länder und Orte (mit Ziffer)

10 Australien        13 England
   Belgien              Finnland

11 Brasilien         14 Frankreich
   China                Griechenland

12 Dänemark          15 Irland
                        Italien


0 Übersicht *1188#      weitere Länder #
                               2118811a
```

Abbildung 5-26: Internationales Btx-Teilnehmerverzeichnis: Länderliste

5.5.1.2 Elektronisches Telefonbuch

Das elektronische Telefonbuch ETB bietet zusätzlich zum oben beschriebenen Suchkomfort eine Ortsliste mit 9000 Orten in den alten Bundesländern. Hier werden alle im Ortsbereich gültigen Vorwahlen, die Postleitzahl, zum Ort gehörige Ortsteile und die Zustellpostämter ausgegeben. Für die neuen Bundesländer ist zur Zeit (Stand: Dezember 1991) keine Ortsliste verfügbar.

5.5.1.3 Elektronisches Telefonbuch - Gelbe Seiten

Die Standardsuche in den Gelben Seiten der Teleauskunft erfolgt nach den
Oberbegriffen Ort und Branche. Die folgende Abbildung 5-27 zeigt die hier
vorgegebenen Eingabeseite.

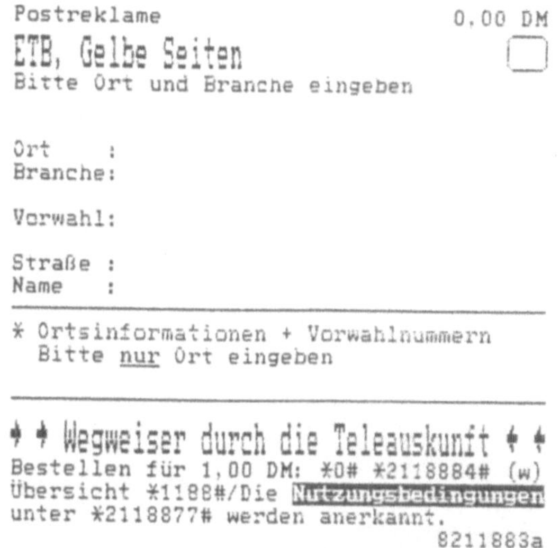

Abbildung 5-27: Gelbe Seiten im Btx-System: Eingabeseite

Wegen den abweichenden Branchenbezeichnungen in den neuen Bundesländern sollen
Eintragungen für hier angesiedelte Unternehmen erst 1992 möglich sein.

Die Suche in den Gelben Seiten der Teleauskunft gestaltet sich in den Grundzügen wie
die oben beschriebene Suche nach Btx- oder Fernsprechteilnehmern. Der Unterschied
besteht darin, daß das System zunächst nach einer mit dem eingegebenen Begriff exakt
übereinstimmenden Brancheneintragung sucht. Wird kein Eintrag gefunden, dann wird
nach Branchen gesucht, die mit dem eingetragenen Begriff beginnen. So führt die
Eingabe des Branchenbegriffes "Auto" zu Branchen wie "Automobil" oder auch
"Automat". Führt selbst dies nicht zu einem Ergebnis, dann wird der Begriff soweit
gekürzt, bis eine Eintragung gefunden werden kann.

Der Btx-Teilnehmer hat zusätzlich die Möglichkeit, einen Oberbegriff für die Branche
einzugeben bzw. die Eingabe sehr allgemein zu halten. So führt der Branchenbegriff
"Baubranche" zur Ausgabe von diesem Oberbegriff zuzurechnenden Branchen wie
"Abbruchunternehmen" oder "Bauelemente". Durch einen Pfeil hinter der Branche wird

angezeigt, daß zur betreffenden Branche Eintragungen für den eingegebenen Ort vorliegen. Ein Punkt bedeutet, daß keine Eintragungen vorliegen.

Für die Recherche in den Gelben Seiten der Teleauskunft stehen drei Formen der Sondersuche zur Verfügung. Die Branchenhilfe zeigt Branchen im Umfeld der eingegebenen Branche an. Abbildung 5-28 zeigt das Ergebnis der Sondersuche am Beispiel des Brancheneintrages *"Delikatessen"* im Raum Stuttgart.

```
ETB, Gelbe Seiten                0,00 DM
7000 Stuttgart                    (0711)


Branchenhilfe zu

  Delikatessen


Feinkost                              1 +
Lebensmittel                          2 +




Einträge: +      keine Einträge im Ort: •
Hilfe *1#  Übersicht *2#  Neue Suche *3#
  Ortsliste *6#  Keine weiteren Branchen
               *      1180132004096a
```

Abbildung 5-28: Gelben Seiten Teleauskunft - Branchenbegriff: Delikatessen

Die Nahbereichssuche weitet die Suche auf Orte im Umkreis von 20 Kilometern aus. Die Regionalsuche umfaßt einen Radius von 50 Kilometern.

Auch hier empfiehlt es sich, zum gesuchten Ort, soweit möglich, auch die Vorwahl einzugeben.

5.5.1.4 Fax-Teilnehmerverzeichnis

Das Fax-Teilnehmerverzeichnis EFAX unterscheidet sich im Handling nicht vom Elektronischen Telefonbuch. Auch hier wird nach Ort und Name gesucht und es stehen die oben beschriebenen Sondersuchfunktionen zur Verfügung.

Die nachfolgende Tabelle gibt zum Abschluß einen Überblick zu den Systemmeldungen
in der Teleauskunft und macht Vorschläge, wie Sie reagieren sollten.

Tabelle 5-14: Die Systemmeldungen in der Teleauskunft

Meldung	Reaktion
Auskunft wird zu umfangreich	Zu viele Eintragungen, Suche durch zusätzliche Informationen eingrenzen
Branche nicht vorhanden/ Branchenangabe ungenau	Anderen Branchenbegriff eingeben, der eingegebene ist dem System unbekannt
	Die eingegebene Branche ist zu allgemein, deshalb eingrenzen
Branchenbegriff wurde verkürzt	Branche wurde nicht gefunden, deshalb eine andere aus der gezeigten Liste auswählen
Eingabe führte zu keinem Ergebnis	Hier im ETB die Eingaben ändern, ergänzen oder eine Sondersuche auswählen.
	In den Gelben Seiten sollten Sie hier eine der angebotenen Sondersuchen auswählen
Eingabe führt zur automatischen Komfortsuche	Der Suchbegriff führt den Namen nicht an erster Stelle, deshalb wird hier eine Teilnehmeranzeige mit Auswahlziffer angeboten
Exakte Suche mit den eingegebenen Daten, Erweiterte Teilnehmersuche mit *7#	Nur Teilnehmer mit exakt übereinstimmenden Eintragungen werden gezeigt, über die Sondersuche kann die Eingabe mit Vorname und/oder Straße eingegrenzt werden
Numerische Eingabe nicht zulässig	Sie haben versucht, in das Eingabefeld für den Ort Ziffern einzugeben
Ortsangabe ungenau	Es gibt zu viele Orte mit dem eingegebenen Namen, deshalb zusätzlich Vorwahl und/oder PLZ eingeben

Ortsdaten ungültig   Die Eingabe im Eingabefeld für den Ort
                                         und/oder die Vorwahl ist falsch, deshalb
                                         ändern

Ortsinformationen nicht darstellbar   Ortsinformationen können nur über das
                                         ETB dargestellt werden, diese Funktion ist
                                         also nicht im Fax-Verzeichnis oder im Btx-
                                         Verzeichnis abrufbar

Zusatzangaben unzureichend   Die Ortsliste ist immer noch zu lang,
                                         deshalb vollständige Vorwahl oder PLZ
                                         eingeben

5.5.2 Bahnauskunft

Die Deutsche Bundesbahn bietet seit dem 7. November unter der Bezeichnung EVA,
Elektronische Fahrbahn- und Verkehrs-Auskunft, das bis dahin intern genutzte
Fahrplaninformationssystem auch im Btx-System an. Damit stehen dem Btx-
Teilnehmer sämtliche Fahrplandaten des Nah- und Fernverkehrs in Deutschland zur
Verfügung.

Abbildung 5-29: Das Auskunftssystem der Deutschen Bundesbahn - EVA

Dies schließt alle Zug-, Bus- und Schiffsverbindungen ein, die im offiziellen Kursbuch der Deutschen Bundesbahn und der Deutschen Reichsbahn enthalten sind. Hinzu kommen die wichtigsten europäischen Fernverbindungen und alle Fahrplandaten der österreichischen und luxemburgischen Eisenbahnen.

Die folgenden Zahlen vermitteln einen Eindruck von dem wahrhaft gigantischen Datenpool, der sich hier dem Btx-Teilnehmer öffnet.

Tabelle 5-16: Die Bahnauskunft in Zahlen

```
Züge, Busse, Schiffe           80.000
Bahnhöfe                       10.000
Verbindungen insgesamt     64.000.000
```

Da im EVA jeder deutsche Bahnhof gespeichert ist, kann der Btx-Teilnehmer sich nun für jede nur denkbare Verbindung binnen weniger Sekunden die günstigste heraussuchen. Dazu gibt der Nutzer seine Ausgangsdaten ein. Dies sind

- **Reisetag**

- **Startort**

- **Zielort**

- **Abfahrts- oder Ankunftszeit.**

Zusätzlich kann die Abfrage über die Punkte

- **Produkt-Gruppe**

- **Nur Direktverbindungen**

- **Nur Schlafwagenverbindungen**

- **Nur Liegewagenverbindungen**

ergänzt werden. Die folgende Abbildung 5-30 zeigt die Suche nach einer Verbindung zwischen Saarbrücken und Köln.

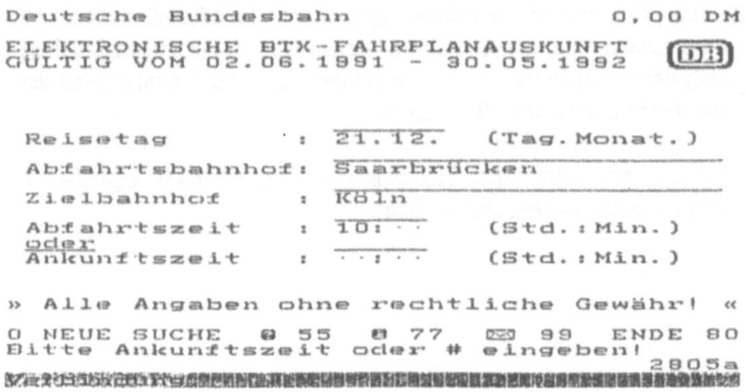

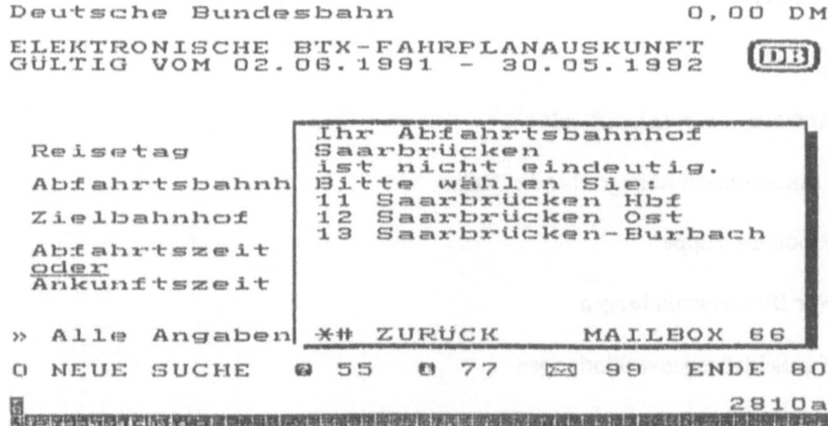

Abbildung 5-30: Bundesbahnauskunft im Btx-System - Der Eingabebildschirm

Die Fahrplanauskunft ist sehr benutzerfreundlich gestaltet. Dies gilt sowohl für die
Eingabemaske selbst als auch für Online-Hilfen bei der Eingabe.

Abbildung 5-31: Bundesbahnauskunft - Zielortbestimmung

```
Deutsche Bundesbahn                          0,00 DM
REISEVERBINDUNGEN  -  SA,  21.12.1991     (DB)
Saarbrücken Hbf  -  Köln Hbf

  Alle Auskünfte ohne rechtliche Gewähr!<

    |AB    |AN    |UMSTEIGEN|DAUER|PRODUKTE
11  |09.52 |13.59 |   1 mal |4.07 |EC·IR
12  |11.12 |14.45 |   1 mal |3.33 |D·E
13  |12.16 |15.45 |   0 mal |3.29 |D
14  |13.12 |16.45 |   1 mal |3.33 |D·E
15  |13.52 |17.59 |   1 mal |4.07 |EC·IR
 >  11-15 INFORMATIONEN ZUR VERBINDUNG <<

16 Nur Verbindungen ohne Zuschläge

11 FRÜHER        31 FAHRPREIS     41 STADT-
12 SPÄTER        32 BUCHUNG          VERKEHR/
13 RÜCKFAHRT     33 BF-SERVICE       FLUGPLÄNE

) NEUE SUCHE   @ 55  @ 77   [⊠] 99   ENDE 80
                                         2814a
```

Abbildung 5-32: Bundesbahnauskunft - Ausgabebildschirm für Bahnverbindungen

Wie Abbildung 5-31 zeigt, kann der Zielort menügesteuert eingegrenzt werden.
Abbildung 5-32 zeigt das Ergebnis einer Anfrage nach möglichen Zugverbindungen
zwischen Saarbrücken und Köln.

Die Anwendungsmöglichkeiten des EVA-Systems gehen über die reine
Fahrplanauskunft hinaus. So können Fahrpreise abgerufen und Buchungen
vorgenommen werden. Allerdings ist die direkte Ausgabe des Fahrpreises noch nicht
möglich. Vielmehr wird der Fahrpreis über die elektronische Post als Btx-Mitteilung
dem Btx-Teilnehmer zugesendet. Anfragen vor 18.00 Uhr werden noch am gleichen
Tage bearbeitet. Ansonsten erfolgt die Mitteilung am folgenden Tag.

Eine Liste mit weiteren Dienstleistungsangeboten der Deutschen Bundesbahn können
Sie über die Btx-Seite

25800308#

direkt abrufen.

5.6 Dateitransfer im Btx-System

Das Btx-System kann auch für den Dateitransfer benutzt werden. Voraussetzung hierfür ist, daß ein PC als Btx-Endgerät eingesetzt wird. In der Btx-Terminologie werden Daten, die im System zwischen Endgeräten übertragen werden, als transparente Daten bezeichnet. Transparent bedeutet, daß das Btx-System lediglich den Übertragungsweg zur Verfügung stellt. Die vom Softwaredekoder empfangenen Daten werden nicht ausgewertet, sondern uninterpretiert und unverändert, also transparent, an den angeschlossenen PC weitergegeben.

Damit eröffnet sich ein weites Anwendungsgebiet, das in Zukunft durch den steigenden Einsatz von PCs als Endgerät an Bedeutung gewinnen wird. Hier wird das Btx-System zum Kommunikationsmittel für Datenübertragung. Die zu übertragenden Dateien werden als Telesoftware bezeichnet und sind auf den Leitseiten entsprechender Anbieter gespeichert. Es existieren zwei Standardübertragungsformate, der Poststandard und der Gebacom-Standard, ein spezielles Übertragungsformat der gebacom GmbH, das von den meisten professionellen Softwaredekodern unterstützt wird. Für spezielle Anwendungen, wie z.B. das Laden von Börsendaten, haben einige Anbieter eigene Übertragungsformate entwickelt. Hier muß der Btx-Teilnehmer eventuell den eingesetzten Softwaredekoder um ein spezielles Zusatzprogramm erweitern, das das erforderliche Übertragungsformat unterstützt.

Der Btx-Teilnehmer benötigt für das Kopieren von Telesoftware, dem Download oder Laden, eine spezielle Download-Software, die in der Regel Bestandteil des Dekoders ist oder aber als eigenständiges Modul erworben werden muß. Damit kann nun jedes im Btx-System als Telesoftware angebotenes Programm bzw. jede Datei auf den eigenen Rechner kopiert werden. Von dieser Möglichkeit machen die Anbieter von Börsendienstleistungen Gebrauch. Hier können über Btx aktuelle Börsenkurse auf den heimischen PC übertragen und dort mit einer geeigneten Software offline weiterverarbeitet und analysiert werden. In **Kapitel 6.2 Börse** finden Sie hierzu zwei Praxisbeispiele.

Zur Zeit überwiegen im Btx-System Telesoftware-Angebote, die das Kopieren von PD-Programmen ermöglichen. Dabei unterscheiden sich die einzelnen Anbieter zum Teil erheblich in ihrer Preispolitik. Programme, die zum Beispiel der WDR Computer Club kostenlos anbietet, müssen bei anderen Anbietern bezahlt werden. Welche Entwicklungsmöglichkeiten sich hier bieten können, zeigt auch der Einstieg von Microsoft, *610808000#, in das Btx-System. Hier können jetzt Drucker- und Bildschirmtreiber für Microsoft-Programme als Telesoftware direkt auf den heimischen Rechner kopiert werden.

5.7 Btx-Dekoder

Ein System, das Btx-Daten entschlüsseln kann, wird allgemein als Btx-Dekoder bezeichnet. Ist dieser Dekoder als Hardware realisiert, dann wird von einem

Hardwaredekoder gesprochen. Diese Geräte besitzen einen speziell für Btx entwickelten Bildschirmsteuerungsbaustein, der CRT-Controller genannt wird. Der CRT-Controller liest den zum Dekoder gehörenden Bildschirmspeicher direkt aus und stellt die hier abgelegten Btx-Daten auf dem Bildschirm des Btx-Endgerätes dar. Btx-Terminals sind Datenendgeräte, die einen Hardwaredekoder enthalten.

5.7.1 Softwaredekoder

Btx-Softwaredekoder sind DFÜ-Programme, die ausschließlich für den Gebrauch im Bildschirmtext geeignet sind. Die Daten im Bildschirmtext werden nach einem speziellen CEPT-Protokoll für "Bildschirmtext Terminals" kodiert. Universelle DFÜ-Programme können im Unterschied zu Btx-Softwaredekodern das CEPT-Protokoll nicht entschlüsseln und damit die empfangenen Daten auch nicht in darstellbare Zeichen umwandeln. Das ist der Grund, warum die in **Kapitel 4 Software** vorgestellten Programme nicht für Btx eingesetzt werden können.

Btx-Dekoder müssen folgende Funktionen erfüllen:

Systemsteuerung

Kommunikationssteuerung

Datendekodierung

Bildschirmdarstellung

Die Systemsteuerung übernimmt die Steuerung des Gesamtsystems und allgemeine Aufgaben wie die Überwachung der Tastatur und die Interpretation von Anforderungen eines Anwendungsprogrammes. Stark vereinfachend kann man sagen, daß die Systemsteuerung dafür sorgt, daß die Dekoderfunktionen für den Empfang, die Darstellung und Interpretation von Btx-Daten korrekt ausgeführt werden. So übergibt die Steuerung dann die Kontrolle an den Datendekoder, wenn Daten zur Dekodierung bereit stehen.

Die Kommunikationsfunktion stellt die Verbindung zum Datennetz, Fernmeldenetz oder ISDN her. Sie überprüft alle eingehenden Daten und stellt diese dann dem Datendekoder zur Verfügung.

Der Datendekoder interpretiert die eingehenden Daten und stellt diese dann der Darstellungsfunktion zur Verfügung.

Aufgabe der Bildschirmfunktion ist es, die vom Datendekoder übergebenen Daten auf dem Bildschirm des Btx-Terminals darzustellen.

Die große Verbreitung von PCs und deren offene Architektur haben zur Entwicklung von Btx-Softwaredekodern geführt, die alle Funktionen eines Dekoders abdecken, aber im Gegensatz zur Hardwarelösung wesentlich flexibler und komfortabler in der Handhabung sind.

Durch das Laden eines Softwaredekoders wird der PC zum Btx-Terminal. PCs sind mit universellen Bildschirmsteuerungs-Bausteinen ausgerüstet, die die Regeln der Btx-Darstellung nicht verstehen. Deshalb werden Btx-Softwaredekoder mit einem speziellen Programmteil ausgestattet, der Bildschirmtreiber genannt wird, und die empfangenen Btx-Daten für die verwendete Grafikkarte aufbereitet. Dies ist die Ursache dafür, daß Softwaredekoder bei der Installation immer an die verwendete Grafikkarte angepaßt werden müssen. Die Installationsprogramme guter Softwaredekoder sind in der Lage, selbständig die verwendete Grafikkarte zu erkennen und den passenden Bildschirmtreiber zu installieren. Ist dies nicht der Fall, dann wird der Anwender während der Installation nach der verwendeten Grafikkarte gefragt.

Einige Softwaredekoder wie z. B. JaBtx von Janussoft GmbH in Mannheim, verfügen über eine Programmschnittstelle, die Btx-API, die die Programmierung eigener Btx-Anwendungen erlaubt. Im folgenden Unterkapitel wird das Arbeiten mit einer API am Beispiel von JaBtx beschrieben.

5.7.2 Programmierung eines Softwaredekoders

In diesem Kapitel finden Sie ein Listing, daß die Programmierung eines einfachen Btx-Terminals demonstriert. Das Programm ist in der Programmiersprache Pascal geschrieben und benutzt Funktionen aus der Bibliothek BTXAPI.TPU.

Aufgabe eines einfachen Btx-Terminals ist es, die Verbindung zum Btx-System aufzubauen und dann einen manuellen Dialog zwischen Btx-Teilnehmer und Btx-System zu ermöglichen. Damit können für die Systemsteuerung nur in Btx selbst vorgesehene Funktionen verwendet werden. Erweiterte Dekoderfunktionen wie das Speichern oder das Drucken von Btx-Seiten sind nicht möglich.

Listing 5-1: BTX.PAS

```
program btx;
{-[ 23-03-89/nn ]----------------------------------------}
{     einfaches btx terminal                    }
{-[ »janussoft« ]----------------------------------------}
uses
  btxapi;          { schnittstelle zum decoder     }
begin
  Initialize;      { decoder für btx initialisieren  }
  if Connect<3     { verbindungsaufbau. gelungen?   }
    then repeat     { ja: gehe in den btx-betrieb..   }
```

```
    until BtxTerminal=$4000;
             {..bis verbindung beendet wurde  }
    Terminate;        { decoder in pc modus zurücksetzen }
  end.
```

Unser Beispielprogramm läuft nur, wenn der Janussoft-Dekoder resident geladen ist. Die Funktion

Initialize

initialisiert den Dekoder für den Btx-Betrieb. Danach wird mit Hilfe der Funktion

Connect

die Verbindung zur Btx-Vermittlungsstelle aufgebaut. Die benötigten Verbindungsdaten sind im Dekoder gespeichert. Die Funktion ignoriert beim Verbindungsaufbau bis auf <ESC> alle Tastatureingaben. Die Taste <ESC> bricht die Funktion ab. Der Funktionswert 1 wird zurückgegeben, wenn der Verbindungsaufbau erfolgreich abgeschlossen werden konnte. Ein Rückgabewert 2 signalisiert, daß die Btx-Verbindung bereits besteht. Alle Werte größer als 3 bedeuten, daß die Verbindung entweder nicht aufgebaut werden konnte, oder aber mit <ESC> abgebrochen wurde.

Kernstück des Programmes ist die Funktion

Btxterminal

Diese Funktion übernimmt nach Verbindungsaufbau die Programmkontrolle und übernimmt alle Aufgaben, die für den Btx-Betrieb notwendig sind. Sie interpretiert die Tastatureingabe, sendet Daten und stellt eingegangene Btx-Seiten dar. Sie entspricht damit in ihrer Funktion einem Hardwaredekoder. BtxTerminal gibt die Kontrolle erst dann wieder an das Programm ab, wenn die Verbindung zum Btx-System beendet wurde. Dabei liefert die Funktion den Rückkehrcode 4000hex.

Abgeschlossen wird das Terminalprogramm mit der Funktion

Terminate

die den Dekoder in den PC-Modus zurücksetzt. D.h. der Dekoder bleibt resident im Arbeitsspeicher und die Kontrolle geht wieder an das Betriebssystem.

5.7.3 Funktionsübersicht und Leistungskriterien

In diesem Kapitel erhalten Sie eine Funktionsübersicht für zur Zeit (Stand Dezember 1991) angebotene Btx-Softwaredekoder. Zusätzlich werden Leistungskriterien vorgestellt, die eine Beurteilung der angebotenen Dekoder ermöglichen sollen.

Preislich lassen sich zunächst zwei Gruppen von Softwaredekodern unterscheiden. Die erste könnte man als professionelle Dekoder bezeichnen. Diese zeichnen sich zunächst einmal durch einen relativ hohen Preis aus, bieten dafür aber umfangreiche Leistungsmerkmale und einen Kundenservice. Zur zweiten Gruppe zählen dann Softwaredekoder zum "Nulltarif". Diese werden zwar teilweise auch zu einem relativ geringen Preis angeboten, sind aber in der Regel eine Zugabe zu Hardwarekomponenten wie Modem oder PC, kosten also nichts.

Aus der Sicht des PC-Anwenders ist in Softwaredekoder zu unterscheiden, die unter dem Betriebssystem MSDOS laufen und in solche, die für die Betriebssystemerweiterung Windows 3.0 konzipiert sind. Aufgrund der wachsenden Bedeutung von Windows gehen immer mehr Anbieter dazu über, ihre Dekoder in einer DOS- und in einer Windows-Version anzubieten. Ein weiteres Unterscheidungskriterium ist, inwieweit der Btx-Betrieb im ISDN-Netz unterstützt wird. Im Anhang finden Sie hierzu eine ausführliche Marktübersicht.

Oft findet man auch eine Unterscheidung in professionelle und nichtprofessionelle Softwaredekoder. Diese Unterscheidung macht aber noch keine Aussage über die Leistungsfähigkeit der Software sondern orientiert sich oft einfach am Preis der Software. Die Schlußfolgerung, je teurer, desto besser und damit professioneller, trifft nicht immer zu. Tabelle 5-16 beschreibt Programmfunktionen, die in Softwaredekodern integriert sind. Sie erfahren hier, was Softwaredekoder alles leisten können und erhalten damit eine Bewertungsgrundlage, die Ihnen helfen wird, den für Ihre Bedürfnisse passenden Dekoder auszuwählen. In den nachfolgenden Kapiteln werden Sie dann praktische Beispiele für die hier vorgestellten Funktionen finden.

Tabelle 5-17: Funktionsübersicht für Btx-Softwaredekoder

Funktion	Kurzbeschreibung
Betriebssystem	Manche Dekoder laufen nur unter MSDOS, andere nur unter Windows ab den Versionen 3.xx.
Netzwerkfähigkeit	Dekoder, die diese Funktion integriert haben, können in lokalen Netzwerken eingesetzt werden. Dies hat den großen Vorteil, daß alle Netzteilnehmer über nur einen Telefonanschluß Btx nutzen können.
ISDN-fähig	Diese Dekoder unterstützen ISDN-Adapterkarten.

Editor

Mit integriertem Editor können Btx-, Fax-, Telex- und Cityruf-Mitteilungen offline erfaßt und dann online gesendet werden.

Druckerunterstützung

Die Funktion legt fest, welche Druckertypen, Nadel- und Laserdrucker, unterstützt werden.

Textausdruck

Mit dieser Funktion ist es möglich, Btx-Seiten als Textseiten ohne grafische Elemente auszudrucken.

Grafikdruck

Hier werden Btx-Seiten mit allen grafischen Elementen ausgedruckt. Farben werden als Graustufen dargestellt.

Bilder speichern

Hier werden Btx-Seiten mit allen grafischen Elementen in eine Datei gespeichert. Dabei werden je nach Dekoder unterschiedliche Dateiformate unterstützt. Neben dem CEPT-Format sind dies das TIFF und das Dr. Halo Format. Beide Formate bieten die Möglichkeit, die gespeicherten Bilder in Grafikprogrammen weiterzuverarbeiten.

Text speichern

Mit Hilfe dieser Funktion werden Btx-Seiten als ASCII-Textdateien gespeichert. Diese Dateien können dann mit jedem Textverarbeitungsprogramm weiterverarbeitet werden.

Seitenverzeichnis

Seitenverzeichnisse sind Dateien, in die Btx-Seiten abgespeichert werden. Diese Seiten können dann offline wieder angezeigt werden. Die Funktion hilft, die Verbindungsdauer zu minimieren.

Kurzwahlregister

Kurzwahlregister sind eine komfortable Erweiterung der Btx-Kurzwahl. Hier werden Seitennummern und ganze Anwahlsequenzen abgespeichert. Diese Funktion kann Btx-Sitzungen in einem großen Umfang automatisieren.

Adressenverzeichnis

Adressenverzeichnisse sind Dateien, die Fax-, Telex-, Cityruf- und Btx-Teilnehmernummern enthalten und eine automatische Anwahl der Gegenstelle ermöglichen.

Makros

In Makros werden Anwendereingaben gespeichert und auf eine Funktionstaste gelegt. Damit werden dann ganze Btx-Sitzungen durch Betätigen der entsprechenden Makrotaste gesteuert. Einige Dekoder verfügen über eine Makrosprache, die alle Elemente einer höheren Programmiersprache enthält und die Programmierung selbst komplexer Anwendung ermöglicht.

Makrorekorder

Makrorekorder zeichnen Anwendereingaben auf und erstellen daraus selbständig ein ablauffähiges Programm. Der Anwender muß hier keine Programmierkenntnisse haben. Er startet lediglich den Makrorekorder zu Beginn einer Befehlsfolge und schaltet ihn am Ende wieder ab.

Telekommunikation

Mit Hilfe dieser Funktion kann der Anwender die Telekommunikationsdienste Fax, Telex und Cityruf nutzen.

6. Dienstleistungen im Btx

In diesem Kapitel finden Sie die Beschreibung ausgewählter Dienstleistungsange-
bote im Btx-System. Ziel ist es, Ihnen einen Überblick zu geben. Die hier aufgeführten Anbieter stellen eine Auswahl aus dem riesigen Btx-Angebot dar und bieten
eine erste Orientierung. Sie gibt den aktuellen Stand vom Dezember 1991 wieder.
Da das Angebot im Btx-System in einem ständigen Wandel begriffen ist, möchte ich
für die Praxis die Suche nach weiteren Angeboten empfehlen. Daher werden am
Ende eines Unterkapitels Suchbegriffe vorgeschlagen, die Ihnen bei der Suche nach
weiteren Angeboten helfen werden.

6.1 Homebanking

Mit den synonym verwendeten Begriffen Homebanking, Telebanking oder
Electronic Banking wird die Abwicklung von Bankgeschäften über Telekommunikationswege zusammengefaßt. Hierfür ist das Btx-System besonders gut geeignet,
und die 700 Kreditinstitute im Btx-System zeigen, daß dieses Angebot zu den wichtigsten Diensten im Bildschirmtext zählt. Damit repräsentieren die Banken und
Sparkassen 52% des gesamten Btx-Angebotes. Allein bei der Bundespost Postbank
werden über 100.000 Btx-Girokonten geführt.

Telebanking bietet sowohl Privatpersonen als auch Unternehmen die Möglichkeit,
unabhängig von Öffnungszeiten Bankgeschäfte zu erledigen. Die Angebotspalette
der Banken reicht hier von der Führung von Girokonten mit entsprechenden Über-
weisungsmöglichkeiten bis zum Kauf von Wertpapieren und der Verwaltung entsprechender Depots. Das Angebot kann von Institut zu Institut sowohl in der Quantität als auch in der Qualität variieren. Die Quantität bezieht sich auf die Anzahl der
Bankdienstleistungen, die über Btx in Anspruch genommen werden können. Die
Qualität des Angebotes wird wesentlich von der Benutzerfreundlichkeit des Programmes bestimmt. Hier zeichnen sich einige Angebote durch klare Benutzerführung und sehr gute Benutzeranleitungen aus. Tabelle 6-1 zeigt eine Aufstellung
von Dienstleistungen, die in Telebanking-Programmen angeboten werden.

Tabelle 6-1: Dienstleistungen in Telebanking-Programmen

Dienstleistung	Kategorie
Abfrage des aktuellen Kontostands	Giro
Abfrage Dispositionskredit	Giro
Abfrage verfügbarer Betrag	Giro
Anzeige noch nicht gebuchter Umsätze	Giro
Anzeige gebuchter Umsätze	Giro
Einzelüberweisungen	Giro
Überweisungen terminieren	Giro
Sammelüberweisungen	Giro
Dauerauftrag	Giro
Lastschriften	Giro
Vordruckbestellung	allgemeiner Bankdienst
Bankleitzahlverzeichnis	allgemeiner Bankdienst
Schecksperre	allgemeiner Bankdienst
Zweitunterschrift anbringen	allgemeiner Bankdienst
Kontenübersicht	allgemeiner Bankdienst
Fremdwährungskonto	allgemeiner Bankdienst
Sparkonto	Sparen
Feldgeldkonto	Sparen
Festgeldauftrag	Sparen
Festgeldänderung	Sparen
Termingeldanzeige	Sparen
Ultimo-Sparauftrag	Sparen
Sparbriefkauf	Sparen
Darlehensübersicht	Kredit
Ratenkreditübersicht	Kredit
Wertpapierdepot	Depotverwaltung

In der Regel können Sie über die Leitseite der Kreditinstitute weiteres Informationsmaterial über Homebanking anfordern. Einige Institute bieten auch die Möglichkeit, das Btx-Angebot mit Hilfe von Demonstrationskonten kennenzulernen und zu prüfen. Die Anmerkungen in Tabelle 6-2 sollen eine erste Orientierungshilfe bieten. Sparkassen, Volks- und Raiffeisenbanken sind aufgrund ihrer regionalen Struktur hier nicht aufgeführt. Sie sollten sich direkt an das örtliche Institut wenden und nachfragen, ob ein entsprechendes Angebot besteht.

Tabelle 6-2: Homebanking im Btx-System: ein Anbieterüberlick

Name des Instituts	Leitseite	Anmerkung
Bankhaus Reuschel & CO	*25951#	Giro, Festgeld
Bayerische Hypobank	*31031#	umfangreiches Angebot
Bayerische Landesbank	*38000#	Giro
Bayerische Vereinsbank	*20202#	Giro
Berliner Bank	*50005#	umfangreiches Angebot
Berliner Volksbank	*21500#	Giro
BFG Bank	*33444#	Giro, Wertpapierdepot
Commerzbank	*38900#	umfangreiches Angebot
Deutsche Bank	*60000#	umfangreiches Angebot
Deutsche Bundespost	*20000101#	Giro
Dresdner Bank	*33666#	Giro, Kontenübersicht
LB Schleswig-Holstein	*23230#	Giro, Festgeld- und Sparkonto
LB Stuttgart	*20490#	Festgeld, keine Einzelüberweisung, Sparkonto
Nord LB	*21030#	Giro, Kontenübersicht
Noris Verbraucherbank	*3030000#	Giro, Festgeld, Termingeld
kobank	*23313#	Giro
Vereins- und Westbank	*20300 #	Giro, Sparkonto
West LB	*54000#	Giro

Banken mit einem umfangreichen Angebot bieten neben den Standardgirodiensten wie Einzel- und Sammelüberweisungen, Scheckbestellungen und Kontenübersicht auch Depotdienste wie den Kauf von Wertpapieren und Renten sowie deren Verwaltung an. Abbildung 6-1 auf der folgenden Seite zeigt beispielhaft ein umfangreiches Homebankingangebot für Privatkunden.

Seit 1989 bietet die Bundespost-Postbank ein umfangreiches Homebanking-Programm, das sich allerdings aufgrund der besonderen rechtlichen Stellung dieses Instituts auf die Führung von Girokonten beschränkt. Hier sind weitergehende Funktionen wie Wertpapierkäufe und Depotverwaltung nicht möglich. Dafür ist der Girodienst sehr umfangreich und komfortabel. So sind Sammelüberweisungen, das Einreichen von Lastschriften und das Erteilen, Ändern und Löschen von Daueraufträgen möglich. Besonders kundenfreundlich ist die Möglichkeit, Überweisungen zu terminieren. Der Postrechner führt entsprechende Aufträge automatisch zu festgesetzten Terminen aus.

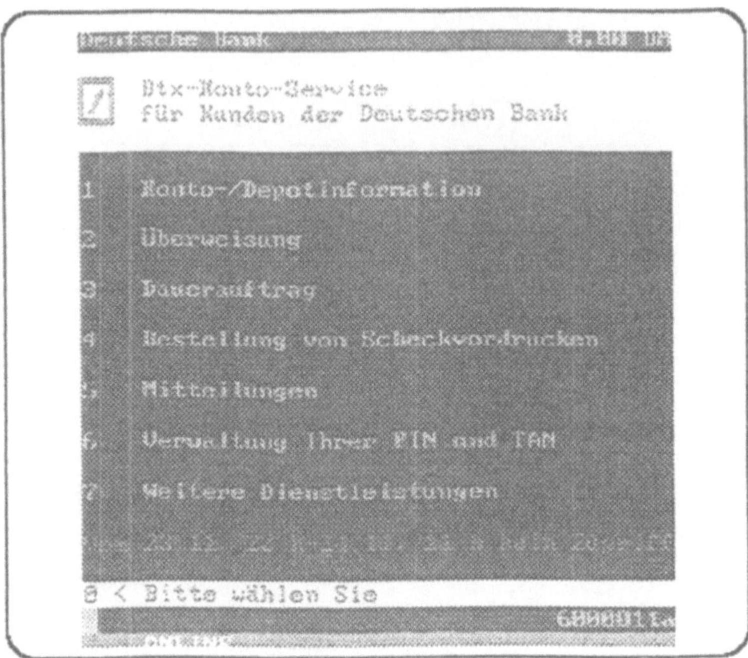

Abbildung 6-1: Leitseite eines Homebankingangebotes

Einen wichtigen Aspekt im Homebanking stellt die Datensicherheit dar. Damit ist
der Schutz der persönlichen Konten vor dem Zugriff Dritter gemeint. Das Home-
bankingsystem sieht hier zwei Sicherheitsbarrieren vor. Die erste wird durch die sogenannte PIN, die Persönliche Identifikationsnummer aufgebaut. Die PIN ist eine
Kennziffer, die nur dem Konteninhaber bekannt sein darf und den Zugang zum
Konto ermöglicht. Diese wird vom kontoführenden Kreditinstitut per Einschreiben
dem Kontoinhaber mitgeteilt und kann von diesem jederzeit geändert werden.

Jede Transaktion, d.h. jede Bewegung auf den Btx-Konten, muß zusätzlich durch
eine TAN, Transaktionsnummer, legitimiert werden. Dabei wird dem Konteninhaber ein Block mit Ziffernfolgen zugewiesen. Diese Ziffernfolgen werden vom jeweiligen Bankrechner nach dem Zufallsprinzip vergeben. Jede Bewegung auf einem
Btx-Konto wird dann neben der PIN zusätzlich mit einer TAN des aktuellen Blockes
versehen. Jede Transaktionsnummer kann nur einmal vergeben werden. Wenn der
Block aufgebraucht ist, wird das kontoführende Kreditinstitut dem Kontoinhaber
einen neuen TAN-Block zukommen lassen. Die nachfolgende Abbildung zeigt den
oben beschriebenen Sicherheitsmechanismus.

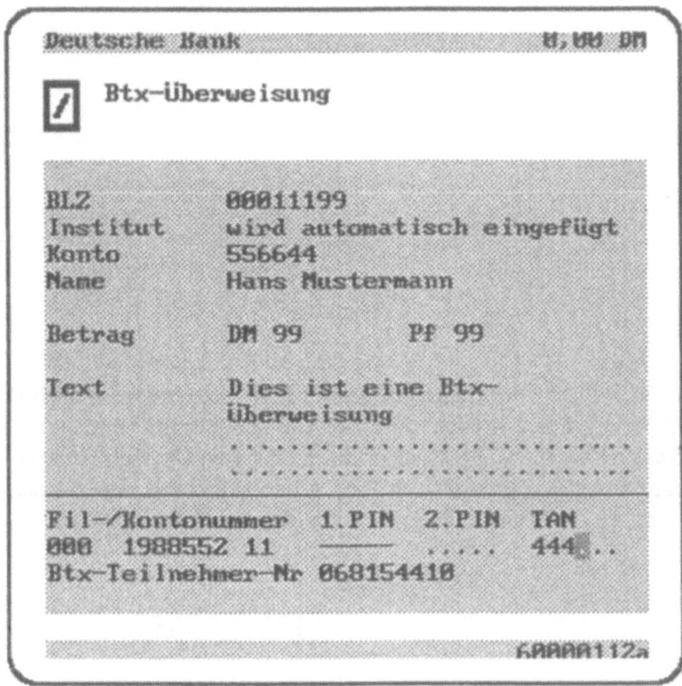

Abbildung 6-2: Datensicherung durch PIN und TAN

In der Regel wird ein Btx-Konto nach dreimaliger Fehleingabe der PIN bzw. einer TAN gesperrt. Sie müssen dann das kontoführende Institut benachrichtigen, das nach Überprüfung Ihrer Legitimität das Konto wieder freischaltet.

Ein weiterer wesentlicher Vorteil von Telekonten besteht darin, daß Kontenbewegungen am Bildschirm zurückverfolgt werden können. Auf Wunsch geben einige Programme auch detaillierte Informationen zu ausgesuchten Umsatzbewegungen aus. Ebenso ist es möglich, gezielt nach Einzelumsätzen zu suchen. Konten mit Depotverwaltung bieten die Möglichkeit, Bestandsdaten wie z.B. den aktuellen Depotwert abzufragen. Das gleiche gilt für Einzelinformationen zu einem konkreten Papier. Bei Kaufaufträgen für Wertpapiere wird im Auftragsformular der zuletzt notierte Kurs ausgegeben.

Für die Suche nach weiteren Angeboten sollten Sie nach folgenden Begriffen suchen:

*Bank#

*Sparkasse#
*Geld#
*Raiffeisen#
*Volksbank#
*Sparkasse#
*Kredit#
*Börse#

6.2 Börse

Die Börsenangebote im Bildschirmtext sind teilweise in das Telebanking-Angebot
der Kreditinstitute integriert. Das Angebot reicht hier von der Abfrage von Aktien-
kursen und Charts bis zur Vergabe von Börsenaufträgen über Btx. Die Abbildung 6-
3 zeigt eine Chartanalyse ausgewählter Börsenkurse. Diese kann im Rahmen eines
Homebanking-Programmes der Deutschen Bank kostenlos abgerufen werden.

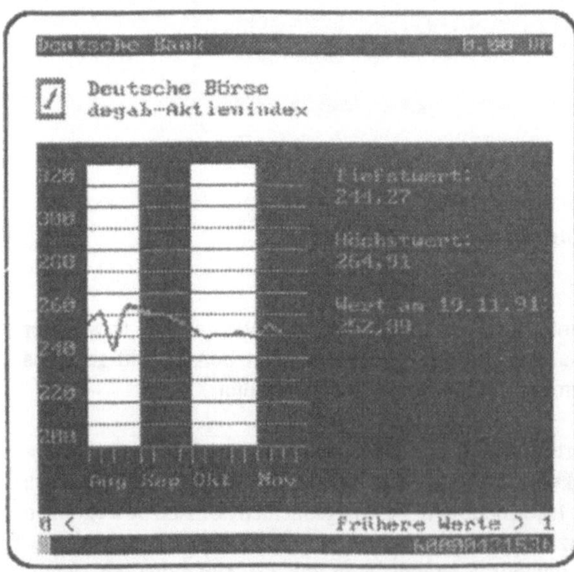

Abbildung 6-3: Charts im Btx-System: Der Degab-Aktienindex

Wesentlich umfangreicher und damit auch leistungsfähiger sind die Btx-Angebote
von spezialisierten Brokern und Datenbanken im Btx-System. Hier können Kurse
auch von internationalen Börsen zu vorgegebenen Zeiten und auch während der
Börsensitzungen abgerufen werden. Die Angebote schließen den Handel mit Optio-

nen ebenso ein wie Aufträge an Termin- und Warenbörsen. Diese Programme stehen allerdings zum Teil nur geschlossenen Benutzergruppen zur Verfügung. Aber auch andere Btx-Teilnehmer können zumindest Teile des Börsenangebots gegen Seitengebühren abrufen. Das Angebot des Btx-Brokers Hornblower Fischer z.B. sieht Online-Kurse ohne Zeitverzögerung vor. Eine einmal aufgerufene Kursliste wird alle 30 Sekunden automatisch aktualisiert. Die folgende Tabelle 6-3 gibt einen Überblick zu Börsenprogrammen mit Aktualisierung während der Börsenzeit.

Tabelle 6-3: Börsenangebote im Btx-System

Name	Aktualisierungs zyklus	Papiere
Alf Software-entwicklung *22142#	Circa 15 Minuten	In Deutschland gehandelte Aktien, Optionsscheine u. Devisen
BDW-Btx der Wertpapierbörsen *49969#	Geringer Zeit-verzögerung	Aktien deutscher Börsen, Renten von Bund, Bahn und und Post, Optionsscheine
Börse Online *55102#	Circa 20 Minuten	Aktien an dtsch. und int. Börsen, Renten Bund, Bahn, Post u. Optionsscheine
Das Wertpapier *53335#	Circa 20 Minuten	Aktien an dtsch. und int. Börsen, Renten Bund, Bahn, Post u. Optionsscheine
Frankfurter Wert-papier *6724311#	Einige Minuten	Aktientrendwerte und Blue Chips
Future Service *62226#	Teilweise Real-Time u. teilweise zeitverzögert	Ölmarkt, Commodities Edelmetalle, Terminmarkt USA
Hornblower Fischer *555553#	Teilweise Real-Timer u. teilweise zeitverzögert	Deutsche und US-Aktien, in Dtsch. gehandelte Optionsscheine, US-Optionen, Commodities
Neue Wirtschafts presse NWP *45045	Real Time	DTB-Optionen
portfolio concept *26161#	Circa 15 Minuten	US-Aktien, Futures und Commodities
Reuters *43143	Geringe Verzögerung	Internationale Aktien und Commoditiers
Telekurs *55102#	Circa 20 Minuten	Aktien an dtsch. und int. Börsen, Renten von Bund Bahn und Post, Optionsscheine

Die meisten der oben aufgeführten Broker bieten zusätzlich tagesaktuelle Kurse, Be-
ratungen, Kommentare und Dispositionslisten an. Unterschiede bestehen in der Anzahl der zur Verfügung gestellten Kurse und Notierungen.

Entscheidend für den Nutzen der über Btx-abrufbaren Börsendaten ist die Möglichkeit, diese Werte in eigene Börsenprogramme einzubinden. Auf dem Markt findet
sich eine Vielzahl von Aktien- und Wertpapieranalyseprogrammen, die als Telesoftware kopierte Btx-Börsendaten weiterverarbeiten können. Einige Programme
arbeiten dabei mit einem integrierten Btx-Softwaredekoder. Im folgenden wird die
Übernahme von Btx-Börsendaten am Beispiel zweier Analyseprogramme demonstriert.

Mit dem vom Verlag Neue Wirtschaftspresse vertriebenen Programm Winchart
können Börsenkurse automatisch erfaßt und in den Datenbestand des Programmes
eingebunden werden. Die Aktualisierung der Datenbestände kann über einen Dis-
kettenservice erfolgen oder aber über Telekommunikationswege wie Datex-P und
Bildschirmtext.

Die Börsendaten werden von NWP als Btx-Seiten in sogenannten Boxen bereitgestellt. Es handelt sich hier um komprimierte Dateien, die als Telesoftware geladen
werden. Abbildung 6-4 zeigt die von der NWP angebotenen Telesoftseiten. Es handelt sich hier immer um taggleiche Daten, d.h. Börsendaten, wie sie um 18.00 zum
jeweiligen Termin vorlagen. Neben den Tageswerten von Montag bis Freitag können auch Wochendaten geladen werden. In der "Köpfe-Box" sind Angaben über Di-
vidende und Gewinnschätzungen der gespeicherten Unternehmen abgelegt.

Die Datenübernahme über Btx ist als Funktion realisiert und läuft automatisch ab.
Dazu stehen zwei Wege offen. Über einen geeigneten Softwaredekoder werden die
Börsendaten als Telesoftware geladen, dekomprimiert und in eine Datei abgespeichert. Dann kann diese Datei offline in Winchart übernommen und weiterverarbeitet
werden. Das gleiche ist auch mit Hilfe des integrierten Softwaredekoders möglich.

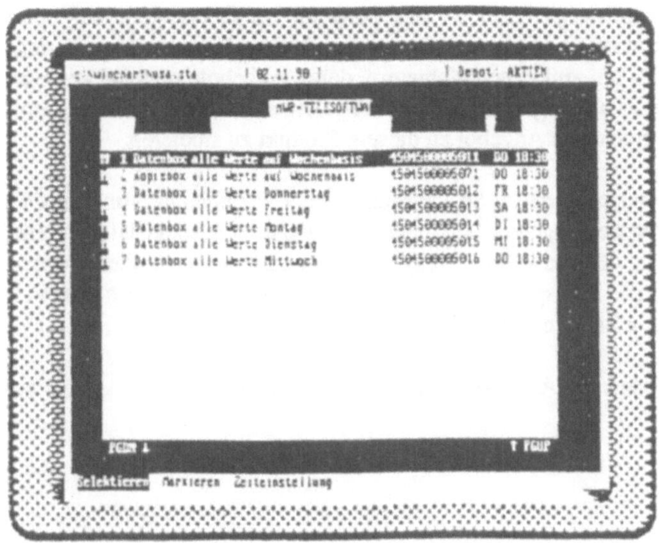

Abbildung 6-4: Börsendaten als Btx-Telesoftware

Das Programm Proinvest Professional des Hersteller BKD - Bartholemy Kommunikation und Datentechnik übernimmt die Btx-Börsendaten aus der hauseigenen Btx-Datenbank oder über eine universelle Kommunikationssoftware aus der AHB-Wirtschaftsdatenbank. Das Programm gibt auf der Basis technischer Analysen Kauf- und Verkaufssignale. Die Btx-Daten werden als Telesoftware geladen. Aktuelle Daten kosten eine Seitengebühr von 2,-DM, historische Daten 1,- DM.

Zum Laden der Kursdaten wählt der Teilnehmer die entsprechende Btx-Datenseite an. Diese Seite wird als ASCII-Datei kopiert und dann in das programmspezifische Datenformat umgewandelt. Dieser Vorgang kann mit Hilfe eines geeigneten Btx-Dekoders oder einer Zeitschaltuhr, die den PC einschaltet und steuert, vollautomatisiert werden. Dazu legt der Anwender einen Zeitpunkt fest, zu dem die Börsendaten angewählt und kopiert werden.

Proinvest Professional verfügt zusätzlich über eine Programmfunktion, mit deren Hilfe Kauf- und Verkaufsorder an der New Yorker Börse über Btx abgewickelt werden können.

6.3 Teleshopping

Unter Teleshopping versteht man die Bestellung von Waren und Dienstleistungen über Telekommunikationswege. Hier ist das Angebot im Btx-System besonders groß. Die Palette der Anbieter reicht von den großen Versandhäusern über Verlage und Versicherungen bis hin zu kleinen Anbietern, deren Angebote regional begrenzt sind. Die Angebot ist so umfangreich, daß es sich lohnt, als Suchbegriff einen Produktnamen einzugeben und das Angebot zu diesem Produkt zu studieren.

Teleshopping bietet einige Vorteile. So kann der Kunde unabhängig von den Öffnungszeiten in aller Ruhe Angebote studieren. Ein weiterer Aspekt ist der einer möglichen Reduzierung der Umweltbelastung. So darf zumindest spekuliert werden, daß durch die vermehrte Inanspruchnahme des Teleshopping-Angebotes das Verkehrsaufkommen in den Städten vermindert werden kann.

Für die Suche nach weiteren Angeboten sollten Sie nach folgenden Begriffen suchen:

**Versand#*
**Handel#*

6.4 Datenbanken

Datenbanken stehen in der Regel nur einem relativ kleinen Benutzerkreis zur Verfügung. Ein wesentliches Argument für die Einführung von Bildschirmtext war das Ziel, dem Btx-Teilnehmer den Zugang zu öffentlichen und privaten Datenbanken zu ermöglichen, ohne daß hierfür hohe Kosten für Hard- und Software sowie die eigentliche Nutzung der Datenbank entstehen. Neben den relativ hohen Kosten haben viele "klassische Datenbanken" den Nachteil, daß der Benutzer eine zum Teil doch relativ komplizierte Abfragesprache beherrschen muß.

Über Btx anwählbare Datenbanken sind in der Regel auf externen Rechnern angelegt. Datenbankanbieter können die Nutzungskosten durch den größeren, über Btx erschlossenen Benutzerkreis senken. Dies ist der Grund dafür, daß immer mehr "klassische" Datenbanken an das Btx-Netz gekoppelt werden. Das dadurch abgedeckte Informationsspektrum deckt nahezu alle Bereiche des täglichen Lebens ab. Hier finden Manager Wirtschaftsdatenbanken, Mediziner medizinische Datenbanken und Landwirte landwirtschaftliche Datenbanken. Privatpersonen können sich über den Gebrauchtwagenmarkt informieren oder aber Zeitungsarchive nutzen. Die Datenbanken der statistischen Landesämter sind ebenfalls über Btx erreichbar, wobei auch schon die Ämter der neuen Bundesländer vertreten sind. Damit bietet Btx die hochaktuelle Möglichkeit, statistische Informationen zu diesen Ländern abzurufen. Abbildung 6-5 zeigt das Angebot des statistischen Landesamtes Baden-Würtemberg. Eine Übersicht zu allen statistischen Landesämtern kann durch die Eingabe des Suchbegriffes *Statistisch# abgerufen werden.

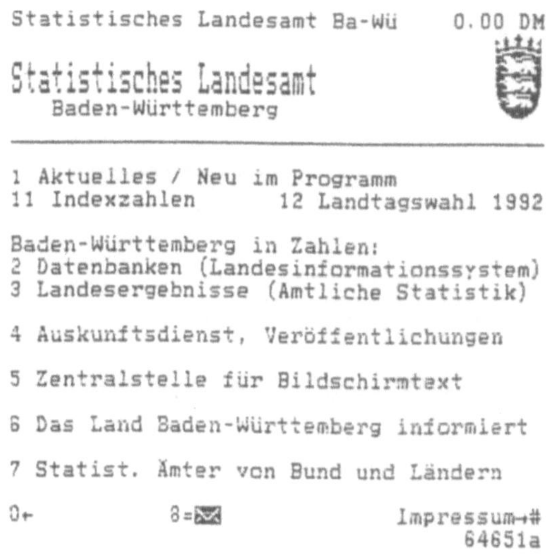

Abbildung 6-5: Angebot des Statistischen Landesamtes Baden-Würtenberg

Viele Datenbanken, insbesondere solche mit Spezialwissen, stehen nur einer geschlossenen Benutzergruppe zur Verfügung. Jeder in dieser Gruppe zugelassenen Btx-Teilnehmer besitzt ein Paßwort, das den Zugriff auf die Datenbank ermöglicht. Hier beschränkt sich die Funktion des Btx-Systems auf die Anwahl der Datenbank, die zum Ortstarif erfolgt. Zusätzliche Kosten entstehen durch die nutzungsabhängigen Gebühren des Datenbankanbieters.

Btx-Datenbanken unterscheiden sich von "klassischen Datenbanken" durch die unkomplizierte und weitgehend standardisierte Benutzerführung. Damit kann auch ein ungeübter Anwender effektive Recherchen in einer Datenbank vornehmen. Ein Beispiel hierfür ist die Btx-Datenbank FIB. Diese Datenbank bietet Informationen über rund 50.000 Unternehmen in der Bundesrepublik, die einen Jahresumsatz über 10 Millionen DM aufweisen. Das Datenbankangebot steht jedem Btx-Teilnehmer offen. Die Nutzungsgebühr ist hier zeitabhängig und beträgt 0,80 DM pro Minute. Dazu wird für jede Ergebnisseite ein Betrag zwischen 0,90 und 1,50 DM erhoben.

Die Tabelle 6-4 gibt Ihnen einen Überblick zu Wirtschaftsdatenbanken im Btx-System. Die hier aufgeführten Datenbanken können über die Leitseiten *30711# Btx-Datenbank Südwest oder über die Genios Wirtschaftsdatenbanken, Leitseite *468018# angewählt werden.

Tabelle 6-4: Wirtschaftsdatenbanken im Btx-System

Datenbank	Hersteller	Inhalt	Daten-Bestand	Kosten je Minute	Kosten je Dokument
Btx Südwest Datenbank *30711#					
Business	Business Datenbanken (Heidelberg)	Vermittlung weltweiter Geschäftskontakte, u.a. mit Warenangeboten/-gesuchen, Kooperationen, Vertretungen, Unternehmensverkäufe, Technologietransfer, Patentverwertung	über 30000	0.40	5.00
Geld	ITG Innovationstechnik (Hamburg)	Nachweise über deutsche und internationale Subventionen, Investitionshilfen, Existenzgründungsdarlehen, geordnet nach Förderzweck und Branchen	über 1700	0.40	8.00
FINF	Verband der Vereine Creditreform (Neuss)	Normierte Bilanzen großer deutscher Handels- und Industrieunternehmen (ohne Dienstleister) mit Bilanzentwicklung über drei bis vier Jahre und betriebswirtschaftlichen Kennzahlen	über 17000	0.40	9.85
Who's Who	Who's Who Edition (Herrsching b. München)	Biographien der wichtigsten europäischen Manager mit Alter, Werdegang, Mitgliedschaften in internationalen Organisationen, Auszeichnungen, Hobbies, Publikationen u.a.	7153	0.40	4.50
Wer liefert was	Wer liefert was GmbH (Hamburg)	Produkte und Dienstleistungen von 81857 deutschen Firmen (inkl. 6811 aus den neuen Bundesländern) sowie rund 10000 österreichischen Unternehmen	91901	0.40	2.00
Genios Wirtschaftsdatenbanken *468018# (GBG)					
BfAI-Auslands-anfragen	Bundesstelle für Außenhandelsinformation (Köln)	Anfragen ausländischer Unternehmen nach Geschäftsbeziehungen mit deutschen Firmen (Nachfrage nach Waren, Vertretungsgesuche, Investitions- und Kooperationswünsche, Warenangebote)	18500	4.00	0.80
BfAI-Auslands-ausschreibungen	Bundesstelle für Außenhandelsinformation (Köln)	Ausschreibungen staatlicher Stellen im Ausland, Entwicklungshilfeprojekte, Ausschreibungen im Ausland (überwiegend außereuropäisch), Ausschreibungen aus allen Bereichen (Schwerpunkt Technik)	13500	4.00	0.80
BfAI-Projekt-frühinformation	Bundesstelle für Außenhandelsinformation (Köln)	Fortlaufend aktualisierte Informationen über Auslandsprojekte in verschiedenen Stadien (z.B. Projektidee, Finanzierungsbewilligung) bis zur Ausschreibungsreife, meist in Entwicklungsländern	4850	4.00	0.80
Creditreform Firmenprofile	Verband der Vereine Creditreform (Neuss)	Im Handelsregister eingetragene Firmen der Rechtsformen Einzelfirma, OHG, KG, GmbH & CO.KG, GmbH, AG (u.a. mit Kapital, Management, Jahresumsatz, Produkten)	515000	4.85	16.00
Datenbank der Werbung	Genios Operator Kommunikationsforschung (Oldenburg)	Kurzbeschreibung von Anzeigen aus der überregionalen deutschen Printwerbung als Grundlage für Marketing- und Werbeplanung (z.B. Inserent, Branche, Produkt, Slogan, Insertionskosten)	301000	4.00	1.00
Hoppenstedt	Hoppenstedt Wirtschaftsdatenbanken (Darmstadt)	Detail-Information über deutsche Unternehmen mit mehr als 2 Mio. Mark Umsatz oder mehr als 20 Beschäftigten (z.B. Umsatz, Kapital, Beteiligungen, Eigentumsverhältnisse)	49000	4.70	8.00
Kooperations-börse Ost	Hoppenstedt Wirtschaftsdatenbanken (Darmstadt)	Inserate mit Kooperationsgesuchen von Betrieben, Unternehmensgründern u.a. in den neuen Bundesländern	3384	4.70	8.00
Wer gehört zu wem	Commerzbank (Frankfurt)	Informationen über Beteiligungsverhältnisse von in der Bundesrepublik ansässigen Kapitalgesellschaften mit einem Grundkapital von mindestens 1 Mio. DM	10300	3.50	2.00

Quelle: bildschirmtext magazin 4'91, S. 16

Die Unternehmensdaten von 7000 ehemaligen DDR-Betrieben im Angebot der Btx-Südwestdatenbank zeigen, wie flexibel das Btx-System auf aktuelle Entwicklungen reagieren kann. Es handelt sich hier um die Datenbank der Treuhand mit Angaben zu Namen, Anschriften, Telefon- und Faxnummern. Potentielle Investoren erhalten zusätzlich Informationen zum aktuellen Abwicklungsstatus von gespeicherten Unternehmen. Das Angebot kann über den Begriff *Treuhand# oder über die Seite *30711# abgerufen werden.

Ein besonderes Angebot stellt die Datenbank CCL-Train, Leitseite *33255361# zur Verfügung. In dieser Datenbank, die von einer Organisation mit dem Namen **ECHO**, European Commission Host Organisation, angeboten wird, können Btx-Teilnehmer für eine Einstiegsgebühr von 10 Pfennigen am Beispiel der Datenbanksuchsprache CCL, Common Command Language, Datenbankrecherche lernen. ECHO ist eine Organisation der Europäischen Gemeinschaft, die sich zum Ziel gesetzt hat, Datenbanken einem größeren Kreis von Nutzern zugänglich zu machen.

Für die Suche nach weiteren Angeboten sollten Sie nach folgenden Begriffen suchen:

**Datenbank#*
**Statistik#*
**Statistisch#*
**Information#*

6.5 Reisebuchungen

Die bundesrepublikanischen Reiseveranstalter haben schon früh die Vorteile des Btx-Systems erkannt. Im Juni 1991 wurden 21% des gesamten Btx-Bestandes von der Reisebranche angeboten. Die Angebotspalette reicht hier von allgemeinen Reiseinformationen über konkrete Angebote bis hin zu Hotel- und Flugreservierungen. Allerdings sind direkte Reisebuchungen für Privatkunden nur in Ausnahmefällen möglich. Die meisten Anbieter stellen diesen Service nur den Reisebüros zur Verfügung. So auch das führende Buchungssystem der Touristik-Branche START. Hier handelt es sich also um eine typische Anwendung für Geschlossene Benutzergruppen. Nur wer über einen Buchungscode verfügt, kann direkt buchen.

Auch wenn eine direkte Buchung im Btx-System noch selten möglich ist, bieten sich hier für den Privatkunden durch die Fülle der Informationen erhebliche Nutzungsvorteile. Zu Hause können in aller Ruhe Preise und Inhalte verglichen werden. Abbildung 6-6 zeigt die Leitseite der Deutschen Lufthansa AG. Auch wenn hier noch(?) keine direkte Buchungsmöglichkeit besteht, so bietet das Programm doch eine Vielzahl von Informationen.

Abbildung 6-6: Touristikinformationen im Bildschirmtext;

Für den gewerblichen Btx-Teilnehmer von Vorteil sind Hotel-, Flug- und Bahn-
buchungsmöglichkeiten. So können bei der Deutschen Bundesbahn, *258001113#,
Fahrkarten per Einzugsermächtigung oder Nachnahmeverfahren geordert werden.
Zusammen mit der ausgefeilten Fahrplanauskunft kann hier die Planung und Organisation von Dienstreisen erheblich rationalisiert werden. Bei der Aero Loyd Flug-
gesellschaft, Leitseite *35151#, kann der Btx-Teilnehmer die Strecke Berlin-
Frankfurt direkt buchen. Das Buchungssystem SEMSATEL, *20770#, ermöglicht
im 24-Stundenbetrieb Direktbuchungen für weltweit 4000 Hotels.

Für die BIX-Datenbank "Btx-Suchsystem Touristik" des Instituts für Bildschirmtext
und Telematik ist im März 1991 in neuer Auflage das BIX-Handbuch der Reisebranche erschienen. Hier sind auf circa 90 Seiten touristische Angebote im Btx-
System erfaßt. Der Führer kann über die Seite *434345# für 9,90 DM angefordert
werden.

Für die Suche nach weiteren Angeboten sollten Sie nach folgenden Begriffen suchen:

Hotel#
Flug#

6.6 Ausgewählte Informationsdienste

In diesem Kapitel finden Sie eine Auswahl unterschiedlichster Informationssysteme. Dieses Kapitel soll einen Eindruck über die Vielfalt des Btx-Angebotes vermitteln. Es zeigt auch, welche Informationsquellen sich einem Btx-Teilnehmer eröffnen.

Informationssystem Kabelanschluß INKA

Dieser Dienst wird von der Bundespost angeboten, Leitseite *2000 700#. Hier kann der Btx-Teilnehmer den Ausbauplan des Fernsehkabelnetzes abfragen. Zusätzlich wird angezeigt, ob ein bestimmtes Haus schon verkabelt ist bzw. wann damit gerechnet werden kann.

Abfallbörse - Abfall und Umwelt

Dieser Dienst wird vom Umlandverband Frankfurt, *64400# angeboten und soll Abfallanbieter und Abfallnachfrager miteinander verbinden. In diesem Vermittlungssystem können Recherchen anhand von freien Textangaben, z.B. "Altpapier" durchgeführt werden.

Das Bayerische Umweltministerium, *250503#, bietet dem interessierten Btx-Teilnehmer Informationen zum landeseigenen Umweltkonzept oder zu den Möglichkeiten der Abfallvermeidung und umweltgerechten Entsorgung.

Standortberatung

Auch dieser Dienst wird vom Umlandverband Frankfurt angeboten. Hier werden Informationen zu geplanten Gewerbeobjekten wie Grundstücksgröße, Quadratmeterpreise, Gewerbesteuersätze usw. angeboten.

Baufinanzierung

Dieses Angebot der Volksfürsorge, *59600 43#, bietet eine erste Orientierung für zukünftige Bauherren. Hier werden Finanzierungskosten berechnet.

Rentenberechnung

Dieses Programm wird von den öffentlichen Versicherungsträgern angeboten und bietet dem Btx-Teilnehmer die Möglichkeit, Rentenberechnungen durchzuführen.

Hotel- und Restaurantführer

Dieses Angebot von Varta, *48800 330011#, umfaßt seit März 1991 auch die Re-
staurants und Hotels aus den neuen Bundesländern.

Städteführer

Dieser Informationsdienst wird von vielen Städten angeboten. Hier empfiehlt es
sich, einfach einen Stadtnamen als Suchbegriff einzugeben. Das Angebot einer Stadt
ist recht umfangreich und reicht von allgemeinen Informationen über Kul-
turangebote und öffentliche Verkehrsmittel bis hin zu den Öffnungszeiten kommu-
naler Einrichtungen. Hier besteht auch die Möglichkeit, schnell und bequem Informationsmaterial anzufordern. Die folgende Abbildung zeigt das Angebot der Stadt
Heidelberg.

Abbildung 6-7: Informationsdienst der Stadt Heidelberg

Agrarbörse

Die Agrar-Börse Deutschland Ost, Leitseite *36363 636 363 6331#, bietet Informationen zu Agrarprodukten aus den neuen Bundesländern und vermittelt Kontakte zu
landwirtschaftlichen Betrieben und Geschäften.

Landschaft-Garten-Umwelt

Hinter diesem Angebot steht ein "Branchen-Report" des Verlages Oliver Hain, *20444 4#, der auf der Basis einer 600 Firmen umfassenden Datenbank Informationen für Landschaftsarchitekten, Garten- und Friedhofsämter sowie in diesem Bereich engagierte Firmen bereithält.

Gesundheit - Ernährung - Fitness - Sport

Zu diesem Thema bieten eine Vielzahl von Anbietern Informationen an. Engagiert sind hier private Unternehmen der Pharmaindustrie ebenso wie die Bundeszentrale für gesundheitliche Aufklärung.

7 Fenestra - Btx unter Windows

In diesem Kapitel möchte ich Ihnen eine Btx-Anwendung unter der mehr und mehr zum Standard für IBM-kompatible PCs werdenden Benutzeroberfläche Windows 3.0 vorstellen. Wesentliches Merkmal von Windows ist, daß alle speziell für diese Betriebssystemerweiterung geschriebenen Programme, die sogenannten Windows-Applikationen, untereinander über eine Zwischenablage Daten austauschen können. Zusätzlich besitzen alle Windows-Anwendungen die gleiche grafisch orientierte Benutzeroberfläche. Bei entsprechender Hardwareausstattung ist es möglich, mehrere Anwendungen gleichzeitig laufen zu lassen. Im folgenden werden einige Leistungsmerkmale von Fenestra an Hand konkreter Anwendungsbeispiele beschrieben. Sie erhalten damit einen Einblick in die Leistungsfähigkeit dieses Programmes, das stellvertretend für weitere Btx-Dekoder für Windows 3.0 steht.

Die Beschreibung des Installationsvorganges und der Programmkonfiguration zeigt beispielhaft, welche Dinge generell bei der Installation von Btx-Dekodern unter Windows zu beachten sind.

Den Abschluß dieses Kapitels bilden zwei Beispielprogramme, die die Möglichkeiten der Entwicklung von Fenestra-Applikationen mit Hilfe der integrierten Makrosprache demonstrieren.

Im Anhang finden Sie einen Überblick zu den auf dem Markt erhältlichen Btx-Dekodern für Windows 3.0.

7.1 Installation

Voraussetzung für das Arbeiten mit Fenestra ist, daß Windows 3.0 auf dem PC installiert ist. Die Programminstallation erfolgt unter Windows über den Datei-Manager. Dazu legen Sie die Programmdiskette in das Laufwerk A: und klicken dann aus dem Datei-Manager heraus das Installationsprogramm FSETUP.EXE an. Dieses Programm wird alle benötigten Fenestra-Dateien von der Diskette in ein vom Anwender zu wählendes Verzeichnis kopieren. Standardvorgabe ist hier das Verzeichnis C:\Fenestra.

Nachdem die Programmdateien auf die Festplatte kopiert wurden, muß der verwendete Hardwaredekoder konfiguriert werden. Wenn ein Softwaredekoder eingesetzt wird, dann müssen die hierfür benötigten Treiberdateien von der zweiten Fenestra-Diskette, Software-Dekoder-Treiber, in das Fenestra-Verzeichnis kopiert werden. Die folgende Beschreibung geht von der Verwendung eines Softwaredekoders und dem Einsatz eines Hayes-kompatiblen Modem aus.

Auf der Treiberdiskette befindet sich ebenfalls ein Installationsprogramm FSETUP.EXE, das wiederum aus dem Datei-Manager heraus gestartet wird. Dieses Programm kopiert die benötigten Treiberdateien in das Fenestra-Verzeichnis und gibt danach folgende Meldung auf den Bildschirm aus:

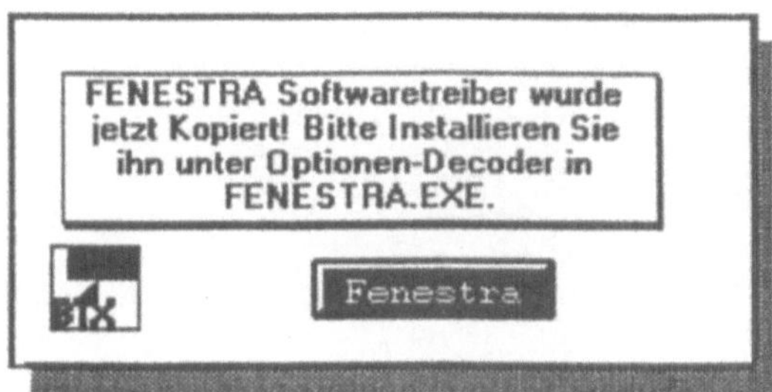

Abbildung 7-1: Installation von Fenestra-Treiberdateien

Damit ist die Installation von Fenestra abgeschlossen. In einem nächsten Schritt muß das Programm konfiguriert werden.

7.2 Programmkonfiguration - Modem und Teilnehmerdaten einrichten

Die Fenestra-Installationsprogramme kopieren lediglich die benötigten Dateien auf die Festplatte. Die Konfiguration, d.h. die Anpassung des Programmes an die Hardware und an die Arbeitsumgebung des Anwenders, erfolgt im Programm selbst.

Nach Programmstart muß das verwendete Modem im Menü OPTIONEN *Modem* eingerichtet werden. Hier kann aus einer Liste von Modemtypen das eingesetzte Modem ausgewählt werden. Sollte Ihr Modem hier nicht aufgeführt sein, dann empfiehlt es sich, als Modemtyp ein Hayes-kompatibles Modem mit entsprechender Übertragungsrate zu wählen. Namentlich aufgeführte Modem sind schon vorkonfiguriert, d.h. hier sind schon die Befehlssequenzen für Anwahl- und Abwahl eingetragen.

Abbildung 7-2 zeigt die Benutzeroberfläche von Fenestra mit dem für Windows-
Programme typischen Bildschirmaufbau. Im folgenden werden alle Optionen des
Hauptmenüs in Versalien geschrieben, die Bezeichnungen der Optionen in den Pull-
Down-Menüs sowie die Namen der Eingabefelder und Buttons sind kursiv gesetzt.

Abbildung 7-2: Die Benutzeroberfläche von Fenestra

Die folgende Abbildung 7-3 zeigt eine Einstellung, die für die überwiegende Mehrzahl Hayes-kompatibler Modem richtig sein dürfte.

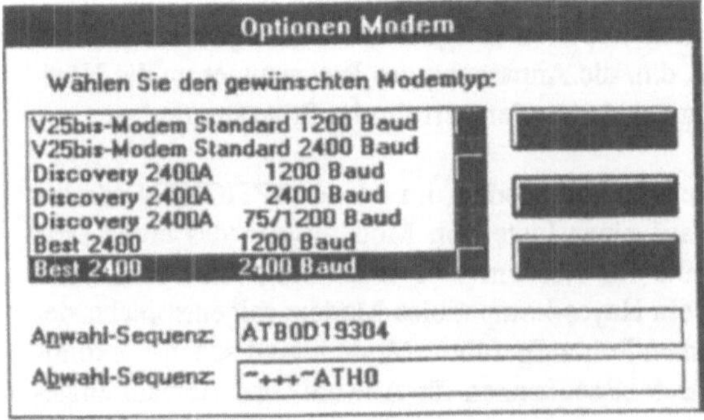

Abbildung 7-3: Konfiguration eines Modem unter Fenestra

In der *Anwahl-Sequenz* ist die Nummer einzutragen, unter der die Btx-Vermittlungsstelle mit der höchsten Übermittlungsrate im Ortsnetz zu erreichen ist. Diese Nummern der zum Ortstarif zu erreichenden Btx-Vermittlungsstellen finden Sie im Anhang dieses Buches. In der *Abwahl-Sequenz* sehen Sie die Hayes-Befehlsfolge zum Unterbrechen einer Verbindung.

In einem nächsten Schritt können die Btx-Teilnehmerdaten eingegeben werden. Unter Fenestra beinhalten die Teilnehmerdaten folgende Informationen:

- **Teilnehmernummer, das ist die Telefonummer des Btx-Anschlusses**

- **Mitbenutzerzusatz**

- **Anschlußkennung**

- **Persönliches Kennwort und ein**

- **Zusatzkennwort.**

Die Daten werden über den Befehl OPTIONEN *Teilnehmer* eingegeben und intern gespeichert. Das Programm greift bei einer automatischen Btx-Anwahl auf diese Daten zu. Abbildung 7-4 zeigt die hierfür vorgesehene Dialogbox. Sie sehen, daß die geheimen Teilnehmerdaten nicht angezeigt werden. Erst wenn ein solches Feld angewählt ist, werden die Eintragungen sichtbar.

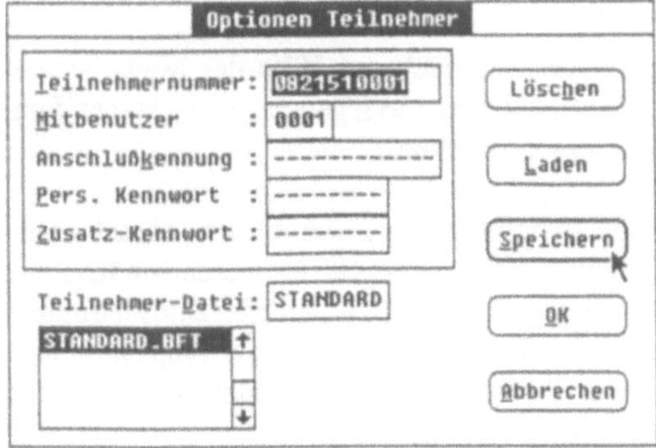

Abbildung 7-4: Teilnehmerdaten unter Fenestra eingeben

Die Teilnehmerdaten können in eine beliebige Datei mit der Erweiterung .BFT gespeichert werden. Voreinstellung ist die Datei STANDARD.BFT. Fenestra legt nach
Programmstart die Daten einer geladenen Teilnehmerdatei in systemeigenen Variablen ab. Diese können dann vom Anwender in selbstgeschriebenen Programmen
verwendet werden. Die folgende Tabelle 7-1 zeigt, unter welchem symbolischen
Namen die Teilnehmerdaten systemintern gespeichert sind. Der Zugriff auf den Va-
riableninhalt erfolgt durch die Angabe des symbolischen Variablennamens.

Tabelle 7-1: Fenestra Systemvariablen: Teilnehmerdaten

Variable	Variableninhalt
TN	Teilnehmernummer
MS	Mitbenutzerzusatz
AK	Anschlußkennung
PK	Persönliches Kennwort
ZK	Zusatzkennwort

In den **Kapiteln 7.4 Ausgewählte Programmfunktionen** und **7.5 Btx-Sitzungen
mit Hilfe von Programmen automatisieren** finden Sie Beispiele für die praktische
Anwendung von Systemvariablen und Teilnehmerdaten.

7.3 Bedienung

Fenestra kann sowohl über Funktionstasten als auch mit Hilfe der Maus bedient
werden. Im folgenden wird von der Mausbedienung ausgegangen, da es keinen Sinn
macht, ohne Maus überhaupt mit Windows zu arbeiten.

Alle Fenestra-Befehle können über die Hauptmenüleiste und die sich dahinter ver-
bergenden Pull-Down-Menüs angewählt werden. Für die Programmhandhabung,
insbesondere für die komfortable Btx-Steuerung, sind die im rechten Bildschirmrand
abgebildeten Ikonen von großer praktischer Bedeutung. Die auf der folgenden Seite
abgebildete Tabelle 7-2 gibt Ihnen einen Überblick zu den Funktionen dieser Ikonen
und zeigt zusätzlich die alternativen Funktionstastenbelegungen.

Tabelle 7-2: Btx-Funktionen unter Fenestra, Ikonen und Funktionstasten

Ikone	Funktion	Funktionstaste
	Anwahl	Shift + F1
	Abwahl	Shift + F2
	Attribute, entfernt alle grafischen Elemente	Strg + 1
	Aufdecken, hebt die Wirkung der Funktion Verdecken auf	Strg + F2
M↔F	Farbe ein, schaltet von Farbdarstellung auf monochrom und umgekehrt	F2
	Seite anzeigen, lädt eine gespeicherte Btx-Seite	F3
	Seite speichern, speichert die aktuelle Seite im aktuellen Format im Textformat im Bildformat	F4 Shift + F4 Strg + F4
	Seite drucken	F5
✳#	Zurückblättern, nur im Online-Modus	
19	Absenden Dialogseite	
DCT	Eingabe abschließen	
✳	Initator, im Offline-Mode Seitenverzeichnis zurückblättern	Strg + F3
#	Terminator im Offline-Mode Seitenverzeichnis vorblättern	Shift + F3

Mit Hilfe der Maus kann auch der eigentliche Btx-Betrieb gesteuert werden. So bewirkt das Anklicken einer Auswahlziffer auf der angezeigten Btx-Seite das gleiche,
als hätte der Btx-Teilnehmer diese Ziffer über die Tastatur eingegeben. Damit kann
bis auf die Eingabe von Texten und Suchbegriffen das Btx-System vollständig mit
Hilfe der Maus gesteuert werden.

7.4 Ausgewählte Programmfunktionen

Dieses Kapitel zeigt am Beispiel ausgewählter Programmfunktionen, daß die oft ge-
äußerte Kritik, Btx sei benutzerunfreundlich, durch den Einsatz von Softwaredekodern nicht mehr zu halten ist. Fenestra bietet eine Vielzahl von Funktionen, die das
Arbeiten mit Btx komfortabel gestalten. Dies gilt insbesondere für das Abrufen von
Btx-Seiten, für den Datenaustausch mit anderen Windows-Applikationen und für die
Aufzeichnung ganzer Btx-Sitzungen. Im folgenden finden Sie eine Beschreibung
der genannten Funktionen.

7.4.1 Automatischer Abruf von Btx-Seiten

Ein wesentlicher Teil des Arbeitens im Btx-System besteht im Anwählen von Btx-
Seiten. Dieser Vorgang kann unter Umständen sehr umständlich und fehleranfällig
sein. Dies trifft insbesondere dann zu, wenn die Seitennummer der gesuchten Btx-
Seite sehr lang ist. Deshalb bieten gute Softwaredekoder Funktionen an, die die
Anwahl von Btx-Seiten automatisieren. Diese Programmfunktionen werden unter
Fenestra im Menü KURZWAHL zur Verfügung gestellt. Im folgenden wird be-
schrieben, welche Möglichkeiten für den automatischen Abruf von Btx-Seiten es
unter Fenestra gibt.

In einem ersten Schritt werden Seitennummern in ein Kurzwahlverzeichnis aufgenommen. Dieses Kurzwahlverzeichnis ist eine Datei mit der Erweiterung .BKF. Hier
können bis zu 100 Seitennummern gespeichert werden. Im Menü KURZWAHL ste-
hen zwei Funktionen für das Speichern von Btx-Seiten zur Verfügung. Die Funktion
Kurzwahl übernehmen übernimmt automatisch die aktuelle Seite. Dabei wird als
Begriff der Anbietername und als Funktion die Seitennummer übernommen. Mit
Hilfe der Funktion *Kurzwahl bearbeiten* können Begriff und Seitennummer auch
manuell eingegeben werden. Während der Inhalt des Eingabefelds *Funktion* als
Seitennummer gesendet wird und damit unbedingt eingegeben werden muß, hat das
Feld *Begriff* die Aufgabe, den Anwender über den Sinn oder den Inhalt der anzu-
wählenden Seite zu informieren. Hier sind beliebige Eintragungen möglich.

Abbildung 7-5 zeigt die Dialogbox *Kurzwahl Bearbeiten* für das manuelle Bearbeiten von Kurzwahleintragungen. Durch Anklicken des Button *Neu* werden neue Eintragungen vorgenommen. Über die hier abgebildete Dialogbox können Eintragungen auch verändert oder gelöscht werden. Mit *Speichern* wird der Eintrag endgültig in die aktive Kurzwahldatei gespeichert.

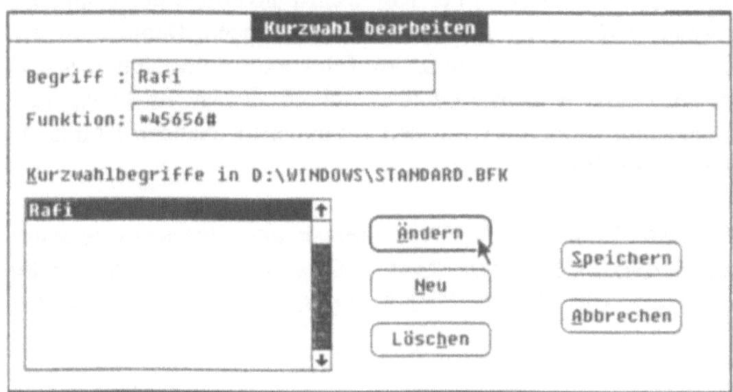

Abbildung 7-5: Die Fenestra-Dialogbox "Kurzwahl bearbeiten"

Im Eingabefeld *Funktion* können mit Hilfe sogenannter Kurzwahl-Funktionen ganze Befehlsfolgen mit der Anwahl einer Seite verknüpft werden. Die folgende Tabelle 7-3 zeigt alle unter Fenestra zur Verfügung stehenden Kurzwahlfunktionen.

Tabelle 7-3: Kurzwahl-Funktionen unter Fenestra

Funktion	Bedeutung
TN	Teilnehmernummer
MS	Mitbenutzerkennung
PK	Persönliches Kennwort
AK	Anschlußkennung
BA	Btx-Anwahl
BB	Btx-Abwahl
KN	Nächste Kurzwahl
SS	Seite speichern
SD	Seite drucken
WR oder CR	Eingabetaste (Carriage Return)
^	Warten auf Ende der Übertragung
!	DCT-Taste
~	Zwei Sekunden warten

Das folgende Beispiel zeigt eine Funktion, die automatisch den Btx-Rechner anwählt, Teilnehmernummer und persönliches Kennwort sendet und dann in die Bahn-
Auskunft wechselt.

> ***BA ^ TN# ^# ^PK# ^ *Die Bahn#***

Ein weiteres Beispiel zeigt, wie mit Hilfe der Kurzwahl-Funktionen der Kopf und
der Text eines Überweisungsformulars ausgefüllt werden können. Damit muß der
Btx-Teilnehmer lediglich noch die zum Schutz des Telekontos dienenden PIN und
TAN eingeben. Diese Kurzwahl-Sequenz kann leicht modifiziert und an die eigenen
Arbeitsbedingungen angepaßt werden. Die in den Klammern stehenden Kommen-
tare sind nicht Bestandteil der Kurzwahl.

> ***BA ^ TN# ^# ^PK# ^ *0011223435* (Nummer der Überweisungsseite)***
> ***^00112233* (Bankleitzahl) CR ^00223344 (Kontonummer) CR ^Otto***
> ***Mustermann (Empfänger) CR ^1000 (DM-Betrag)CR ^80 (Pfennige) CR***
> ***^Überweisungstext***

Eine Kurzwahl wird mit der Option KURZWAHL *Kurzwahl senden* oder mit <F7>
an den Btx-Rechner geschickt. Dabei zeigt Fenestra eine Liste mit allen Kurzwahl-
Eintragungen der aktiven Kurzwahldatei. Das Menü KURZWAHL bietet weitere
Funktionen, mit deren Hilfe Kurzwahldateien geladen, gelöscht oder gedruckt werden können.

Insgesamt bietet sich hier die Möglichkeit, den Seitenabruf weitestgehend zu automatisieren und die Eingaben des Teilnehmers auf ein Minimum zu reduzieren. Damit werden Fehleingaben und lästige Wiederholungen auf ein Minimum reduziert.

7.4.2 Datenaustausch mit anderen Windows-Applikationen

Der Datenaustausch zwischen Fenestra und anderen Windows-Applikationen erfolgt
über die Zwischenablage. In diesem Kapitel wird an Hand eines Anwendungsbei-
spiels beschrieben, wie Btx-Seiten in andere Windows-Applikationen übertragen
werden. In einem weiteren Beispiel wird der umgekehrte Vorgang demonstriert. Aus
einer Windows-Applikation werden Daten nach Fenestra und damit in das Btx-
System übergeben.

Für unser erstes Beispiel soll eine Btx-Grafik mit Hilfe der Windows-Applikation
PAINTBRUSH weiterverarbeitet werden. In einem ersten Schritt starten Sie das
Programm PAINTBRUSH. Dann wechseln Sie mit <ALT> + <ESC> zu Programm-
Manager und starten Fenestra.

Als nächstes wählen Sie hier die Btx-Vermittlungsstelle an und rufen die Btx-Seite mit der gewünschten Grafik ab. Mit Hilfe der Maus markieren Sie die Grafik und kopieren diese mit <Return> in die Zwischenablage. Zum Markieren positionieren Sie den Mauszeiger in den linken oberen Seitenausschnitt und ziehen ihn dann mit gedrückter linker Maustaste bis zum unteren rechten Seitenausschnitt. Dadurch wird ein Rahmen um die Grafik gezogen, die damit markiert ist.

Jetzt wechseln Sie mit <Alt> + <ESC> wieder zum Programm-Manager und klicken in der Programmliste PAINTBRUSH an. Jetzt können Sie über die Befehlsoption BEARBEITEN *Einfügen* oder die Tastenkombination <Shift> + <EINF> die Btx-Grafik aus der Zwischenablage in den Arbeitsbereich von PAINTBRUSH einfügen. Diese Grafik kann jetzt nach Belieben bearbeitet werden. Durch Abspeichern in das PCX-Format besteht zusätzlich die Möglichkeit, die Grafik in Textverarbeitungsprogramme zu integrieren. Dies ist auch für nicht Windows-Applikationen möglich. Die Btx-Abbildungen in diesem Buch sind nach diesem Verfahren in den Text eingebunden worden.

Den umgekehrten Weg, d.h. Übertragung von Windows-Daten in das Btx-System, beschreibt unser zweites Beispiel. Hier soll mit Hilfe des Windows-Editors NOTIZ ein Text erfaßt werden, um diesen dann auf eine Mitteilungsseite des Btx-Systems zu übertragen. Dazu wird das Programm NOTIZ geöffnet, der gewünschte Text erfaßt, markiert und mit <Return> in die Zwischenablage kopiert. Unter Fenestra wird dann die Mitteilungsseite des Btx-Systems abgerufen und der Cursor auf die erste Einfügezeile positioniert. Mit Hilfe der Tastenkombination <Shift> + <EINF> oder mit der Funktion BEARBEITEN *Einfügen* wird dann der Text aus der Zwischenablage eingefügt.

Bei entsprechender Hardwarekonfiguration, 4 MB Arbeitsspeicher und Intel 80386- bzw. 80486-Prozessor können beide Programme parallel ausgeführt werden. Sie können dann auch Daten aus Programmen einfügen, die nicht Windows-Applikationen sind. Dazu wird das entsprechende Programm unter Windows gestartet und mit <Alt> + <Return> in den Grafikmodus geschaltet. Jetzt kann der zu übertragende Text mit der Maus wie oben beschrieben markiert und dann in die Zwischenablage kopiert werden. Voraussetzung ist, daß Windows im erweiterten 386-Modus gestartet wurde.

7.4.3 Btx-Sitzungen aufzeichnen

Ein wesentliche Leistung von guten Btx-Dekodern besteht darin, Btx-Sitzungen aufzuzeichnen. Dabei werden im Online-Betrieb Btx-Seiten schnell und damit kostengünstig abgerufen und gespeichert. Diese Seiten können dann Offline verarbeitet

bzw. wieder angezeigt werden. Der Btx-Teilnehmer kann den Inhalt dann in aller
Ruhe analysieren, ohne daß Verbindungsgebühren anfallen.

Unter Fenestra werden Btx-Sitzungen als Seiten im Befehlsmenü SEITE gespeichert. Dazu wird eine Datei mit der Erweiterung .BFV angelegt. Diese Datei wird
unter Fenestra Seitenverzeichnis genannt. Die Verwaltung der Verzeichnis-Dateien
erfolgt über das Menü VERZEICHNIS.

Im folgenden wird die Aufzeichnung einer Btx-Sitzung demonstriert. Dazu werden
die gewünschten Btx-Seiten über den Befehl im Menü SEITE über die Option *Seite
Speichern* in ein zuvor zu wählendes Verzeichnis abgespeichert. Abbildung 7-6
zeigt die Dialogbox zum Speichern von Btx-Seiten.

Abbildung 7-6: Btx-Seiten unter Fenestra speichern

Wie sie sehen können, werden Btx-Seiten entweder in ein Verzeichnis oder in eine
Datei gespeichert. Das Speichern in eine Datei bietet sich dann an, wenn das Btx-
Bild mit Hilfe anderer Programme weiterverarbeitet werden soll. Hier kann alternativ das Abspeichern als Text- oder als Grafikdatei gewählt werden. Die Textdatei
enthält keine Zeichenattribute und nur Grafiksymbole, die auch im ASCII-Zeichen-
satz enthalten sind. Grafikdateien werden im TIFF Format gespeichert und können
damit von einer Vielzahl von DTP- und Grafikprogrammen weiterverarbeitet werden. Zusätzlich kann eingestellt werden, ob die Datei im DOS- oder im Windows-
Format abgelegt werden soll.

Für das Aufzeichnen von Btx-Sitzungen werden die abgerufenen Btx-Seiten in eine Verzeichnisdatei kopiert. Hier werden die Seiten als Textseite oder in den Grafikformaten statisch bzw. dynamisch gespeichert.

Die Voreinstellungen zum Speichern der aktuellen Seite können im Menü OPTIO-NEN *Seite* festgelegt werden. Abbildung 7-7 zeigt die sich hier öffnende Dialogbox:

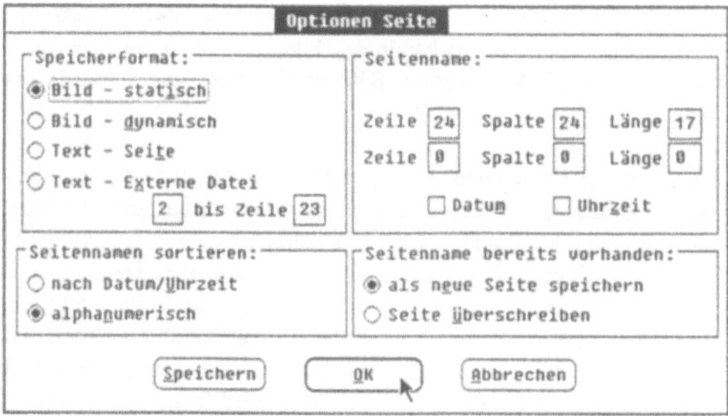

Abbildung 7-7: Optionen zum Speichern von Btx-Seiten festlegen

Da das Abspeichern von Btx-Seiten schnell geschehen soll, ist es sinnvoll, die Vergabe von Seitennamen zu automatisieren. Dazu können Regeln aufgestellt werden, wie der Name einer Btx-Seite festgelegt werden soll.

Seitennamen haben eine maximale Länge von 17 Zeichen. Die einfachste Möglichkeit besteht nun darin, die Uhrzeit als Dateinamen zu wählen. Klicken Sie dazu das entsprechende Feld in der Box *Seitennamen* an. Diese Methode hat allerdings den Nachteil, daß aus dem Seitennamen nicht der Inhalt der Seite hervorgeht. Deshalb sollten Uhrzeit und Btx-Anbietername miteinander verknüpft werden. So können Sie z.B. festlegen, daß der Seitennamen aus den ersten 10 Zeichen des Anbieternamens und der Uhrzeit zusammengesetzt werden soll. Dazu wird als Zeilen- und Spaltennummer eine 1 eingetragen. Die Zahl 10 im Eingabefeld *Länge* bewirkt dann, daß Fenestra die ersten 10 Zeichen der ersten Zeile als erste Zeichen des Seitennamens verwendet. Ergänzt wird dieser Name durch die jeweils aktuelle Uhrzeit. Insgesamt können Seitennamen aus zwei Zeileneintragungen und/oder Uhrzeit und Datum zusammengesetzt werden. Als Faustregeln können gelten:

(1)   Werden Seiten unterschiedlicher Anbieter gespeichert, dann sollte der An-
       bietername im Seitennamen angedeutet sein.

(2)   Werden nur Seiten eines Anbieters gespeichert, dann ist eine Kombination
       aus Datum und Uhrzeit sinnvoll. Die Verzeichnisdatei sollte dann den Na-
       men des Anbieters beinhalten.

Als weitere Option wird in der Box *Seitennamen sortieren* die Sortierreihenfolge
festgelegt. Alternativ kann die Sortierung alphanumerisch oder nach Datum bzw.
Uhrzeit erfolgen. Das Überschreiben vorhandener Dateien kann in der Box *Seiten-
name bereits vorhanden* verhindert werden. Klicken Sie dazu das Feld *Als neue
Seite speichern* an.

Nachdem Btx-Seiten in ein Verzeichnis abgespeichert worden sind, können sie jederzeit offline wieder angezeigt werden. Dabei ist es möglich, ausgewählte Seiten
anzuzeigen oder im sogenannten Endlosbetrieb alle Seiten eines Verzeichnisses. Die
letztgenannte Funktion wird unter Fenestra als Dia-Show bezeichnet. Dazu legen Sie
in einem ersten Schritt fest, welches Verzeichnis in seiner Gesamtheit angezeigt
werden soll. Wählen Sie dann im Menü VERZEICHNIS die Option *Dia-Show*. Hier
wird in einer Dialogbox festgelegt, wie lange die Standzeit der angezeigten Bilder
sein soll. Die Angabe erfolgt in Sekunden. Als weiteres wird festgelegt werden, ob
alle Seiten oder aber nur Seiten im Bild-Format angezeigt werden sollen. Abbildung
7-8 zeigt die Dialogbox *Dia-Show*.

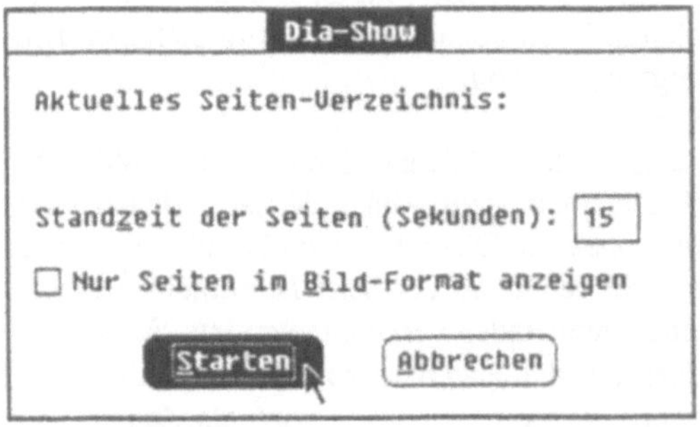

Abbildung 7-8: Dia-Show unter Fenestra

7.5 Btx-Sitzungen mit Hilfe von Programmen automatisieren

In diesem Kapitel möchte ich Ihnen drei Programme vorstellen, die mit der Fene-
stra-eigenen Makro-Sprache entwickelt wurde und eine Btx-Sitzung automatisieren
helfen. Die Makro-Sprache ist so ausgereift, daß von geübten Nutzern Anwendungen geschrieben werden können, die die Anschaffung von Spezialsoftware überflüssig machen. Erfahrenen Programmierern in einer Hochsprache wie Pascal, C oder
BASIC dürfte es nicht schwer fallen, diese Sprache zu erlernen. Aber auch als Einsteiger ist der Anwender sehr schnell in der Lage, kleine aber effektive Routinen zu
schreiben.

Unter Fenestra werden Programme als Makros bezeichnet. So heißt auch das Menü,
in dem die Funktionen zum Erstellen, Bearbeiten, Ausführen, Ausdrucken und Löschen von Makros ausgeführt werden.

Für das Erstellen und Testen der Programme steht ein mit grundlegenden Editier-
funktionen ausgestatteter Makro-Editor zur Verfügung. Die große Stärke dieses
Editors liegt in der Fähigkeit, das erfaßte Makroprogramm Zeile für Zeile auf Syn-
taxfehler zu testen. Zusätzlich können Makro-Programme im Einzelschritt-Modus
gestartet werden. Das Programm wartet dabei vor jedem ausführbaren Befehl. Damit
kann der Programmverlauf in aller Ruhe verfolgt werden. Insbesondere logische
Programmfehler lassen sich damit leicht lokalisieren.

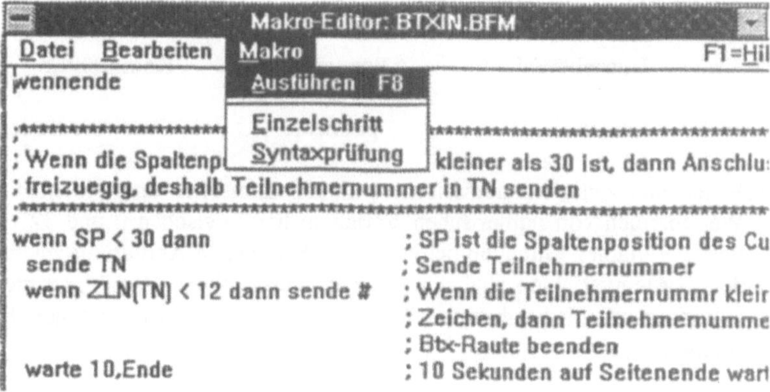

Abbildung 7-9: Der Makro-Editor von Fenestra

Makro-Programme werden in Dateien mit der Erweiterung .BMF gespeichert und über das Menü MAKRO AUSFÜHREN gestartet. Unmittelbar nach dem Start von Fenestra wird automatisch das Makroprogramm STANDARD.BFM ausgeführt. Hier wird der Anwender die Routinen programmieren, die an die jeweilige Arbeitsumgebung angepaßte Voreinstellungen initialisieren. Das dritte Beispielprogramm zeigt ein Beispiel hierfür.

Die hier beschriebenen Programme zeigen beispielhaft den Einsatz der zur Verfügung stehenden Befehle, Variablen und Konstanten. Es gelten folgende Syntaxregeln:

(1)   Je Textzeile nur ein Makro-Befehl

(2)   Die ersten drei Zeichen eines Befehls sind eindeutig

(3)   Das Leerzeichen trennt Befehle, Variablen und Konstanten

(4)   Keine Unterscheidung zwischen Groß- und Kleinschreibung

(5)   Kommentare werden mit Semikolon eingeleitet

(6)   Jede Makrozeile setzt sich aus den Elementen Befehl, Unterbefehl, Parameter und Kommentar zusammen, wobei nicht jeder Befehl zusätzlich Parameter erfordert.

Die folgende Zeile gibt ein Beispiel:

Befehl	Unterbefehl	Parameter	Kommentar
btx	senden	"passwort"	;Passwort senden

Fenestra unterscheidet zwischen numerischen, alphanumerischen und Systemvariablen. Der Wertebereich von numerischen Variablen liegt zwischen 0 und 32767. Alphanumerische Variablen enthalten beliebige Zeichen, die in Anführungszeichen gesetzt werden. Systemvariablen sind von Fenestra vorgegebene Variablennamen, die im Programmverlauf mit bestimmten Werten belegt werden. Die folgende Tabelle 7-4 gibt eine Übersicht.

Tabelle 7-4: Systemvariablen unter Fenestra

Name	Wert
TN	Teilnehmernummer
MS	Mitbenutzernummer
AK	Anschlußkennung
PK	Persönliches Kennwort
ZK	Zusatzkennwort
DT	Aktuelles Datum im Format tt.mm.jj
ZT	Aktuelle Zeit im Format hh:mm:ss
VN	Name des aktuellen Verzeichnisses
AV	Anzahl der Verzeichnisse
AD	Anzahl der Dateien
AA	Anzahl der Zeilen in der Windows-Ablage
AF	Anzahl darstellbare Farben des Grafiktreibers
FE	Fehlernummer des Dekoders
ON	Onlinestatus, wenn 0 dann Btx-Verbindung
MO	Modemnummer
ZE	Zeilenposition der Btx-Schreibmarke
SP	Spaltenposition der Btx-Schreibmarke
GF	Gefunden, wird durch den Suchebefehl gesetzt

Die folgende Tabelle 7-5 zeigt die Konstanten von Fenestra. Dies sind feste Werte, die durch einen symbolischen Namen angesprochen werden. Konstanten werden in einem Programm nicht verändert.

Tabelle 7-5: Konstanten unter Fenestra

Name	Wert
INI	Btx-Stern, Initiator
TER	Btx-Raute, Terminator
DCT	Ende der Dateneingabe
CR	Wagenrücklauf
LF	Zeilenvorschub
FF	Papiervorschub

Fenestra verwendet die numerischen und relationalen Standardoperatoren. Zusätzlich ist es möglich, Zeichenketten durch einfaches Hintereinanderfügen zu verbinden.

Die Makro-Befehle werden in Funktionen und Befehle unterteilt. Befehle sind Anweisungen an den Dekoder, etwas zu tun. Funktionen verändern Werte und liefern Funktionsergebnisse. Insgesamt verfügt das Programm in der hier besprochenen Version über 11 Funktionen und 63 Befehle. Für jede Menüoption steht ein Makro-Befehl zur Verfügung. Diese Befehle werden deshalb auch Menü-Befehle genannt. Es würde den Rahmen dieses Buches sprengen, alle Fenestra-Befehle und Funktionen in einer Syntaxübersicht aufzulisten. In den nachfolgenden Unterkapiteln finden Sie deshalb nur diejenigen Funktionen und Befehle beschrieben, die auch in den Programmbeispielen eingesetzt werden.

Die folgenden Zeilen demonstrieren die in der Makro-Sprache implementierten Kontrollstrukturen. Fenestra-Befehle sind hier fett dargestellt.

1. Wenn..Dann-Struktur

wenn DT = "12.12.91" **dann sende** "Heute ist der 12. Dezember 1991"

2. Schleife mit SOLANGE

solange ON = 0   ; solange Btx-Verbindung besteht

  makro ausf "test"   ; Makro "Test" ausführen

endesolange   ; Ende der Schleife

3. Zählschleife mit VON..BIS

von 1 **bis** 5   ; Schleife fünfmal durchlaufen

  signal   ; Signalton senden

vonende   ; Ende der Zählschleife

4. Unbedingte Verzweigung mit GEHEZU

```
wenn ZT = "18:00" dann              ; wenn 18 Uhr

   gehezu btx_ende                  ; dann verzweige zum Label btx_ende

:btx_ende                           ; Label btx_ende

meldung "Verbindungsabbruch"        ; Dialogbox ausgegeben

abwahl                              ; Btx-Verbindung abbrechen.
```

Wie dieser Überblick zeigt, sind in der Makro-Sprache alle Kontrollstrukturen integriert, die auch Bestandteil einer modernen Hochsprache sind. Damit können selbst
komplexe Anwendungen realisiert werden.

Das Programm BTX_IN demonstriert die automatische Anwahl der Btx-Vermittlungsstelle. Es ist einfach strukturiert und bietet sich als Einführungsbeispiel an.
Allerdings sollte man bei diesem Beispiel bedenken, daß durch das automatische
Senden der Btx-Kennung und des persönlichen Paßwortes ein großes Sicherheitsrisiko besteht.

Listing 7-1: Das Programm BTX-IN.BFM

```
;* BTXIN-BFM ****************************************
; Automatische Anwahl
; schickt Btx-Kennung und Passwort an Btx-Rechner
;
; Btx-Kennung und Passwort sind als Teilnehmerdaten
; gespeichert
;******************************************************


;*****************************************************************
; Wenn schon eine Verbindung besteht, dann das Programm
; beenden
;*****************************************************************


wenn ON dann        ; ON ist "wahr"  wenn eine Verbindung
                    ; besteht
   sende *0#        ; deshalb auf Btx-Leitseite wechseln,
```

```
    warte ende      ; auf Ende des Seitenaufbaus warten
    makro ende      ; und Makro beenden
wennende            ; Ende von Wenn..Dann

;*****************************************************
; Verbindung aufbauen und Seitenende abwarten
;*****************************************************
btx anwahl          ; Btx-Befehl zum Anwählen des
                    ; Btx-Rechners
warte Ende          ; auf Ende des Seitenaufbaus warten


;*****************************************************
;  Zeichenkette "Anschlu˜kennung " suchen und wenn
;  gefunden die Kennung senden
;*****************************************************
suche "Anschlußkennung"
wenn GF dann                ; GF ist wahr, wenn Zeichenfolge
                            ; gefunden
   sende AK                 ; dann Inhalt der Systemvariablen
                            ; AK senden und
   warte End                ; auf Ende des Seitenaufbaus
                            ; warten
wennende                    ; Ende von WENN..DANN

;*****************************************************
; Wenn die Spaltenposition des Cursors kleiner als 30
; ist, dann Anschluss nicht
; freizuegig, deshalb Teilnehmernummer in TN senden
;*****************************************************
wenn SP < 30 dann           ; SP ist die Spaltenposition des
                            ; Cursors
   sende TN                 ; Sende Teilnehmernummer

; Wenn die Teilnehmernummer kleiner als 12 Zeichen,
; dann Teilnehmernummer mit Btx-Raute beenden

   wenn ZLN(TN) < 12 dann sende #
   warte 10,Ende            ; 10 Sekunden auf Seitenende
                            ; warten
wennende                    ; Ende von WENN..DANN


;*****************************************************
```

```
; Wenn die Spaltenposition des Cursors kleiner als 30
; ist, dann Anschluss nicht
; freizuegig, deshalb Teilnehmernummer in TN senden
;****************************************************
sende MS
wenn ZLN(MS) < 4 dann sende #      ; Wenn MS weniger als 4
                                   ; Ziffern, dann Raute
warte 10,Ende                      ; 10 Sekunden auf
                                   ; Seitenaufbau warten


;******************************************************
; Zum Abschluss das Persoenliche Kennwort in der
; Systemvariablen PK senden
;******************************************************
sende PK                              ; Sende persönliches
                                      ; Kennwort
wenn ZLN(PK) < 8 dann sende #         ; Wenn PK weniger als 8
                                      ; Zeichen, dann Raute
warte 20,Ende                         ; Warten


;******************************************************
; Anwahl beendet,. Programmende
;******************************************************
```

Unser zweites Beispielprogramm LIES-DAT.BMF liest den Text einer Datei und fügt diesen in die Btx-Mitteilungsseite ein. Das Programm erkennt, ob bereits eine Verbindung zum Btx-System besteht. Wenn nicht, wird das Makro BTX-IN.BMF ausgeführt. Das Makro ist kontextbezogen dokumentiert, so daß auch Einsteiger sich sehr schnell in die Logik der Fenestra-Programmierung einarbeiten können.

Listing 7-2: Das Programm LIES-DAT.BFM

```
;** LIES-DAT.BFM ***********************************
; Text aus einer Datei in eine Btx-Mitteilung einlesen
; Das Programm wechselt automatisch in  die
; Mitteilungsseite, und liest hier den Text aus der
; Datei c:\windows\windaten\btx-text.txt ein
;******************************************************


;******************************************************
```

```
; Wenn keine Verbindung besteht, dann Anwahl, sonst auf
; erste Seite wechseln
;**************************************************************

wenn ON = 0 dann          ; wenn keine Verbindung besteht
   makro ausf "BTXIN"      ; dann Makro "BTXIN" ausführen
wennende                   ; Ende von WENN..DANN

wenn ON dann
   sende *0#
wennende


;**************************************************************
; Verbindung ist aufgebaut, jetzt auf Fax-Seite abrufen
; und Btx-Nummer senden
;**************************************************************
sende *811#                   ; Btx-Mitteilungen
sende 068154410
sende #                       ; Eingabefelder ueberspringen
sende #



;**************************************************************
; Jetzt Text aus der Datei einlesen
;**************************************************************

; Datei öffnen und lesen, um Anzahl der Zeilen zu
; ermitteln

 datei öffnen "c:\windows\windaten\btx-text.txt" text
lesen

 von 1 bis AD             ; in einer Schleife alle Zeilen
    datei lesen zeile ; aus der Datei  in die Variable
                          ; zeile schreiben
    sende zeile           ; diese Zeile dann senden
    send CR               ; Zeile mit Carriage Return
                          ; abschliessen
 vonende                  ; jetzt sind alle Dateizeilen in
                          ; die Btx-Seite geschrieben

 sende !                  ; Dateneingabe beendet,
 warte "Absenden"         ; jetzt muß noch bestätigt werden
```

```
warte ende              ; Auf Eingabeaufforderung warten

;***** Programmende ****************************
```

Das dritte Beispielprogramm STANDARD.BFM zeigt, wie eine Startroutine geschrieben werden kann, die das Systemdatum abfragt und an jedem dritten Tag im Monat ein bestimmtes Makro startet.

Das Programm soll auch am Beispiel der Makrofunktion ZMI Syntax und Anwendungsmöglichkeiten von Fenestra-Zeichenfunktionen demonstrieren. Deshalb werden im folgenden zuerst Syntax, Beschreibung und Beispiele für ZMI gezeigt. Die Funktionsbeschreibung ist identisch mit der des Fenestra-Handbuches. Lediglich die Beispiele sind modifiziert.

Syntaxbeschreibung der Funktion *ZMI(zeichenfolge, p,n)*

Beschreibung:	*n* Zeichen werden ab der Position *p* aus der Zeichenkette *zeichenfolge* extrahiert. Das Ergebnis ist wieder eine Zeichenkette.
Beispiel:	text = '123456789' mitte = **ZMI**(text,4,2) ; Ergebnis '45'

Die folgenden Befehlszeilen zeigen, wie mit Hilfe der Makro-Sprache aus dem Systemdatum der Monatstag extrahiert werden kann. Im anschließenden Listing 7-3 sehen Sie dann die praktische Umsetzung.

datum = DT   ; Inhalt Systemvariablen *DT* der Variablen *datum*
                         zuweisen

tag = ZMI(datum,1,2)   ; ab Position 1 zwei Zeichen extrahieren

                         ; da *DT* im Format tt.mm.jj, ist das Ergebnis von

                         ; *tag* der Tag im Monat

Listing 7-3: Das Programm STANDARD.BFM

```
;********************************************************************
; Makroname: STANDARD.BFM
;
; Das Makro STANDARD.BFM wird bei
; Programmstart automatisch ausgeführt. Es startet an jedem dritten Tag
; das Makro TAG_3.BFM. An allen anderen Tagen wird ein kurze
; Begruessung eingeblendet
;********************************************************************


;********************************************************************
; Datum testen
;********************************************************************

datum =DT
tag   =ZMI(datum,1,2)               ;in der Variablen tag steht jetzt der Monatstag


;********************************************************************
; Datum auswerten
;********************************************************************
wenn tag = "03" dann                ; wenn dritter Tag im Monat, dann
   makro aus  "TAG_3.BFM"           ; entsprechendes Makro ausführen
   gehezu ende_makro                ; und Ende des Makros
endewenn


;********************************************************************
; wenn nicht der dritte Tag, dann Meldung ausgeben
;********************************************************************

meldung "Willkommen bei Fenestra"  CR "Heute ist der "DT""

; Die Meldung besteht aus 2 Zeilen und wird in einem Fenster
; ausgegeben


;********************************************************************
; Label für Programmende
;********************************************************************
:ende_makro
```

8 Amaris Btx/2 Plus - Professionelles Btx unter DOS

Der hier vorgestellte Amaris Btx/2 Plus Softwaredekoder bietet eine Vielzahl von Funktionen, ist leicht zu bedienen und kann insbesondere Anwendern, die häufig mit Btx arbeiten, empfohlen werden. Der Dekoder läuft unter MSDOS und zeigt beispielhaft den Leistungsumfang von DOS-Softwaredekodern. Auch hier kann mit Hilfe der integrierten Programmiersprache ABL der Btx-Betrieb weitestgehend automatisiert werden. In der Version 1.3b ist der Dekoder auch ISDN-fähig und bietet damit die Option für den Einsatz im ISDN-Netz.

8.1 Installation

In diesem Kapitel finden Sie die Installation des Amaris Btx/2 plus Dekoders beschrieben. Die wesentlichen Schritte hierzu werden von dem mitgelieferten Installationsprogramm INSTALL.EXE auf der Installationsdiskette durchgeführt. Dieses Programm erwartet vom Anwender folgende Angaben:

Ziellaufwerk

Der Anwender muß die Kennung der Festplatte eingeben, auf die er das Programm kopieren möchte.

Zielpfad

Hier muß der Anwender angeben, in welches Verzeichnis das Programm kopiert werden soll. Das Installationsprogramm schlägt hierzu das Verzeichnis \BTX vor, das mit <Return> bestätigt werden kann.

Schnittstelle

Hier wird die V.24-Schnittstelle festgelegt, über die eine Verbindung zum Telefonnetz hergestellt werden soll. Auf diese Schnittstelle müssen Sie dann auch den Hardwarekopierschutz, Btx-Adapter genannt, stecken. Die Schnittstellen werden als COM1 bis COM4 bezeichnet. Wenn Sie mit einer Maus arbeiten, dann benötigen Sie zwei V.24-Schnittstellen, da die Maus ebenfalls über eine solche Schnittstelle angeschlossen wird. Haben Sie z.B. an COM1 die Maus angeschlossen, dann müssen Sie den Dekoder an COM2 installieren.

Grafikkarte

Hier zeigt das Installationsprogramm eine Liste mit Grafikkarten, aus der die verwendete Karte ausgewählt werden kann.

Die Punkte Blinkstatus ein und DBP-Zulassungsnummer werden mit <Return>
übernommen. Danach kopiert das Installationsprogramm die für die eingestellte
Konfiguration benötigten Dateien auf die Festplatte. Dazu müssen mehrmals Dis-
ketten gewechselt werden.

Bevor Sie nun mit dem Amaris-Dekoder arbeiten, müssen Sie den Dongle, bei Amaris Btx-Adapter genannt, auf die von Ihnen eingestellte Schnittstelle stecken. Dazu
sollten Sie den Rechner ausschalten. Wird die hierfür benutzte Schnittstelle ausschließlich für Btx verwendet, dann kann der Adapter in der Schnittstelle bleiben.
Der Dongle ist ein Hardwarekopierschutz, denn nur mit diesem Adapter kann Amaris Btx/2 gestartet werden. Der Nachteil ist, daß dieser Dongle andere Kommunikationsprogramme stören kann. Dies bedeutet, daß Sie eventuell jedes Mal, wenn Sie
ein anderes Kommunikationsprogramm nutzen möchten, an der seriellen Schnittstelle den Dongle entfernen müssen.

8.2 Bedienung und Konfiguration

Der Amaris-Softwaredekoder wird über Funktionstasten und mit Hilfe einer Maus
bedient. Zum Lieferumfang des Dekoders gehört eine Tastaturschablone, die Sie
über die Funktionstasten der AT-Tastatur legen können. Dies bringt gerade für die
Steuerung des Programms über die Funktionstasten eine wesentliche Erleichterung,
da hier der Anwender direkt die Bedeutung der Funktionstasten ablesen kann.

Die Programmsteuerung erfolgt über eine Menüleiste im oberen Bildschirmbereich.
Die wichtigsten Funktionen werden zusätzlich am rechten Bildschirmrand durch
Symbole, sogenannte Icons, dargestellt und können durch Anklicken mit der Maus
aktiviert werden.

Abbildung 8-1 auf der folgenden Seite zeigt die Oberfläche von Amaris mit einge-
blendeter Menü- und Symbolleiste.

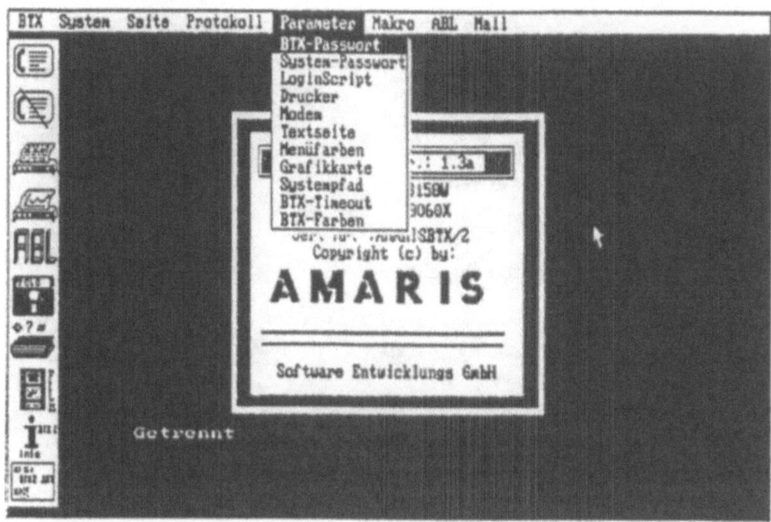

Abbildung 8-1: Die Oberfläche von Amaris/Btx

In der Hauptmenüleiste am oberen Bildschirmrand werden Befehlsoptionen mit der Maus angeklickt. Es öffnen sich dann Pull-Down-Menüs, in denen weitere Befehlsoptionen ausgewählt werden können. Hauptmenü und Symbolleiste werden durch Betätigen der <ALT>-Taste oder der <Leertaste> eingeblendet und mit <ESC> wieder ausgeblendet.

Tabelle 8-1 gibt einen Überblick zur Bedeutung der Amaris-Iconen.

Die Anwahl im Hauptmenü kann auch hier über Funktionstasten gesteuert werden. Im aktivierten Menü ist die aktuelle Option invers oder farbig dargestellt. Mit den Tasten <Pfeil_Rechts> oder <Pfeil_Links> wechseln Sie zu einer anderen Option, deren Untermenü sofort eingeblendet wird. Mit <Return> wird eine Option aktiviert. Jede Option kann durch die Eingabe von <Alt> plus <erstem Buchstaben der Option> direkt angewählt werden.

Amaris kann also über Funktionstasten, über das Anklicken von Menüoptionen und das Anklicken von Icons gesteuert werden. Tabelle 8-1 auf der folgenden Seite gibt einen Überblick zu den Amaris-Icons.

Tabelle 8-1: Icons von Amaris Btx/2

 Btx-Anwahl

 Btx-Abwahl

 Textausgabe auf den Drucker

 Grafikausgabe auf den Drucker

 ABL-Makros

 Telesoftware ein/aus

 Seitenverzeichnis

 Protokoll ein/aus

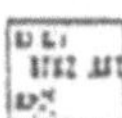 Info über Amaris

DOS-Befehlsinterpreter aufrufen

Wir wollen im folgenden am Beispiel der Systemkonfiguration und Btx-Zugangs-
verwaltung die Handhabung des Amaris-Dekoders demonstrieren. Die Systemkonfiguration umfaßt die Punkte:

-   **Modemeinstellung und**

-   **Paßwortverwaltung**

Der Zugang zum Programm und in das Btx-System kann über

- **Login-Skripte**

gesteuert werden.

8.2.1 Konfiguration des Modem

Mit <Alt> + <P> wählen Sie die Hauptmenü-Option PARAMETER. Es wird ein Untermenü eingeblendet, in dem mit Hilfe der Tasten <Pfeil_Unten> und <Pfeil_Oben> Funktionen der Befehlsoption ausgewählt werden. Auch hier ist die angewählte Funktion invers dargestellt und kann mit <Return> ausgelöst werden. Sind für die Ausführung einer Funktion weitere Eingaben notwendig, dann öffnet sich eine Dialogbox mit entsprechenden Eingabefeldern. Abbildung 8-2 zeigt die Dialogbox für die Funktion *Modem* im Befehlsmenü PARAMETER.

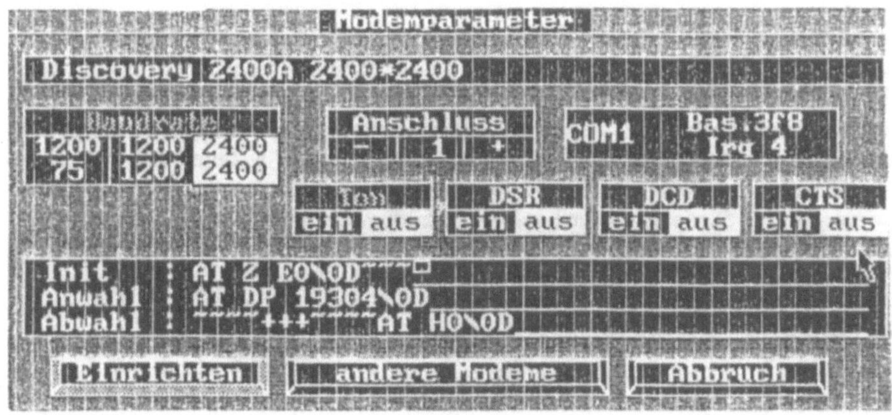

Abbildung 8-2: Modemeinstellung unter Amaris Btx/2

Sie sehen hier die Konfiguration eines Hayes-kompatiblen Modem mit einer Übertragungsrate von 2400 bps, die im Feld *Baudrate* eingestellt ist. Dieses Modem ist an COM1 angeschlossen, Eingabefeld *Anschluss*. Die Einstellungen für die Felder *Ton, DSR, DCD* und *CTS* dienen zur Modemsteuerung. In der Regel werden die Standardwerte beibehalten. Die Einstellung *Ton AUS* bewirkt, daß Amaris das Pulswählverfahren verwendet. Bei einer Einstellung DSR *EIN* würde der Dekoder die Data-Set-Ready-Leitung des Modem auswerten. Das gleiche gilt für DCD, Data-Carrier-Detect und CTS, Clear-To-Send. Diese Leitungen steuern den Datenfluß zwischen PC und Modem und werden nicht benötigt.

Durch die Initialisierungssequenz im Feld *Init* wird das Modem beim Start des Dekoders automatisch auf die Standardwerte zurückgesetzt. Die im Feld *Anwahl* festgelegte Sequenz wählt eine Btx-Vermittlungsstelle mit 2400 bps an. Die *Abwahl* erfolgt nach einer kurzen Pause mit dem Hayes-Befehl AT H0. Der hexadezimale Wert \0D schließt die Befehlssequenzen für An- und Abwahl mit <Return> ab.

8.2.2 Paßwortverwaltung

Die Paßwortverwaltung unter Amaris bietet einen wirkungsvollen Schutz gegen eventuellen Mißbrauch des Programms. Amaris unterscheidet hierbei zwischen Btx-Paßwörtern und einem Master-Paßwort genannten Systempaßwort. Nur Anwender, die das Systempaßwort kennen, sind in der Lage, das Programm zu starten und hier weitere Paßworte anzulegen, zu verändern oder zu löschen.

Das Systempaßwort kontrolliert also den Zugang zum Softwaredekoder. Es wird mit der Funktion *System-Passwort* im Menü PARAMETER festgelegt und nach jedem Programmstart abgefragt. Wurde kein Paßwort festgelegt, dann kann Amaris von jedem Anwender benutzt werden. Das Systempaßwort wird verschlüsselt und in einer Datei mit dem Namen ZUGANG.PSW abgespeichert. Alle weiteren Paßworte werden wahlfrei in Dateien mit der Namenserweiterung .PSW abgelegt. Sollte der Anwender das Systempaßwort vergessen, dann müssen zunächst alle Paßwortdateien gelöscht werden. Erst dann ist wieder ein Zugang zum Programm möglich und die Paßwörter können erneut angelegt werden.

Btx-Paßwörter sind Kennungen, die mit der zugehörigen Seitennummer und der entsprechenden Cursorposition abgespeichert werden. Sinnvoll ist dies, wenn der Anwender in einer geschlossenen Benutzergruppe arbeitet, die ein Paßwort abfragt. Maximal können 130 Btx-Paßwörter vergeben werden.

Btx-Paßwörter werden mit Hilfe der Funktion *Btx-Passwort* im Menü PARAMETER angelegt. Hier müssen Seitennummer, Paßwort und Cursorposition des Paßwortes eingegeben werden. Danach wird das Programm bei jeder Anwahl der entsprechenden Seiten nach dem Drücken der Tastenkombination <Alt> + <F12> das Paßwort automatisch an der gespeicherten Cursorposition senden. Da insbesondere die Ermittlung der Cursorposition recht schwierig sein kann, besteht die Möglichkeit, die Aufnahme eines Btx-Paßwortes zu automatisieren. Dazu gehen Sie nach folgenden Schritten vor:

(1)   **Anwahl der Btx-Seite**

(2)   **Funktion** *Btx-Passwort* **im Menü PARAMETER anwählen**

(3)   **Eingabe des Master-Paßwort und einer noch nicht belegten Paßwort-nummer**

(4)   **Im Fenster** *Kennwort* **wird im Eingabefeld** *Sendetext* **das benötigte Paß-wort eingegeben.**

(5)   **Speichern der Eingabe.**

Der große Vorteil dieser Vorgehensweise liegt darin, daß der Dekoder hier die Cursorposition für das Paßwort selbständig ermittelt.

8.2.3 Login-Skripte erstellen

In Login-Skripten werden individuelle Btx-Anwahlsequenzen abgelegt. Die Sequenzen legen die Art und Weise des Btx-Zuganges fest. Hier können zusätzlich bis zu vier Befehle gespeichert werden, die dann nach der Verbindungsaufnahme automatisch abgearbeitet werden. Damit kann der Btx-Betrieb sehr stark auf die individuellen Bedürfnisse des Anwenders angepaßt werden.

Sie können bis zu zehn Login-Scripte definieren. Dazu wird in einem ersten Schritt die Funktion Menü PARAMETER *LoginScript* angewählt. Abbildung 8-3 zeigt die Dialogbox, die dann zum Anlegen eines Login-Scriptes eingeblendet wird.

In das Feld *Zugangskennung* tragen Sie ein Paßwort ein, das immer dann eingegeben werden muß, wenn das Skript angezeigt oder editiert werden soll. Damit ist das Skript vor dem Zugriff Unbefugter geschützt. Dies ist notwendig, weil in den Feldern *Anschlußkennung* und *Pers. Kennwort* die Paßwörter für das Btx-System eingetragen werden. Der Text im Feld *Menüeintrag* wird später als Optionstext in das Untermenü BTX aufgenommen. Das Feld eigentliche *Loginsequenz* enthält den Modembefehl für die Anwahl der Btx-Vermittlungsstelle. Dieser Befehl wird mit der Escape-Sequenz für die Eingabetaste, \0D, abgeschlossen. Der Backslash "\" signalisiert, daß die nachfolgende hexadezimale Zahl als Steuerzeichen zu interpretieren ist und nicht als zu sendende Zahl. Der hexadezimale Wert, dezimal 14, ist der ASCII-Code für die Eingabetaste <Return>.

Abbildung 8-3: Login-Skripte unter Amaris editieren

Mit der Eingabe der Btx-Raute <#> kann ein Eingabefeld der Dialogbox übersprungen werden. Wenn in das Feld *Mitbenutzernummer* die Btx-Raute eingetragen wird, dann führt dies dazu, daß der voreingestellte Wert 0001 übernommen wird. Diese Einstellung muß immer für den Btx-Teilnehmer vorgenommen werden. Mitbenutzer tragen in dieses Feld den Mitbenutzerzusatz ein.

In die Felder *Befehl 1* bis *Befehl 4* werden Btx-Anweisungen eingetragen. Hier kann z.B. eine Seitennummer stehen, die dann automatisch nach der Anwahl abgerufen wird. Das Script wird mit der Einstellung der Übertragungsrate abgeschlossen.

Mit Hilfe von Login-Scripten können unterschiedliche Mitarbeiter an einem Endgerät arbeiten, oder aber es werden für verschiedene Btx-Anwendungen jeweils spezifische Logins geschrieben. So kann man ein Login BANK schreiben, das direkt in das Homebanking-Programm verzweigt oder ein Login TELEFON, das direkt zum Elektronischen Telefonbuch wechselt. Login-Scripte werden im Untermenü der Option BTX gestartet.

8.3 Telekommunikation mit Amaris

Amaris bietet dem Anwender die Möglichkeit, die im Btx-System zur Verfügung stehenden Telekommunikationsdienste Telefax, Telex und Cityruf menügesteuert zu nutzen. Abbildung 8-4 zeigt das Menü MAIL, in dem Telefax- Telex- und Cityruf-Nachrichten editiert und versendet werden.

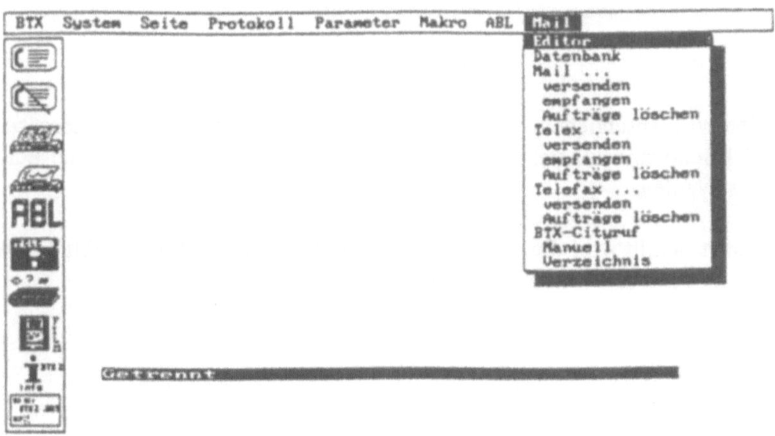

Abbildung 8-4: Telekommunikation mit Amaris

Mit Hilfe der integrierten Datenbank werden Btx-Teilnehmerdaten erfaßt und in einer sogenannten Btx-Teilnehmerdatei gespeichert. Das Programm gibt hier eine Datensatzstruktur vor, die vom Anwender jedoch beliebig erweitert oder verändert werden kann. Tabelle 8-2 zeigt das Standarddatensatzformat, das sich an privaten Teilnehmerdaten orientiert. Die Felder für Name, Vorname und Anrede müssen

an geschäftliche Rahmenbedingungen angepaßt werden. Es bietet sich deshalb an,
private und geschäftliche Daten in zwei Datenbanken zu speichern.

Tabelle 8-2: Datensatzstruktur der Amaris-Datenbank

```
Datenfeld      Länge    Beschreibung

Btx-Nummer      15      Btx-Anschlußnummer
Mitbenutzer      5      Mitbenutzerzusatz des Teilnehmers
Name            25
Vorname         25
Anrede           8
Straße          25
PLZ/Ort         30
Telefax         16      Telefaxnummer, hier muß immer
                        auch die Vorwahl eingegeben werden
Telex           16      Telexnummer
Telex-Code      16      Telexkennung, z.B. Teilnehmer-
                        kennung mit Landeskennung
```

Im folgenden wird beschrieben, wie eine neue Datenbankdatei erstellt, Datensätze
editiert und Telefaxmitteilungen mit Hilfe der Datenbank und des integrierten Editors versendet werden.

In einem ersten Schritt wird die Option *Datenbank* im Menü MAIL angeklickt. In
der Datenbank stehen drei Untermenüs zur Verfügung:

Datenbank

Suche

Btx

Über die Option *Datenbank Neue-Datenbank* öffnet sich eine Dialogbox. Hier wird
der Name der neuen Datenbankdatei eingegeben. Diese Datei besitzt automatisch
das Standarddatensatzformat, das über die Option *Datenbank Gestalten* an die individuellen Anforderungen angepaßt werden kann. Mit der Option *Datenbank Bearbeiten* können jetzt Datensätze eingegeben werden. In der gleichen Dialogbox werden auch die Datensätze markiert, an die eine Telefax-Mitteilung gesendet werden
soll. Damit ist es möglich, sowohl Einzel- als auch Sammelmitteilungen zu versenden.

Im Datenbankmenü wird jetzt die Option *Btx* und hier *Versenden* angeklickt. Daraufhin öffnet sich die in Abbildung 8-5 gezeigte Dialogbox.

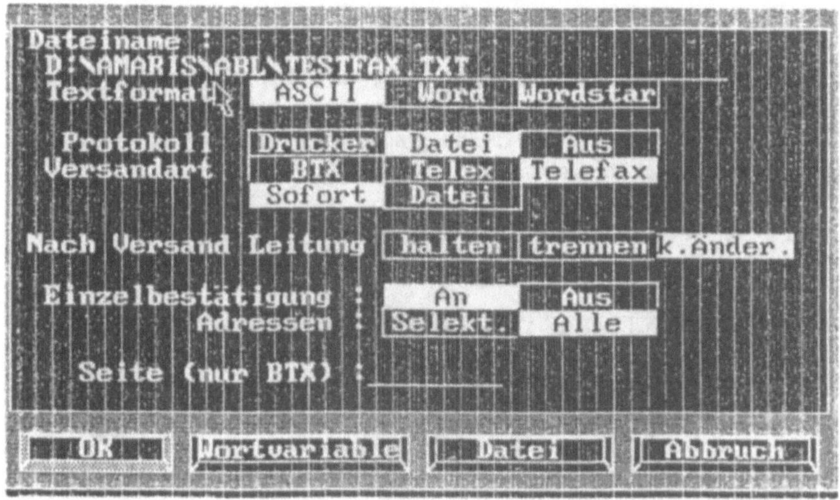

Abbildung 8-5: Faxmitteilungen unter Amaris versenden

Sie sehen, daß Amaris ASCII-Texte und auch formatierte Texte versenden kann. Unterstützt werden hier die Formate der Textverarbeitungsprogramme Word und Wordstar. In unserem Beispiel wird ein zuvor mit dem integrierten Editor erfaßter ASCII-Text aus der Datei TESTFAX.TXT sofort als Telefax an alle zuvor markierten Btx-Teilnehmer gesendet. Danach wird die Verbindung nicht abgebrochen. Zusätzlich ist hier eingestellt, daß das Programm jedes Fax vom Anwender nochmals bestätigen läßt.

8.4 Btx-Sitzungen mit Hilfe der Protokollfunktion aufzeichnen

Unter Amaris werden alle in einer Datei aufgezeichneten Btx-Seiten als Protokoll bezeichnet. Die Aufzeichnung der Btx-Seiten erfolgt automatisch. Dazu wird in einem ersten Schritt die Protokollfunktion im Menü PROTOKOLL *ein,* mit <Alt> +

<F7> oder mit Hilfe der Protokoll-Icon eingeschaltet. Bis zum Ausschalten des Protokollmodus werden jetzt alle abgerufenen Btx-Seiten gespeichert. In einem zweiten Schritt wird der Protokollmodus durch nochmaliges Anklicken der Protokoll-Icon oder durch Anwählen der Menüoption PROTOKOLL *aus* oder mit <Alt> + <F7> ausgeschaltet. Der Anwender gibt jetzt den Namen der Protokolldatei ein. Diese hat immer die Erweiterung .PRO. Der gleiche Vorgang kann auch über die Menüoption PROTOKOLL *Mitschneiden* gesteuert werden.

Mit PROTOKOLL *Darstellen* bzw. mit <Alt> + <F8> wird der Inhalt einer Protokolldatei offline angezeigt. Dazu laden Sie die gewünschte Protokolldatei über eine sogenannte File-Selektor-Box. Mit Hilfe der <Leertaste> blättern Sie zur nächsten Protokollseite, <ESC> bricht die Darstellung ab. Abbildung 8-6 zeigt die File-Selektor-Box nach Anwahl der Option PROTOKOLL *Darstellen*.

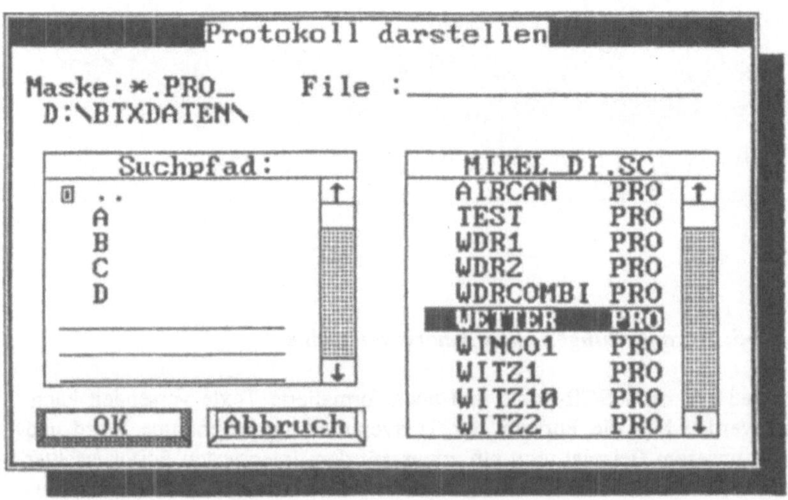

Abbildung 8-6: Protokolldateien unter Amaris laden

8.5 Makros erstellen und einsetzen

Makros bieten die Möglichkeit, daß auch Anwender, die keine Programmiererfahrung haben, den Programmablauf in vielen Anwendungsbereichen automatisieren können. Unter Amaris zeichnen Makros Anwendereingaben auf und wandeln diese in ein ABL-Programm um. Makros sind also ABL-Programme.

Die Routine zum Aufzeichnen von Tastatureingaben arbeitet nach dem Prinzip eines sogenannten Makrorekorders. Wie bei einem Musikrekorder wird die Makrofunktion eingeschaltet und zeichnet dann bis zum Ausschalten alle Anwendereingaben auf. Makros können die im folgenden aufgelisteten Programmfunktionen erkennen und speichern:

- *Anwahl*

- *Passwort senden*

- *Alle Tastatureingaben, die online erfolgen*

- *Seitenaufrufe aus dem Seitenverzeichnis*

- *Darstellen, sichern und drucken von Bildern*

- *Grafiken sichern*

- *Texte sichern und drucken*

- *und die Btx-Abwahl.*

Im folgenden wird die Aufzeichnung eines Makros beschrieben, das automatisch eine Btx-Seite anwählt, den hier dargestellten Aktienindex sichert und dann in das Hauptinhaltsverzeichnis des Btx-Systems wechselt. Dazu wird in einem ersten Schritt der Makrorekorder über die Menüoption MAKRO *ein* eingeschaltet. In einem zweiten Schritt wird die Seitennummer

**60000421#*

abgerufen. Nachdem die Auswahlziffer 6 eingegeben wurde, wird über die Menüoption SEITE *Bild Sichern* die abgerufene Seite gespeichert. Mit der Eingabe von

**0#*

wechselt Amaris in die Btx-Leitseite. Die Makroaufzeichnung kann jetzt mit MA-
KRO *aus* abgeschlossen werden. Abschließend wird über MAKRO *sichern* das Makro als ABL-Programm gespeichert.

Makros werden über die Menüoption ABL *Laden & ausführen* gestartet.

8.6 Btx-Programme mit ABL

In diesem Kapitel möchte ich Ihnen am Beispiel zweier Programme die Möglichkeiten der zum Lieferumfang des Dekoders gehörenden Programmiersprache ABL
demonstrieren. ABL steht für Amaris Btx Language. Es handelt sich hier um eine
Interpretersprache. Mit ABL können Programme entwickelt werden, die das Arbeiten mit dem Btx-System komfortabel gestalten helfen. ABL-Programme sind nur
mit geladenem Dekoder ablauffähig.

Bevor wir zum ersten Programm kommen, erhalten Sie in den folgenden Absätzen
einen Kurzüberblick zu ABL. Sie lernen hier die Grundzüge dieser Sprache kennen.
Eine vollständige Einführung finden Sie im Handbuch zum Dekoder. Die Syntax
von ABL ist an die Programmiersprachen C und Pascal angelehnt. Anwendern, die
beide oder eine dieser Sprachen beherrschen, dürften kaum Probleme haben, sich in
ABL einzuarbeiten.

ABL kennt Konstanten und Variablen. Deren Namen können beliebig lang sein. Da
es sich um eine Interpretersprache handelt, ist es jedoch wenig sinnvoll, zu lange
Namen zu verwenden, da dadurch die Ausführungsgeschwindigkeit eines Programm-
mes beeinträchtigt wird. Es gibt keine Unterscheidung in Groß- und Kleinschreibung. Somit bezeichnen die Namen

Index

INDEX

inDex

die gleiche Variable. Jede ABL-Anweisung wird durch ein Semikolon abgeschlossen, gleichartige Programmelemente wie z.B. Variablen, werden durch Komma getrennt. Ansonsten ist die Sprache formatfrei, d.h. mehrere Anweisungen können in
eine Zeile geschrieben werden. Zusätzlich ist es erlaubt, beliebig viele Leerzeichen
einzufügen. In den in diesem Buch beschriebenen Programmbeispielen wird hiervon
Gebrauch gemacht, um die Struktur eines Programmes zu verdeutlichen.

ABL unterscheidet die inTabelle 8-3 aufgeführten Datentypen.

Tabelle 8-3: Datentypen der Btx-Programmiersprache ABL

Datentyp	Datenkategorie	Wertebereich
int	Ganzzahlige Werte	-32768 - 32767
real	Real- oder	
	Fließkommazahlen	3,4E-38 - 3,4E+38
char	Zeichen	
string	Zeichenkette	
file	Dateien	

Die folgenden Zeilen zeigen beispielhaft die Deklaration von Variablen. Damit ist die Vergabe eines Variablennamens und die gleichzeitige Zuordnung des Datentyps gemeint.

```
var                     /* Variablendeklaration einleiten */

   dezimal = int,       /* int-Variable mit dem Namen dezimal */
                        /* das Komma trennt gleiche Elemente, hier
                        /* Integervariablen */
   zeichen = char;      /* Char-Variable mit dem Namen Zeichen */.
```

Konstanten werden über das Schlüsselwort *const* deklariert. In der folgenden Beispielzeile wird eine Zeichenkette als Konstante deklariert.

```
const                   /* Konstantendeklaration einleiten

   ZEICHENKETTE = 'Dies ist eine Zeichenkette';
```

Wie Sie sehen können, werden Zeichenketten mit Hochkommata begrenzt. Kommentare werden wie in C üblich mit der Zeichenfolge "/*" eingeleitet und mit der Zeichenfolge "*/" beendet.

8.7.1 Automatische Anwahl mit BTXIN.ABL

Listing 8-1 zeigt, wie mit ABL eine automatische Anwahl programmiert werden
kann. Es demonstriert den Einsatz von Variablen und Konstanten und einiger zentraler Befehle.

Listing 8-1: Das ABL-Programm BTXIN.ABL

```
/***********************************************************/
/* Anwahlroutine mit Kennungs- und Paßwortabfrage    */
/*                                                   */
/*   A.Darimont                                      */
/*   letzte Änderung: 05.11.91                       */
/*                                                   */
/***********************************************************/


proc login;              /* Beginn der Prozedur login */



const                    /* Deklaration von Konstanten */

  ESCAPE = 1,            /* Rückgabewert der Funktion online */

  FALSE  = 0;



var                         /* Deklaration von Variablen */

  kennung = string[12],     /* 12-stellige */
                            /* Anschlußkennung */

  passwort = string[8],     /* persönl. Kennwort */

  kontrolle = int;          /* Kontrollvariable */



  kennung = '0001234589';              /* Wertzuweisungen*/
                            /* für die Strings */
  passwort = 'wziosd';      /* kennung und passwort */
```

```
kontrolle   = online(0);      /* online mit */
                    /* Modemparametern */

                    /* Ergebnis Anwahl in kontrolle */

                    /* speichern */



if (kontrolle = ESCAPE)        /* Anwahl mit ESCAPE */
                    /* abgebrochen */

   info('Anwahl mit <ESC> abgebrochen');

   return;    /* deshalb Prozedur beenden */

endif;



waitdct;               /* auf Bildschirm warten */



send(kennung);      /* Eigene Kennung senden */

sendterm;           /* weiter mit Terminator */

send(passwort);     /* persönliche Kennwort senden */

if (len(passwort) < 8)      /* Kennwort weniger */
                    /* als 8 Zeichen,*/
   sendterm;                /* dann # abschließen */

endif;
```

```
return;          /* Ende der Prozedur login */

login;           /* Hauptprogramm mit Aufruf der Prozedur
login */

return;          /* Ende Hauptprogramm damit des gesamten
Programmes */
```

Hier wird deutlich, daß ABL-Programme als Folge von Unterprogrammen, sogenannten Prozeduren, aufgebaut sind, die vom Hauptprogramm aufgerufen werden.
Das eigentliche Hauptprogramm besteht in unserem Beispiel lediglich aus dem Aufruf der Prozedur *login*.

Jede Prozedur wird mit dem Schlüsselwort *proc* eingeleitet und mit *return* beendet.
Innerhalb der Prozedur werden vor der ersten Anweisung Variablen und Konstanten
deklariert. ABL-Funktionen wie z.B. *online* haben Rückgabewerte, die zur weiteren
Programmkontrolle ausgewertet werden können. Tabelle 8-4 zeigt die Bedeutung
der Rückgabewerte der Funktion *online*.

Tabelle 8-4: Rückgabewerte der ABL-Funktion online

Rückgabewert	Bedeutung
0	Anwahl war erfolgreich
1	Manueller Abbruch mit <ESC>
2	Leistung belegt
3	Timeout nach 35 Sekunden
4	Reserviert
5	Anruf, obwohl schon Online

Die Funktion *online* zeigt auch, daß an ABL-Funktionen Parameter übergeben werden können. Im Falle von *online* werden Integerwerte als Parameter übergeben, die
die Ausführung der Funktion steuern. Wird, wie in unserem Programmbeispiel, der
Wert 0 übergeben, dann benutzt die Funktion die eingestellten Modemparameter bei
dem Versuch, eine Verbindung zur Btx-Ortsvermittlungsstelle aufzubauen. Wird
eine 1 übergeben, dann verwendet die Funktion das erste definierte Login-Skript, bei
einer 2 das zweite und so weiter. Die Programmzeile

info('Anwahl mit <ESC> abgebrochen');

zeigt ein weiteres Beispiel für die Parameterübergabe an ABL-Funktionen. Hier wird als Parameter eine Zeichenkette übergeben, die die Funktion dann in der Btx-Statuszeile ausgibt. Die maximale Länge der Zeichenkette beträgt deshalb 40 Zeichen.

Im Verlauf einer Btx-Sitzung kann der Btx-Teilnehmer nur dann Eingaben machen, also Daten an die Btx-Vermittlungsstelle senden, wenn diese dazu bereit ist. Ist das der Fall, dann sendet der Btx-Postrechner das DCT-Zeichen, Data Collection-Terminator. Erst nach Empfang dieses Zeichens kann eine Benutzereingabe erfolgen. Die Funktion *waitdct* unterbricht ein ABL-Programm solange, bis der Postrechner mit DCT die Benutzereingabe freigegeben hat. Die Funktion hat keinen Rückgabewert und es werden auch keine Parameter übergeben. In den Zeilen

    waitdct;   */* auf Bildschirm warten */*

    send(kennung);   */* Eigene Kennung senden */*

wartet unser Beispielprogramm also, bis der Postrechner die Dateneingabe freigibt und sendet dann die in der Variablen *kennung* gespeicherte Zeichenfolge.

8.7.2 Btx-Informationsdienste nutzen mit GET_INFO.ABL

Listing 8-2 zeigt beispielhaft, wie mit ABL kleine Abfrageboxen programmiert werden können.

Listing 8-2: Das ABL-Programm GET_INFO.ABL

```
/****************************************************/
/*   Informationsdienste nutzen                     */
/*   A.Darimont                                      */
/*   letzte Änderung: 05.11.91                       */
/*                                                   */
/****************************************************/


const                    /* Konstanten deklarieren */

    TRUE         = 1,
    FALSE        = 0,
    ETB          = 0,    /* ETB ausgewählt    */
    BAHN         = 1,    /* Bahnauskunft gewählt       */
```

```
ABBRUCH         = -1,   /* mit ESC abgebrochen        */
ENDE            = 2;    /* Programm beendet           */


var                     /* Variablen deklarieren */

  taste = int,          /* Variable für Rückgabewert  */
                        /* von alertbox   */

  bahnseite = string[20];          /* Zeichenkette */
                        /* Stringvariable */

  bahnseite = 'Die Bahn';          /* Suchtext */



while(TRUE)                        /* Beginn */
                                   /*  Endlosschleife */

   taste = alertbox('Informationssysteme im Btx',
        '0[Auswahlmenü | ]'
        +'[ETB | Bahn | Ende]'); /* Menübox */


/* Beginn der Eingabeauswertung */

  if (taste = ABBRUCH)                       /* Beginn IF */
    info('Programm mit ESC abgebrochen');
          /* Ausgabe Infozeile */
    beeph;              /* hoher Ton */
    beepl;              /* niedriger Ton */
    beeph;              /* hoher Ton
    stop;               /* Ende des Programms, weil*/
                        /* Abbruchtaste betätigt */
   endif;               /* Ende von IF */


  if (taste = ENDE)
    info('Programm beendet ');
    stop;               /* Programm über */
                        /* Ende-Taste abgebrochen */
   endif;
```

```
  if (taste = ETB)
   info('Elektronisches Telefonbuch');
   sendinit;                /* Initiator * senden */
   send('1188');            /* Zeichenfolge senden */
   sendterm;                /* Terminator # senden */
   waitdct;                 /* auf DCT Zeichen warten */
   stop;
  endif;


  if (taste = BAHN)
   info('Auskunftsystem der Bundesbahn');
   sendinit;
   send(bahnseite);
   sendterm;
   waitdct;
   stop;
  endif;



 wend;                      /* Ende der Schleife   */

 return;                    /* Ende des Programmes */
```

Für die Programmierung von Abfrageboxen stellt ABL die Funktion *alertbox* zur Verfügung. Abbildung 8-7 zeigt die Dialogbox nach dem Start des Makroprogramms GET_INFO.ABL.

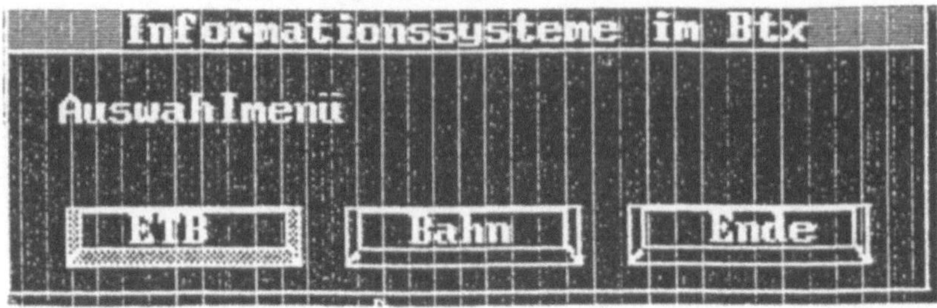

Abbildung 8-7: Dialogbox des Programmes GET_INFO.ABL

Die abgebildete Box ist in den Zeile

> *taste = alertbox('Informationssysteme im Btx',*
>
> *'0[Auswahlmenü |]'*
>
> *+'[ETB | Bahn | Ende]'); /* Menübox */*

programmiert. Hier wird der Integervariablen *taste* das Funktionsergebnis von *alertbox* zugewiesen. Diese Funktion liefert die in Tabelle 8-5 aufgeführten Werte:

Tabelle 8-5: Rückgabewerte der ABL-Funktion alertbox

Rückgabewert	Bedeutung
0	Erster Button wurde gewählt
1	Zweiter Button gewählt
2	Dritter Button gewählt
-1	Abbruch durch <ESC>

Die Dialogbox setzt sich aus den Elementen Boxtitel und Boxtext zusammen, die als Parameter an die Funktion übergeben werden. Das Komma trennt die Parameter, das Symbol + bewirkt einen Zeilenumbruch. Mit dem Zeichen | (ASCII 124) werden Button-Texte getrennt. Jeder Boxtext wird in eckige Klammern gesetzt und kann durch ein Grafiksymbol beschrieben werden. Dabei gelten die folgenden Zuordnungen:

0   **kein Symbol**

1   **Symbol Fragezeichen mit Text** *WAIT*

2   **Symbol Hand mit Text** *STOP*

3   **Symbol Hand mit Text NOTE**

Nicht mit einem Grafiksymbol versehene Boxtexte werden als Buttons dargestellt, die angewählt werden können. Anhand des Funktionsergebnisses kann ermittelt werden, welcher Button angeklickt wurde. Damit kennzeichnet

'0[Auswahlmenü]'

den Boxtext als Zeichenfolge ohne Symbol und die Zeichenkette

'[ETB | Bahn | Ende]'

definiert drei Buttons. Als Ergebnis wird die in Abbildung 8-7 gezeigte Box ausgegeben.

Im weiteren Programmverlauf wertet das Programm die Eingabe des Anwenders aus und verzweigt abhängig vom Auswertungsergebnis in die angewählten Btx-Seiten.

Die beiden vorgestellten ABL-Programme zeigen, daß mit dieser Sprache auch komplexe Btx-Anwendungen programmiert werden können, die den Einsatz von Spezialsoftware überflüssig machen. Insbesondere der prozedurale Aufbau und die durch Rückgabewerte und Parameterübergabe flexibel einsetzbaren Funktionen bieten erfahrenen Programmierern ein leistungsfähiges Werkzeug. Aber auch Einsteiger können sehr schnell kleine, linear ablaufende Routinen schreiben, die Btx-Sitzungen sehr komfortabel gestalten können.

9 Btx im ISDN mit IBTX

Der in diesem Kapitel vorgestellte Softwaredekoder IBTX von AVM soll Ihnen eine Vorstellung von der Leistungsfähigkeit des Btx-Systems im ISDN vermitteln. Das Handling des Dekoders ist etwas gewöhnungsbedürftig. Dennoch erweist sich dieses Programm aufgrund der integrierten Makrofunktionen als sehr leistungsfähig. Durch individuelle Tastaturbelegungen und Menütexte kann der Dekoder sehr leicht an unterschiedliche Arbeitsumgebungen angepaßt werden. Sie werden in den folgenden Unterkapiteln grundlegende Funktionen für den Seitenabruf und die Seitenverwaltung kennenlernen. Anschließend wird beschrieben, wie Btx-Sitzungen mit Hilfe von Makros automatisiert werden.

Die große Stärke des AVM-Dekoders liegt aber darin, daß hier die volle Geschwindigkeit des ISDN zur Verfügung steht. Deshalb wird in Kapitel 9.5 beschrieben, wie im Btx-System Dateien als Telesoftware geladen werden.

9.1 Installation

Die Installation des IBTX-Dekoders erfolgt mit Hilfe des Programms IBTXINST.EXE, das sich auf der Dekoderdiskette befindet. Dieses Programm kopiert die für die verwendete Hardwarekonfiguration notwendigen Dateien in ein vom Anwender einzugebendes Festplattenverzeichnis. Dabei wird davon ausgegangen, daß der PC mit dem ANSI-Bildschirmtreiber arbeitet und die Werte für die Systemparameter *FILES* und *BUFFERS* auf mindestens 20 bzw. 30 gesetzt sind. In der MSDOS-Konfigurationsdatei CONFIG.SYS müssen deshalb folgende Eintragungen stehen:

> *device = c:\dos\ansi.sys*
> *files   = 20*
> *buffers = 30*

Sollten Sie die ANSI-Treiberdatei in einem anderen Festplattenverzeichnis als C:\DOS gespeichert haben, dann muß die erste Zeile entsprechend geändert werden. Unter Windows kann bei einer Arbeitsspeicherkapazität von 2 MB und mehr der Wert für *BUFFERS* auch auf 10 gesetzt werden.

Das Installationsprogramm fragt zu Beginn die Seriennummer des Dekoders und das Zielverzeichnis auf der Festplatte ab. Danach ermittelt die Installationsroutine die im PC eingebaute Grafikkarte. Der Anwender muß anschließend den angeschlossenen Bildschirmtyp und den Druckertyp eingeben, mit dem er arbeitet.

Beim Bildschirm muß zwischen Farb- und Monochrommonitor gewählt werden. Als Druckertypen kommen IBM, EPSON und HP-Laserjet in Betracht. Damit ist der jeweilige Arbeitsmodus des angeschlossenen Druckers gemeint. IBM und EPSON beziehen sich auf den Befehlssatz von Nadeldruckern, alle Laserdrucker werden als HP-Laserjet installiert.

Nachdem alle Informationen abgefragt sind, zeigt das Installationsprogramm nochmals die ermittelten Werte an und der Anwender kann die Installation mit <Return> starten. Mit <ESC> wird die Abfrage der Installationsparameter bei Bedarf nochmals wiederholt.

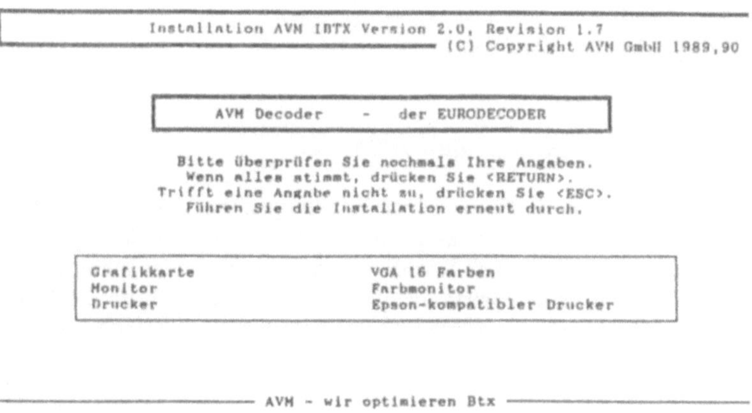

Abbildung 9-1: Installationsparameter des IBTX-Dekoders

Die vom Installationsprogramm gesetzten Standardeinstellungen für den Drucker können jederzeit mit dem Kommando *Drucker* im Konfigurationsmenü geändert werden. Das gleiche gilt für die Bildschirmeinstellungen. Hierzu wird das Kommando *Bildschirm* aktiviert. Abbildung 9-2 zeigt die Standardeinstellungen für einen

Epson-kompatiblen Drucker. Hier ist der Parameter KOMMENTAR auf *Nein* gesetzt. Die Einstellung *Ja* würde bedeuten, daß vor jedem Seitenausdruck ein Kommentar eingegeben werden kann, der dann mit dem Btx-Bild ausgedruckt wird.

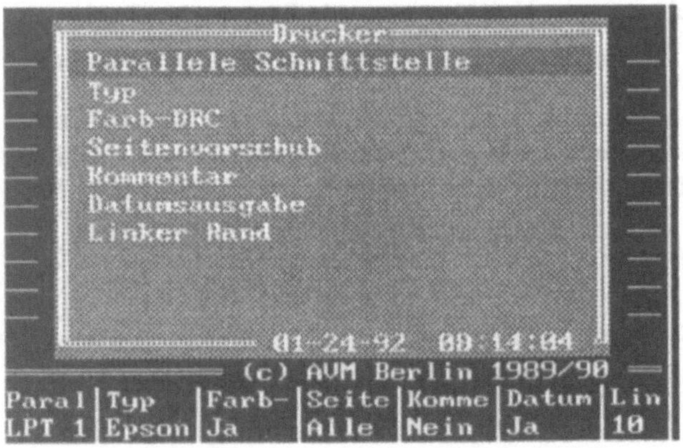

Abbildung 9-2: Druckerkonfiguration unter IBTX

In den meisten Fällen dürften die Hardwarevoreinstellungen des Dekoders korrekt sein. Änderungen sind eventuell dann nötig, wenn eine zweite Erweiterungskarte eingebaut ist, die ebenfalls die für IBTX vorkonfigurierten Kommunikationsparameter verwendet. In diesem Falle können die Werte von IBTX mit Hilfe des Programmes AVMIBSET.EXE geändert werden. Dieser Schritt wird im Handbuch ausführlich erläutert.

9.2 Bedienung und individuelle Konfiguration

Im Unterschied zum allgemeinen Trend in der Anwendungssoftware verzichtet der AVM-Dekoder ganz auf die Mausunterstützung. Für die Bedienung des Dekoders werden ausschließlich die Tasten

<Pos1>

<ESC>

<Bild_Oben>

<Bild_Unten>

<Tab>

sowie die Funktionstasten eingesetzt. Der Grund hierfür liegt darin, daß diese Tasten im Btx-System nicht verwendet werden. Damit kann der Dekoder gesteuert werden, ohne daß es hier zu Konflikten mit der Tastaturbelegung von Btx kommt.

Sie starten nach erfolgreicher Installation den AVM-Dekoder mit Hilfe der Startroutine AVMIBTX.BAT. Mit <Strg> + <C> kann der Dekoder jederzeit beendet werden. Dabei wird gleichzeitig eine eventuell bestehende Verbindung zum Btx-System abgebaut. Die Startroutine lädt als erstes die Basissoftware für den ISDN-Controller, dann den Btx-Dekoder, danach den Grafiktreiber und zum Abschluß die Dialogsoftware. Dieser Vorgang kann auch manuell durch die folgenden Eingaben ausgelöst werden:

AIIBASE   *<Return>*

AVMIDEC   *<Return>*

AVMIGRAF *<Return>*

AIIBASE   *<Return>*

Die so gestarteten Programme sind speicherresident und können durch die Eingabe von

AVMIBTX - *<Return>*

wieder aus dem Arbeitsspeicher entfernt werden.

Der Dekoder unterscheidet drei Darstellungsarten. Bei der alphanumerischen Anzeige wird der Bildschirm in zwei Hälften geteilt. In der linken Hälfte werden die Bedienungsfunktionen, Menüfenster, Dialogboxen und Hinweistexte angezeigt, in der rechten Hälfte die Btx-Seite. Hier sind allerdings alle grafischen Elemente ausgeblendet, so daß nur der reine Text dargestellt wird. Diese Darstellungsvariante wird mit <Alt> + <F1> aufgerufen.

Im Halbgrafikmodus ist der Bildschirm ebenfalls in zwei Hälften geteilt. Der Unterschied zur alphanumerischen Darstellung liegt darin, daß die Btx-Seiten in der rechten Bildschirmhälfte mit allen grafischen Elementen des CEPT-Standards dar-

gestellt werden. Diese Darstellungsvariante kann jederzeit mit <Alt> + <F2> angewählt werden.

Im Vollgrafikmodus, angewählt über <Alt> + <F3>, wird die Btx-Seite auf dem ge-
samten Monitor dargestellt. Die Funktionstastenbelegungen werden in einem
Fenster im unteren linken Bildschirmbereich eingeblendet. Dieses Fenster kann mit
Hilfe der Tastenkombination <Shift> + <Tab> aus- bzw. eingeblendet werden.

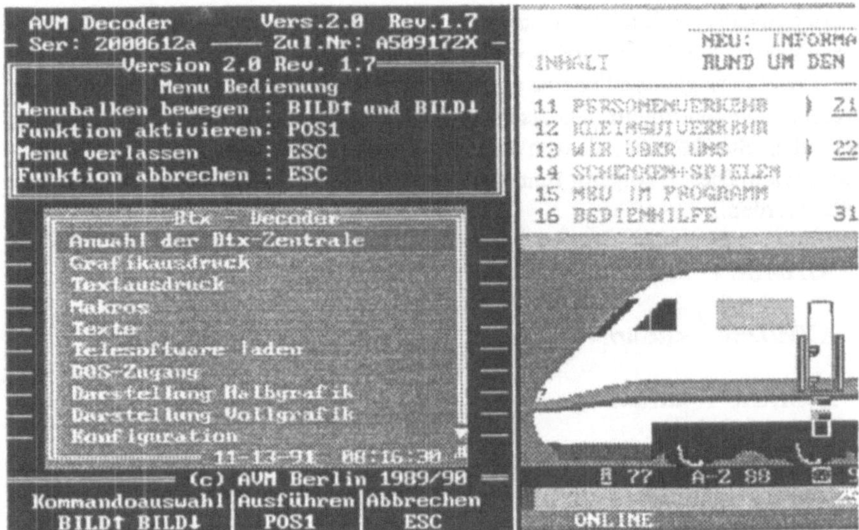

Abbildung 9-3: IBTX im Halbgrafikmodus

In der linken Bildschirmhälfte werden in den beiden ersten Darstellungsvarianten
zwei Fenster angezeigt. Im oberen Bereich sehen Sie die aktuelle Belegung der
Funktionstasten <F1> bis <F10> bzw. die Bedeutung der Pfeiltasten. Im darunter
liegenden Menüfenster werden die Menü-Befehle des Dekoders, hier Kommandos
genannt, aufgelistet. Mit Hilfe der Tasten <Bild_Unten> und <Bild_Oben> kann der
Markierungsbalken auf ein Kommando positioniert werden. Mit der Taste <Pos1>
wird der Befehl ausgeführt. Jeder Vorgang kann mit <ESC> abgebrochen werden.

9.2.1 Konfigurationsparameter ändern

Die Einstellungen des AVM-Dekoders lassen sich sehr gut an individuelle Arbeitsumgebungen anpassen. Dazu müssen Sie die Standardeinstellungen der Konfigurationsparameter ändern. Die Anpassung erfolgt über das Kommando *Konfiguration* im Hauptmenü, das mit den Tasten <Bild_Oben> bzw. <Bild_Unten> angesteuert und mit <Pos1> bestätigt wird. Abbildung 9-3 zeigt das Menüfenster nach der Auswahl des Kommandos *Konfiguration*.

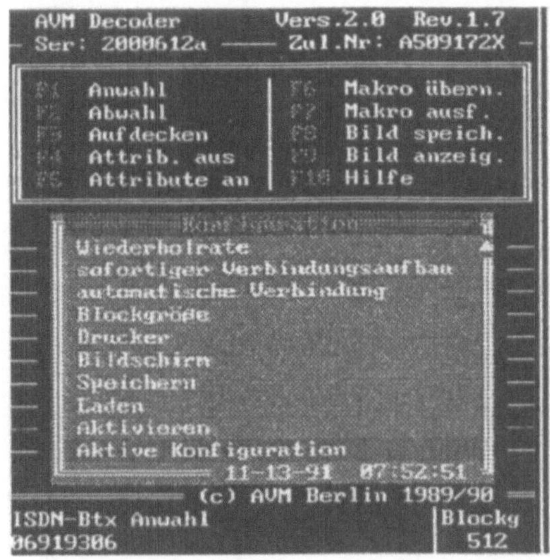

Abbildung 9-4: Das Konfigurationsfenster des AVM IBTX-Dekoders

Jetzt werden die in Tabelle 9-1 aufgeführten Werte bzw. Einstellungen verändert und in eine frei wählbare Konfigurationsdatei gespeichert. Es ist also möglich, mehrere Konfigurationsdateien anzulegen, die dann je nach Arbeitsumgebung geladen und aktiviert werden.

Tabelle 9-1: Die Konfigurationsparameter von IBTX

Parameter	Bedeutung	Standardwert
ISDN-Btx ANWAHL	Hier wird die Nummer der nächstgelegenen Btx-Vermittlungsstelle mit ISDN-Anschluß eingetragen.	
MARKIERUNGS-POSITION	Hier wird die Position der Btx-Seitennummer eingegeben. Diese Werte werden für die Kommandos MAKRO ÜBERNEHMEN und MAKRO AUSFÜHREN benötigt. Eingegeben werden Zeilen- und Spaltenposition und die Länge. Die Standardwerte entsprechen dem Deutschen Btx-System.	Zeile 24 Spalte 24 Länge 17
WIEDERHOLTEXT	Zeichenfolge, die an den Btx-Rechner gesendet wird, um die Verbindung auch dann zu halten, wenn der Teilnehmer länger als 15 Minuten keine Eingaben macht.	*00#
WIEDERHOLRATE	Zeitintervall, in dem der Wiederholtext gesendet wird	14 Minuten
SOFORTIGER VERBINDUNGS-AUFBAU	Wenn Einstellung gleich "ja", dann wird hier nach Programmstart automatisch die Verbindung zum Btx-Rechner aufgebaut.	nein
AUTOMATISCHE VERBINDUNG	Hier kann ein Makro oder ein Befehl eingegeben werden, der nach Verbindungsaufbau direkt ausgeführt werden soll.	
BLOCKGRÖSSE	Größe eines zu übertragenen Datenblockes.	512 Bytes
DRUCKER	Einstellungen für den Drucker.	
BILDSCHIRM	Einstellungen für die Grafikkarte.	

In den folgenden Absätzen wird beschrieben, wie Sie die automatische Anwahl des Btx-Systems mit sofortiger Verzweigung in ein Homebanking Programm konfigurieren können.

Voraussetzung hierfür ist, daß die Btx-Teilnehmerdaten zuvor vom Dekoder gespeichert wurden. Die Speicherung erfolgt verschlüsselt. Sie kann über das Kommando *Teilnehmerdaten* im Menü KONFIGURATION oder bei der erstmaligen Anwahl des Btx-Rechners vorgenommen werden. Dazu antworten Sie auf die Dekodermeldung

Daten für den automatischen Aufbau eingeben?

mit <J> für Ja. Die persönlichen Teilnehmerdaten, also Anschlußkennung und persönliches Paßwort, werden verdeckt eingegeben. Mit dem Kommando *ISDN-Btx-Anwahl* kann die Nummer eines ISDN-fähigen Btx-Rechners eingegeben werden. Diese haben immer die Ortswahlnummer 19306. Tabelle 9-2 zeigt alle Standorte mit ISDN-fähigem Btx-Rechner (Stand: Januar 1992).

Tabelle 9-2: Btx-Vermittlungsstellen mit ISDN-Zugang

Vorwahl	Ort
030	Berlin
040	Hamburg
069	Frankfurt
089	München
0211	Düsseldorf
0511	Hannover
0711	Stuttgart
0911	Nürnberg

Für die automatische Anwahl einer der in Tabelle 9-2 aufgeführten ISDN-fähigen Btx-Vermittlungsstellen wählen Sie im Menü KONFIGURATION die Option *Sofortige Verbindung* aus und setzen hier die Einstellung auf *JA*. Nun wird der Dekoder nach jedem Start automatisch den im Konfigurationsmenü unter *ISDN-Btx-Anwahl* voreingestellten Btx-Rechner anwählen und die im Menü *Teilnehmerdaten* gespeicherte Softwarekennung, den Mitbenutzerzusatz und das Paßwort senden.

Nun wählen Sie die Option *Automatische Verbindung* an. Hier wird die Befehlsfolge eingegeben, die nach dem Verbindungsaufbau ausgeführt werden soll. Die Eingabe *600001# veranlaßt den Dekoder, direkt in das Homebanking-Programm der Deutschen Bank zu verzweigen.

Nach der Einstellung der beiden Parameter wird die Konfiguration über die Menüoption *Speichern* gespeichert. Der Dekoder schlägt hier als Namen für die Konfigurationsdatei STANDARD vor. Mit der Taste <Pos1> können Sie den Dateinamen übernehmen.

9.2.2 Funktionstastenbelegungen ändern

Standardmäßig sind die Funktionstasten

<F1> bis <F10>,

<Alt> + <F1> bis <Alt + F10>

sowie <Alt> + <0> bis <Alt> + <9>

mit Funktionen belegt und können nicht geändert werden. Alle anderen Funktionstastenkombinationen wie z.B. <Shift> + <F1>, <Strg> + <x> können vom Anwender belegt und damit auch jederzeit wieder geändert werden. Tabelle 9-3 zeigt die Standardtastaturbelegung, die vom Anwender nicht geändert werden kann. Diese Tabelle gibt Ihnen zusätzlich einen Überblick zu den Programmfunktionen des Dekoders.

Tabelle 9-3: IBTX Standardfunktionstastenbelegung

Taste	Funktion
F1	Anwahl
F2	Abwahl
F3	Aufdecken
F4	Attribute aus
F5	Attribute an
F6	Makro übernehmen
F7	Makro ausführen
F8	Bild speichern
F9	Bild anzeigen
F10	Hilfe
Alt-F1	Darstellungsmodus alphanumerisch
Alt-F2	Darstellungsmodus Halbgrafik
Alt-F3	Darstellungsmodus Vollgrafik
Alt-F4	Konfiguration laden
Alt-F5	Konfiguration aktivieren
Alt-F6	Konfiguration speichern
Alt-F7	Tastenbelegung ändern
Alt-F8	Menütext ändern
Alt-F9	Position im Hauptmenü ändern
Alt-F10	Menüänderung speichern

Die Funktionstastenbelegungen

<ALT> + <0> bis <Alt> + <9>

sind für die Makros 1 bis 10 reserviert. In Kapitel **9.5 Makros erstellen und aus-führen** finden Sie Beispiele für das Arbeiten mit Makros. Der folgende Absatz beschreibt beispielhaft die Belegung von Funktionstasten durch den Anwender.

Hier soll der Aufruf des Menüs KONFIGURATION auf die Tastenfolge <Strg> + <K> "gelegt" werden und die Funktion *Telesoftware laden* auf die Taste <Strg> + <T>. Dazu wird in einem ersten Schritt der Markierungsbalken auf die Menüoption KONFIGURATION positioniert. Durch Betätigen der Tastenkombination <Alt> + <F7> werden im unteren linken Bildschirmbereich der alte und der neue Tastaturcode für die Funktion angezeigt. Jede Tastenkombination, die jetzt ausgelöst wird, wird hinter dem Text **Neuer Code** als Tastaturcode angezeigt und kann dann mit <Pos1> übernommen werden. In unserem Falle wird bei gedrückter Steuertaste zusätzlich die Taste <K> betätigt. Abbildung 9-4 zeigt die Bildschirmausgabe für diesen Vorgang.

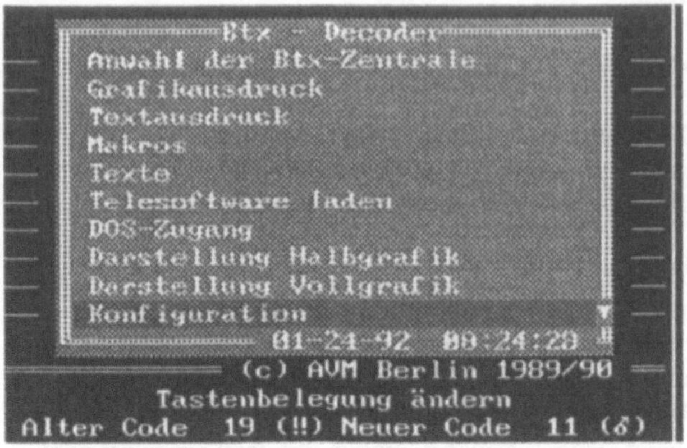

Abbildung 9-5: Funktionstastenbelegung unter IBTX

In einem nächsten Schritt markieren Sie das Kommando *Telesoftware Laden*. Mit <Alt> + <F7> und folgendem Betätigen der Tastenkombination <Strg> + <T> wird das markierte Kommando auf die Funktionstaste "gelegt". Die hier beschriebenen Belegungen sind nur für eine Arbeitssitzung gültig. Zum dauerhaften Speichern müssen Sie mit Hilfe der Tastenkombination <Alt> + <F10> oder mit dem Kommando *Menüänderung Speichern* die neuen Tastaturbelegungen in die aktive Konfigurationsdatei speichern.

9.2.3 Menütext und Menüaufbau ändern

Menübezeichnungen und auch die Reihenfolge der Menüoptionen lassen sich beliebig ändern. Dazu stehen die Funktionen <Alt> + <F8> für *Menütext Ändern* und <Alt> + <F9> für *Neue Position wählen* zur Verfügung.

Zum Ändern eines Menütextes wird der entsprechende Text in einem ersten Schritt markiert. In der Statuszeile erscheint nach Betätigen von <Alt> + <F8> die Meldung

Menütext ändern.

Jetzt wird der neue Funktionsname eingetragen und mit <POS1> gespeichert. Wenn die Änderung dauerhaft gespeichert werden soll, dann müssen Sie auch hier das Kommando *Menüänderung speichern* mit <Alt> + <F10> wählen.

Der IBTX-Dekoder erlaubt es, durch Verschieben von Menütexten den Aufbau eines Menüs zu ändern. Dazu wird zuerst die Menüoption markiert, die verschoben werden soll. Nach Betätigen der Tastenkombination <Alt> + <F9> erscheint in der Statuszeile die Aufforderung

Bitte neue Position wählen.

Dazu wird der Markierungsbalken auf die neue Position bewegt. Nach Drücken von <POS1> fügt das Programm den Menütext an der markierten Position ein.

9.3 Btx-Seiten speichern, laden, löschen und ausdrucken

Unter IBTX können abgerufene Btx-Seiten als Grafik- und als Textdatei gespeichert
werden. Die Funktionstaste <F8> speichert Btx-Seiten als Grafikseiten in eine Datei.
Diese Dateien werden Bilder genannt. In Bildern sind alle Informationen wie Farbe,
Blinken und Grafik abgelegt. Nach Aufruf des Kommandos wird in der unteren
Bildschirmzeile ein Eingabefeld eingeblendet. Wie auch bei den Kommandos zum
Laden oder zum Löschen von Seitendateien kann über die Tabulatortaste eine Liste
mit bereits gespeicherten Dateien abgerufen werden. Diese Funktion wird IN-
TERAKTIVE AUSWAHL genannt. Hier werden allerdings nur Dateien mit der Er-
weiterung .RAM angezeigt. Bei der manuellen Vergabe von Dateinamen sollten Sie
deshalb keine Namenserweiterung eingeben. Diese wird vom Programm selbst eingefügt.

Das Laden einer Btx-Seitendatei erfolgt nach dem gleichen Prinzip wie schon das
Speichern. Zunächst wird die Funktion mit <F9> aktiviert. Im eingeblendeten Eingabefeld wird entweder manuell der Dateiname eingegeben, oder aber die zu
ladende Datei wird mit Hilfe der INTERAKTIVEN AUSWAHL aus einer Liste
ausgewählt.

Das Löschen von Bildern wird mit dem Kommando *Bild Löschen* im Menü BIL-
DER eingeleitet. Die Eingabe des Namens für das zu löschende Bild kann auch hier
manuell oder über die INTERAKTIVE AUSWAHL erfolgen

Im Unterschied zu Bildern können als Text abgespeicherte Btx-Seiten direkt mit
Hilfe von Textverarbeitungsprogrammen weiterverarbeitet werden. Das Kommando
hierfür wird mit <Shift> + <F2> aktiviert. Nach Eingabe eines Dateinamens muß
jetzt der zu speichernde Btx-Text auf der Btx-Seite markiert werden. Dazu bewegen
Sie den Cursor an den Textanfang und drücken die Taste <F1>. Dann wird der
Cursor an die Endeposition bewegt. Die Taste <F1> beendet die Markierung, die mit
<Pos1> bestätigt wird. Nach nochmaligem Drücken von <Pos1> speichert der De-
koder den markierten Text dann endgültig in die angegebene Datei. Existiert diese
Datei bereits, dann werden die Daten angehängt. Da die Funktion *Text Speichern* bis
zum Drücken der Taste <ESC> aktiv bleibt, können auf dem beschriebenen Weg
beliebig viele Btx-Seiten an eine Datei angehängt werden.

Der Ablauf des Kommandos *Text Löschen*, das mit <Shift> + <F3> gestartet wird,
entspricht dem Löschen von Bildern.

Btx-Seiten können wahlweise als Text oder als Grafik ausgedruckt werden. Bei entsprechender Konfiguration des Druckers kann zu jedem Ausdruck ein Kommentar
eingegeben werden. Das Kommando *Textausdruck* druckt die aktuelle Btx-Seite als
Texte ohne Zeichenattribute, das Kommando *Grafikausdruck* als Grafik mit allen

werden dabei die Btx-Farben in Graustufen umgerechnet. Abbildung 9-6 zeigt einen Grafikausdruck mit der Einstellung *Farb-DRC Nein*. Hier werden die Btx-Farben nicht berücksichtigt. Dieses Abbildung zeigt auch, daß bei einer Einstellung *Datumsausgabe Ja* Druckdatum und -uhrzeit ausgegeben werden. Dies kann die Dokumentation von Btx-Seiten wesentlich erleichtern.

Abbildung 9-6: Btx-Grafikausdruck unter IBTX

9.4 Dateitransfer: Telesoftware laden

Bedingung für das Laden von Telesoftware ist, daß die entsprechende Dekoder-funktion aktiviert ist. Dazu markieren Sie das Kommando *Telesoftware Laden*. Jetzt wird im Btx-System die Seite angewählt, die die zu ladende Software bereitstellt. Mit der Eingabe der Btx-Raute <#> starten Sie dann die Übertragung.

Abbildung 9-7 zeigt den Bildschirm beim Laden einer Datei im Btx-System. Die angezeigte Übertragungszeit auf der Btx-Seite entspricht einer Übertragungsge-schwindigkeit von 2400 bps. Diese 50 Minuten reduzieren sich im ISDN-Netz auf 3 Minuten. Damit werden Übertragungsgeschwindigkeiten erreicht, die auch den Transfer großer Dateien in akzeptabler Zeit und sehr kostengünstig ermöglichen. Die reinen Übertragungskosten in unserem Beispiel liegen bei 0,23 DM.

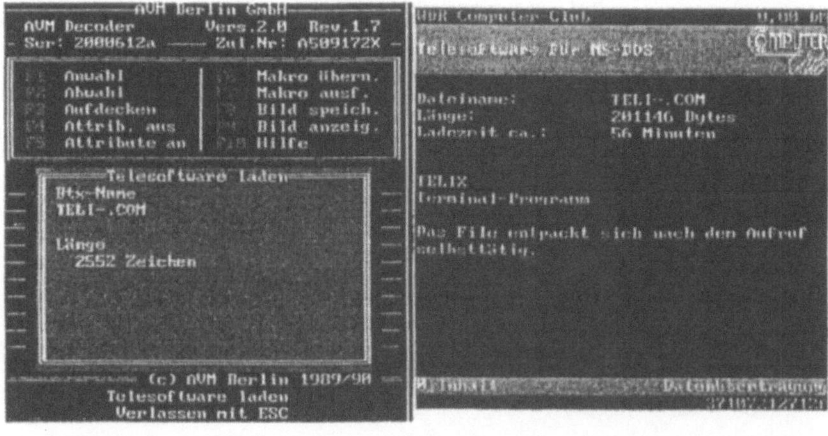

Abbildung 9-7: Telesoftware mit IBTX laden

Nachdem die Daten erfolgreich übertragen wurden, muß der Name der Datei einge-geben werden, in die gespeichert werden soll. Der Dekoder schlägt hier immer den Namen der Ursprungsdatei vor. Diese kann dann mit <POS1> übernommen werden.

9.5 Makros erstellen und ausführen

Unter IBTX können maximal 50 Makros in einer Datei mit der Erweiterung .MKR gespeichert werden. Dabei werden die ersten 10 Makros mit den Funktionstasten <ALT + 0> bis <ALT + 9> belegt. Makrodateien werden als Makroverzeichnisse bezeichnet. Das Programm lädt beim Start automatisch das Makroverzeichnis mit dem Namen STANDARD.MKR aus dem aktuellen Startverzeichnis. Abbildung 9-8 zeigt das Makromenü von IBTX.

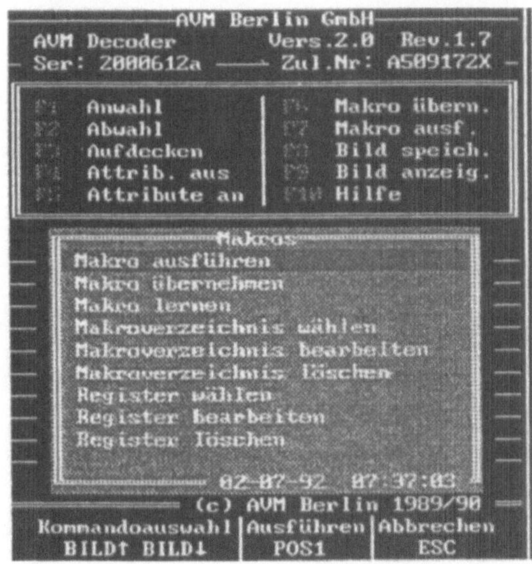

Abbildung 9-8: Arbeiten mit Makros unter IBTX

In der einfachsten Form wird in einem Makro eine Btx-Seitennummer gespeichert. Es ist aber auch möglich, in komplexen Makros Folgen von Tastatureingaben aufzuzeichnen oder mit Hilfe von Makrobefehlen ganze Btx-Sitzungen zu automatisieren.

Zum Abspeichern von Btx-Seiten wird die betreffende Btx-Seite angewählt und mit der Funktion *Makro Übernehmen* oder <F6> gespeichert. Dabei wird ein Fenster mit einer Liste von 50 Makros eingeblendet. Hier wählen Sie ein freies Makro aus und übernehmen mit <POS1> als Makronamen den Namen des Btx-Anbieters. Im Makrofeld wird die Btx-Seitennummer gespeichert. Abbildung 9-9 zeigt den hier beschriebenen Vorgang. In diesem Beispiel ist eine noch leere Makrodatei aktiv. Das Makro mit der Tastenbelegung <Alt> + <0> wird hier mit der Seitennummer

der Bahnauskunft belegt. Diese kann dann nach dem Speichern des Makros jederzeit
mit <Alt> + <0> abgerufen werden.

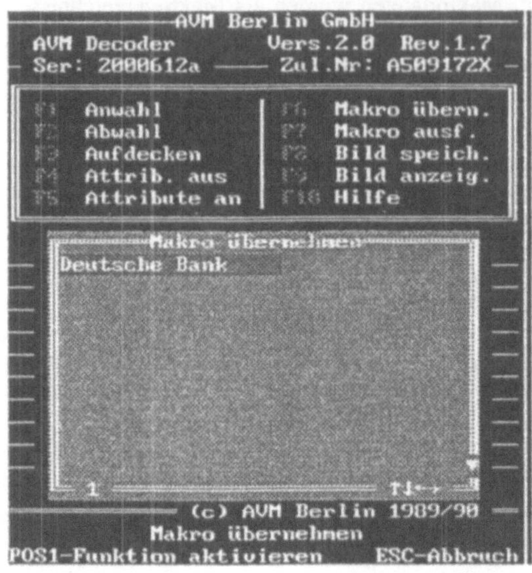

Abbildung 9-9: Btx-Seiten mit IBTX als Makro abspeichern

Die in den Funktionstasten <ALT> + <0> bis <Alt> + <9> gespeicherten Makros
können direkt durch Betätigen dieser Tastenkombination gestartet werden. Alle
anderen Makros müssen nach dem Aktivieren der Funktion *Makro Ausführen* oder
nach Betätigen der Taste <F7> markiert und mit <POS1> gestartet werden.

Unter IBTX können Sie auch regelmäßig wiederkehrende Bedienereingaben in einem Makro speichern. Dazu werden die Benutzereingaben mit einem Makrorekorder aufgezeichnet. Ein Makro kann maximal 255 Zeichen lang sein. Für das Aufzeichnen eines Makros wird das Kommando *Makro Lernen* im Menü MAKRO aktiviert. Danach muß in der aktiven Makrodatei eine freie Makroposition ausgewählt
und ein Makronamen eingegeben werden. Als Makronamen sollten Sie eine Bezeichnung wählen, die die Funktion des Makros beschreibt. Die Makroaufzeichnung
wird mit <POS1> gestartet. Bis zum Drücken der Taste <ESC> schneidet der Dekoder jetzt alle Bedienereingaben mit. Nachdem der Mitschnitt beendet ist, werden die
Eingaben mit <POS1> in das angegebene Makro gespeichert. Abbildung 9-10 zeigt
die Aufzeichnung eines Makros, das eine Aktiengrafik abruft. Dieses Makro heißt

get_charts und Sie können an der im linken Fensterrand eingeblendeten Nummer 1 die Makronummer ablesen.

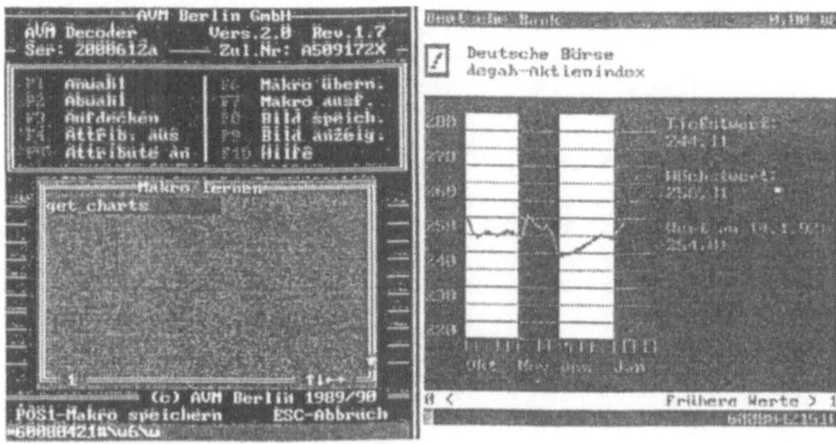

Abbildung 9-10: Das Makro get_charts

Die Tabellen 9-4 und 9-5 geben Ihnen einen Überblick zu den unter IBTX zur Verfügung stehenden Makrobefehlen und -funktionen

Tabelle 9-4: Makrobefehle unter IBTX

Makrobefehl	Funktion
\w	Warten auf Eingabeaufforderung durch Btx-Vermittlungsstelle
*	Initiator senden
#	Terminator senden
\	Einleiten eines Parameters, nachfolgende Zeichen werden nicht als sichtbare Zeichen an den Btx-Rechner geschickt
/	DCT, Dateneingabe beendet
\n	Sendet ein Carriage Return
\p	3 Sekunden nach letzten Btx-Zeichen warten
\t<kommentar>	Textausdruck mit Kommentar
\g<kommentar>	Grafikausdruck mit Kommentar

Tabelle 9-4: Makrofunktionen unter IBTX

Funktion	Anwendung
BS <name> [?]	Speichert eine Btx-Seite als Bild, ohne Angabe eines Namens wird ein Eingabefeld eingeblendet. Die Option ? zeigt bereits vorhandene Namen an.
BL <name> [?]	Zeigt eine gespeicherte Btx-Seite; Erweiterungen wie oben.
TS <name> [?]	Sendet eine Textdatei an Btx; Erweiterungen wie oben.
TL <name> [?]	Speichert den Text einer Btx-Seite in die mit Name angegebene Datei. Erweiterung wie oben.
RW <name>	Wählt das Registerverzeichnis name.
RE <name>	Sucht das Makro name im Registerverzeichnis
NS <nr>	Sendet einen Registereintrag, ein Makro
KW <nr>	Sendet die gespeicherten Kennworte an Btx. Die Nummer nr identifiziert den Eintrag: 1 = Anschlußkennung 2 = Teilnehmerkennung 3 = Mitbenutzerzusatz 4 = Persönliches Kennwort
TB <anzahl>	Aktiviert temporär die Tastatur. Anzahl gibt die gewünschte Anzahl von Tastatureingaben vor.

In den folgenden Absätzen wird der Einsatz von Makrobefehlen an einem weiteren Beispiel demonstriert. Das Makro *lies_charts* soll manuell so erweitert werden, daß die abgerufene Grafik automatisch in eine Datei mit dem Namen CHARTS.RAM gespeichert wird. Danach unterbricht das Makro die Verbindung zum Btx-Rechner.

In einem ersten Schritt wird das Kommando *Makroverzeichnis Bearbeiten* im Menü MAKRO aktiviert. Das zu bearbeitende Makro wird in der gezeigten Makroliste markiert und mit <POS1> ausgewählt. Jetzt kann in der Editierzeile unterhalb des Menüfensters der Cursor mit den Pfeiltasten bewegt werden. Die ergänzenden Makrobefehle werden dann über die Tastatur eingegeben. In unserem Beispiel positionieren wir den Cursor an das Ende der Makrozeile

**60000421#\w6\w*

und geben folgende Zeichenfolge ein:

*\"BS charts.ram "*9#*

Der Makrobefehl *BS* speichert die aktuelle Btx-Seite in eine Datei mit dem Namen
CHARTS.RAM. Hier muß darauf geachtet werden, daß der Makrobefehl mit An-
führungsstrichen eingegrenzt ist. Danach wird das System mit Hilfe der Btx-Funk-
tion *9# verlassen. Mit <Pos1> wird get_charts gespeichert.

Abbildung 9-11 zeigt das fertige Makro.

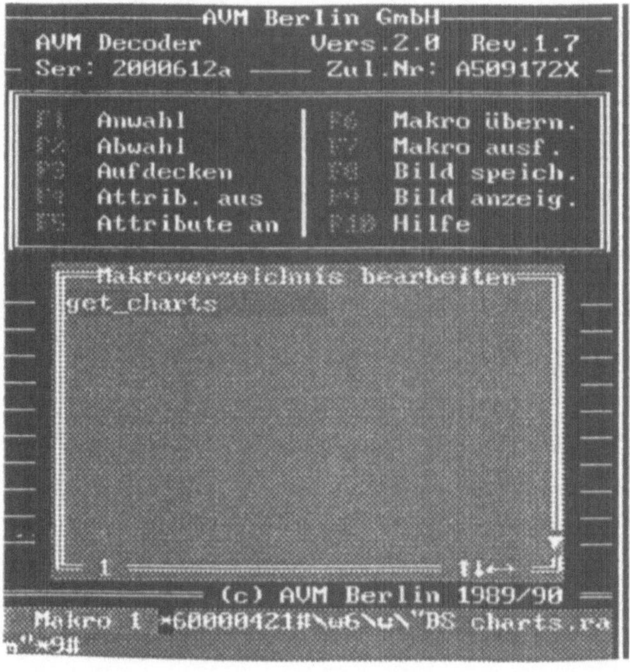

Abbildung 9-11: Makros bearbeiten unter IBTX

Zum Abschluß möchte ich Ihnen ein Makro zeigen, daß die Steuerung des Makroablaufs über die Tastatur demonstriert. Dieses Makro zeigt drei gespeicherte Btx-Seiten auf dem Bildschirm an und wartet nach jeder Seite auf eine beliebige Tastatureingabe durch den Anwender. Dazu wird der Makrobefehl *\TB <anzahl>* verwendet. Wenn hier für Anzahl der Wert 1 eingegeben wird, dann wartet das Makro auf genau eine Tastatureingabe und arbeitet dann die folgenden Makrobefehle weiter ab. Damit sieht das oben beschriebene Makro wie folgt aus:

"\BL chart1.ram" "\TB 1" "\BL chart2.ram" "\TB 1" "\BL chart3.ram" "\TB 1"

Anhang

Btx-Funktionen

1. B l ä t t e r n

Seite anwählen	#seitennummer#
Anbieter aufrufen bzw. alphanumerisch suchen	#suchbegriff#
nächste Seite (weiter)	#
zurück zur vorhergehenden Seite	*#
zurück zur Ergebnisseite der alphanumerischen Suche	\#
zurück zur übergeordneten Auswahlseite	*03#
zurück in das zuletzt aufgerufene Angebot	*55#
Seite nochmals anzeigen	*00#

2. D a t e n e i n g a b e

Eingabekorrektur	**
Datenfeldinhalt nochmals anzeigen	*05#
Seite aktualisiert nochmals anzeigen	*09#

3. C u r s o r s t e u e r u n g

POS1 Eingabefelds	*021#	an den Anfang des
Pfeil_Oben	*022#	eine Zeile nach oben
Pfeil_Links	*024#	ein Zeichen nach links
Pfeil_Rechts	*026#	ein Zeichen nach rechts
Pfeil_Unten	*028#	eine Zeile nach unten
RETURN	*027#	nächste Zeile bzw. nächstes Eingabefeld
Dateneingabe beenden	*029#	

4. Suchfunktionen

Suchen nach allen Anbietern, die mit   *abc#
"abc" beginnen oder identisch sind

Suchen nach allen Anbietern, die exakt mit   *=abc#
der Zeichenfolge "abc" übereinstimmen

Kurzwahlregister aufrufen   *22#

Kurzwahl speichern   *21#

5. Systemsteuerung

Btx/Externe Rechnerverbindung abbrechen	*9#
Ausstieg mit Halten der Leitung	*91#
Nutzungsdaten der bestehenden Verbindung	*92#
. Abrechnungsdaten	*10492#
Gebührenpflichtige Seite bestätigen oder Dialogseite senden	*19#
Sendeauftrag abbrechen, Seite nicht senden	*2#

6. Teilnehmerfunktionen

Persönliches Kennwort ändern	*72#
Nutzungskennwort ändern	*77*

7. Zugangskontrolle

Mitteilungsempfang ändern	*73#
Anschlußfreizügigkeit ändern	*74#
Teilnehmerfreizügigkeit ändern	*75#
Zugang zur Mitbenutzerverwaltung	*76#

8. Mitteilungsdienste

Inhaltsverzeichnis neue Mitteilungen   *88#
Inhaltsverzeichnis zurückgelegte Mitteilungen   *89#
Abruf Antwortseiten   *82#

9. Telekommunikation

Telefax   *9#
Telefax-Verzeichnis   *211884#
Telex   *91#
City-Ruf   *92#
Télétel (Btx Frankreich)   *10492#

10. Übersichtsseiten

Bedienungsanleitung   *1#
Aktuelle Zugangsmöglichkeiten   *104141210002#
Schlagwortverzeichnis   *103#
Übersicht Sachgebiete   *10391#
Übersicht Regionalbereiche   *71#
Anbieterverzeichnis   *12#
Anbietergebühren   *200004330#
Leitseite der Post   *2000#
Städte, Länder, Regionen   *1038
BKZ, Postleitzahl und Vorwahl Städte u. Gemeinden   *10478#
Inhaltsverzeichnis zurückgelegte Mitteilungen   *89#
Btx-Beratung/Störungsmeldung   *10470#
Btx-Teilnehmerverzeichnis   *211881#
Infos für Anbieter   *104910#

Btx-Softwaredekoder

Programmname	Anbieter	Betriebssystem/ Netz
Btx/3 Windows Fenestra BtxView PC Vision Vivaldi WinBtx	Amaris, Soest gebacom, Augsburg gebacom mbp, Dortmund Solo Software Pader- born Teles, Berlin	Windows
Amaris Btx/2 XBTX Btx/Vtx-Manager Alpha-S PC Vision Teletool RVS-COM plus IMR-Decoder JaBtx	Amaris Jürgen Buchmüller Shareware, keine Postzulassung Drews, Heidelberg Loewe, Kronach mbp Telesoft, Tutzing RVS, München TKM, Berlin Janussoft,	MSDOS
VTX-OS/2	mbp	OS/2
VTX-XENIX	mbp	XENIX
AVM IBTX CITT Btx PC Vision janussoft Btx	AVM, Berlin ACOTEC, Berlin mbp diehl, Ostelsheim	ISDN

Btx-Vermittlungsstellen - Übersicht

Analoger Anschluß

Übertragungsrate : 2400/2400
Btx-Nummer   : 19304

Ort	ONKZ
Augsburg	0821
Bayreuth	0921
Bielefeld	0521
Bonn	0228
Bremen	0421
Detmold	05231
Dortmund	0231
Essen	0201
Gießen	0641
Koblenz	0261
Köln	0221
Krefeld	02151
Kaiserslautern	0631
Karlsruhe	0721
Kassel	0561
Kiel	0431
Mainz	06131
Mannheim	0621
Meschede	0291
Münster	0251
Norden	0493
Offenburg	0781
Osnabrück	0541
Saarbrücken	0681
Salzgitter	05341
Singen	0773
Wiesbaden	0611
Recklinghs	02361
Regensburg	0941
Würzburg	0931

Übertragungsrate : 1200/1200
Btx-Nummer   : 19300

Ort	ONKZ
Münster	0251
Wiesbaden	0611

ISDN-Anschluß: Btx-Nummer 19306

Ort	ONKZ
Berlin	030
Düsseldorf	0211
Frankfurt	069
Hamburg	040
Hannover	0511
München	089
Nürnberg	0911
Stuttgart	0711

Übersicht Abbildungen mit Quellenangabe

Übersicht Tabellen

Akronyme

A

A/D	Analog/Digital-Wandlung
ADxVerz	Datex-P und Datex-L Teilnehmerverzeichgnis
ANSI	American National Standardization Institut
	Nationales Standardisierungsinstitut der USA
ASCII	Amercian Standard Code of Information Interchange
	Internationaler Zeichensatz für Informationsaustausch
AUTEX	Automatische Telex- u. Teletexauskunft
AVerzTxTtx	Amtliches Verzeichnis für Telex und Telefax
AWS	Anrufweiterschaltung

B

BaAs	ISDN-Basisanschluß
BBS	Billboard System
	Mailbox-Systeme
BIGFON	Breitbandiges Integriertes Glasfaser Fernmelde-Ortsnetz
Btx	Bildschirmtext

C

CCITT	Comité Consultatif International Télégraphique et Téléphonique
	Internationaler Ausschuß für den Telegrafen- und Fernsprechdienst mit Sitz in Genf
CEN	Comité Européenne de Normalisation
	Europäische Normungsinstitut für die EG
CEPT	Conférence Européenne des Administrations de Poste et des Télécommunication
	Europäischer Zusammenschluß der Post- und Fernmeldeverwaltungen
CK	siehe CRC

| CRC | Cyclic Redundancy Check, Rahmenprüfzeichen |

D

DAG	Datenanschlußgerät, auch Direktrufnetz- abschlußgerät
DaNzKo	Datennetzkoordinator, Fachmann für Datenüber- mittlungsdienste der Telekom, interne und externe Beratung
DEE	Datenendeinrichtung
DFS	Deutscher Fernmeldesatellit
DFÜ	Datenfernübertragung
DIN	Deutsche Industrie-Norm
DIV	Digitale Vermittlungsstelle
DIVF	Digitale Fernvermittlungsstelle
DIVO	Digitale Ortsvermittlungsstelle
DM	Dienstmerkmal
DNG	Datennetzabschlußgerät, für Datex-P, Datex-L und Direktruf
DST	Datenstation
DTE	Data Terminal Equipment, Datenendendein- richtung
DÜ	Datenübertragung
DÜE	Datenübertragungseinrichtung, z.B. Modem
DVA	Datenverarbeitungsanlage
DW	Dienstewechsel

E

EAZ	Endegeräteauswahlziffer
ECMA	European Computer Manufacturers Association Zusammenschluß europäischer Computerfirmen
EE	Endeinrichtung
ER	Externer Rechner (im Btx-System)
ETS	European Telecommunication Standard Europäischer Standard im Bereich der Telekommunikation
EVSt	Endvermittlungsstelle

F

FA	Fernmeldeamt
FCS	Rahmenprüfzeichen, siehe CRC
FeAfD	Telefonauftragsdienst
FTZ	Fernmeldetechnische Zulassungsstelle
FVV	Fest Virtuelle Verbindung, entspricht einer Datex-P-Wählverbindung

G

GAN	Globale Area Network, globales Netzwerk
GBG	Geschlossene Benutzergruppe

H

HA	Hauptanschluß
HDCL	High-Level Data Link Control Protokoll für synchrone Datenübertragung, wird mit X.25 verwendet (Datex-P)
HFD	Direktrufanschluß, wird nach TKO nicht mehr verwendet
HVSt	Hauptvermittlungsstelle

I

IBFN	Integriertes Breitbandiges Fernmeldenetz
IDN	Integriertes Text- und Datennetz
IEEE	Institute of Electrical and Electronic Engineers Vereinigung in den USA, die Normen zu lokalen Netzwerken entwickelt
IP	Interworking Point, Übergang vom ISDN in das Datex-P-Netz

ISDN	Diensteintegrierendes digitales Fernmeldenetz
ISDN-TKAnl	ISDN-fähige Telekommunikationsanlage
ISO	International Organization for Standardization
	Internationales Institut für die Normung im
	Bereich der Datenverarbeitung
IWV	Impulswahlverfahren

K

KDV	Kommunikationsdatenverarbeitung
KVSt	Knotenvermittlungsstelle

L

LAN	Local Area Network, lokales Netzwerk
LAP	Link Access Procedure
	Schicht 2 Prozedur
LAP-B	Schicht-2 Prozedur im Fernmeldebereich
LAP-D	D-Kanal Protokoll im ISDN

M

MFV	Mehrfrequenzwählverfahren
	Wählverfahren in den USA (Touch Ton Dial)
MHS	Message Handling Systems
	Mailbox-Systeme nach X.400

N

NET	Europäische Norm
NF	Niederfrequenz
NT	Netzabschluß
NT1	Netzabschluß mit Funktionen der Schicht 1
NT2	Netzabschluß mit Funktionen der Schichten 1-3
NUA	Network User Adress Datex-P-Rufnummer
NUI	Network User Identification Teilnehmerkennung im Datex-P

O

ON	Ortsnetz
OSI	Open Systems Interconnection Internationale Standardisierung für Netzwerke
OVSt	Ortsvermittlungsstelle

P

PAD	Packet Assembly/Disassembly Facility Einrichtung, um asynchron arbeitenden End- geräten den Zugang zum Datex-P-Netz zu ermöglichen
PBX	Englische Bezeichnung für Telefonnebenstellen- anlagen
PC	Personal Computer
PCM	Pulse-Code-Modulation Verfahren zur Umwandlung analoger Signale in digitale Signale
PMK	Punkt-zu-Mehrpunkt Konfiguration
PMxAs	Primärmultiplexanschluß im ISDN
PPK	Punkt-zu-Punkt Konfiguration
PTT	Postes, Télégraphe et Téléphone Nationale Fernmeldegesellschaft

S

SAP	Service Access Point Dienstezugriffspunkt im OSI-Schichtenmodell
SAPI	Service Access Point Identifier

T

TA	Terminal Adapter Anpassungseinrichtung an das ISDN
TAE	Telekommunikationsanschlußeinheit
TEI	Terminal Endpoint Identifier Kennung für ISDN-Endgerät
TK	Technischer Kundendienst
TKO	Telekommunikationsordnung
TNA	Temex-Netzabschluß
TTY	Amerikanische Bezeichnung für für asynchrone Datenübermittlung
TVSt	Teilnehmervermittlungsstelle
Ttx	Teletext
Tx	Telex

V

VDE	Verein Deutscher Elektrotechniker
VSt	Vermittlungsstelle

W

WAN	Wide Area Network, Netzwerke, die über den privaten Bereich hinausreichen
WW	Wahlwiederholung

Z

ZVSt	Zentralvermittlungsstelle
ZZF	Zentralamt für Zulassungen im Fernmeldewesen
ZZK	Zentraler Zeichenkanal

ISDN-Software

Programmname	Anbieter/ Distributor	Anwendung
nova focus	diehl	PC-Fernbedienung
CITT	ACOTEC	Telefon, Fax, Telex, Dateitransfer
TIKOS	AVM	Benutzeroberfläche, alle Telekommunikationsdienste
IKonferenz	AVM	Durchschalten zu einem zweiten PC
ITrans	AVM	Dateitransfer
PC Vision LAN Server	mbp	Zugang zu Btx im Netz unter DOS und Windows
SoLIS Talk	Solis	Telefonmanagement
SoLIS CITT	Solis	wie CITT von ACOTEC
SoLIS TCP/IP	Solis	Kopplung UNIX-Systeme
SoLIS Novell	Solis	Kopplung von Novell-
Power Level		Netzwerken

ISDN-PC-Adapter

Adapter	Anbieter	Beschreibung
ISDN-Controller A1	AVM GmbH	passiv, 1 B-Kanal
ISDN-Controller B1	AVM GmbH	aktiv, Transputer 1 MB RAM auf 2 MB erweiterbar, 2-B-Kanäle, X-Interface
Solis	mbp	aktiv, 2 x 16 Bit CPU, NetBIOS, X-Interface X-Schnittstelle
Solis MCA	mbp	wie oben, 1 MB RAM
tina d	Stollmann	80C186 Prozessor, 512 o. 1 MB RAM, NetBIOS 1 B-Kanal
tina ds	Stollmann	wie oben, X-Interface und 2 B-Kanäle
Alpha B1	LOEWE	wie AVM B1
Alpha A1	LOEWE	wie AVM A1
TIC	Toshiba	nur für Toshiba Laptops passiv, 1 B-Kanal
ISDN-S	SOTEC	aktiv, 80C188 Prozessor mit 256 KB RAM, NetBIOS, 1 B-Kanal Daten u. 1 B-Kanal Sprache
ISDN SX	SOTEC	wie oben, aber mit X-Interface und zwei B-Kanälen
Kroneline ISDN-Controller	Krone	
ISDN-Karte PC64	Telenorma	Info: 069 266-1
ISDN-Adapter	Rafi	Info: 0751 890
ISDN-Adapter	Wisi	Info: 07233 661
Wisitel		B-Kanälen
PS/2-Adapter	IBM	aktiv, mit Coprozessor

Literaturliste

Arbeitsgemeinschaft
Büro-
Kommunikation

ISDN-Berater. Ihr Wegweiser in die moderne
Bürokommunikation. Marburg. 2. Auflage 1991

Bildschirmtext-
Anbieter-
Vereinigung (Hrsg)

Bildschirmtext komplett. Gezielte Nutzung im
Kommunikationsverbund. Berlin 1988

Strategien der Btx-A.V. für eine schnellere
Marktdurchsetzung von Bildschirmtext. Arbeitspapier,
Berlin 1987

Empfehlungen zur benutzerfreundlichen Gestaltung
von Btx-Programmen. Arbeitspapier, Berlin 1991

L. Blumendorf

Der sichere Einstieg in die Datenfernübertragung. Haar
bei München, Markt & Technik 1990

Commerzbank AG
(Hrsg)

Handbuch Electronic Banking. Leistungen und Einsatz
neuer Technologien in Unternehmen. Braunschweig
Frankfurt/M. 1990

D. Conrads

Datenkommunikation - Verfahren Ø Netze Ø Dienste.
Reihe: Moderne Kommunikationstechnik
herausgegeben von F. Kaderali. Braunschweig
Wiesbaden: Vieweg 1988

G. Frank

LAN. Grundlagenwissen über Netzwerke.
Braunschweig Wiesbaden: Vieweg 1990

K.-J. Eckardt/ R.
Nowack

Standard-Architekturen und Rechnerkommunikation.
München Wien: Oldenbourg 1988

Janussoft GmbH	Janussoft Btx Decoder - JaBtx. Handbuch für die integrierte Programmschnittstelle Btx-API. Mannheim: 1991
M. James	PC-Netzwerke. München: te-wi 1990
P. Kahl	ISDN. Heidelberg: R.v.Decker's Verlag
F.-J. Kauffels	Personal Computer und lokale Netzwerke. Haar bei München: Markt & Technik 2. Auflage 1988
	Lokale Netze. Bergheim, DATACOM 5. Auflage 1991
G. List/B. Richelmann/J. Richer	Das große Modem Buch. Düsseldorf: DATA BECKER 1991
H. Rompel	PCs und neue Medien. Der PC-Einsatz mit den neuen Medien: von Btx bis CD-ROM. Vaterstetten bei München: IWT 1988
K.H. Rosenbrock/ G. Hentschel	ISDN Praxis. Ulm: Neue Mediengesellschaft
G. Tenzer/ H. Uhlig	Telekom 2000. Moderne Telekommunikation für die neuen Bundesländer. Heidelberg: R.v.Decker's Verlag 1991
Vogel Verlag	Btx & PC. Offizielles Organ des Partnerkreises Computer & Telekommunikation.
P. Welzel	Daten-Fernübertragung. Einführende Grundlagen zur Kommunikation offener Systeme. Braunschweig Wiesbaden: Vieweg 1986

H.Zimmermann   ISDN in der mittelständischen Wirtschaft. Vortrag
                        anläßlich der ISDN-Infotage Saarbrücken vom 12. bis
                        zum 14.September 1990

Stichwortverzeichnis

T

U

VM/CMS – Virtuelle Maschinen

Praxis und Faszination eines Betriebssystems

Herausgegeben von Achim Kolacki.
Bearbeitet von Helmut Drieger.

1990. XIV, 319 Seiten. Gebunden.
ISBN 3-528-05107-8

Helmut Drieger ist es einerseits gelungen, das Konzept der virtuellen Rechner zu vermitteln, andererseits bietet seine abgerundete, an den täglichen Erfordernissen orientierte Darstellung des Betriebssystems VM/CMS allen Anwendern, Programmierern und Systemverantwortlichen einen umfassenden Überblick über die Möglichkeiten und Grenzen des Umgangs mit der virtuellen Maschine.

Tiefergehende Einsichten werden durch ausführliche Darstellung der VM-immanenten Programmiersprache REXX und des Editors XEDIT vermittelt.

Verlag Vieweg · Postfach 58 29 · D-6200 Wiesbaden 1